····과학의 품격········

····과학의 품격········강양구··

과학의 의미를 묻는 시민들에게

사이언스
SCIENCE
BOOKS 북스

여덟 살 강윤준이 살아갈 더 나은 세상을 꿈꾸며

과학의 품격을 위해 반드시 알아야 할 것들

에베레스트 산을 하얗게 뒤덮은 만년설은 산의 품격을 지키려고 그곳에 있는 것이 아니다. 중력으로 낙하하던 물방울이 응결되어 녹지 않고 쌓여 있는 것뿐이다. 지구가 태양 주위를 공전하기 때문에 지구의 품격이 떨어지는 것은 아니다. 물론 갈릴레오를 종교 재판소에 회부한 교황 우르바노 8세는 지구의 공전이 품격 없는 일이라고 생각했을지 모른다. 자연에 인간이 만든 어떤 의미나 품격은 없다. 그냥 팩트일 뿐이다. 자연을 연구하는 과학에 품격이 있다면 그것은 인간의 문제다. 그래서 이 책은 과학하는 인간의 품격에 대한 책이다.

　과학 기술은 인간에게 물질적 풍요와 생활의 편리를 주었다. 하지만 품격은 풍요나 편리와 다르다. 세탁기는 빨래에 들어가는 엄청난 노동에서 인간을 해방시켰다. 하지만 여성의 노동 시간은 오히려 늘어났다. 공유 경제는 효율적이고 과학적인 자원의 활용을 약속하는 듯했다. 하지만 우버는 저임금 장시간 노동을, 에어비앤비는 부동산 불로 소득을 양산하고 있다. 집단 지성이 언제나 옳은 것은 아니다. 초연결 시대의 집단 지성은 집단 바보가 될 위험이 농후하다. 자연 법칙은 단순하지만, 인간은 복잡하다. 과학으로 인간의 행복과 품격을 얻으려면 과학 그 이상을 생각해야 한다.

품격 있는 과학이 반드시 알아야 할 사실이 하나 있다. 자연을 설명하는 과학의 법칙이 완벽하더라도 인간 문제를 해결하는 과학의 방법은 완벽하지 않다. 세균을 퇴치하고자 만든 항생제는 세균을 강하게 하고, 해충을 없애려고 수입한 두꺼비는 생태계를 교란한다. 인공과 자연의 차이를 명확히 말하기 쉽지 않으며, 유기농이라고 안전한 것도 아니다. 충분한 고민 없이 단순한 과학을 복잡한 세상에 적용하면 오히려 비과학적 결과를 얻게 된다. 과학이 인간의 문제를 쉽게 해결해 줄 것이라는 순진한 생각을 버리는 것에서 품격은 시작된다.

강양구는 민감한 정치적 과학 이슈에 분명한 입장을 가지고 있다. 이 때문에 종종 곤욕을 치르기도 한다. 수십 년간 일관된 입장을 견지하는 것 자체가 쉬운 일은 아니기에 개인적으로 존경해 마지않는다. 미세 먼지나 핵발전 문제는 전문가들도 의견을 내놓기 꺼리는 주제다. 이에 대해 강양구가 말하는 품격 있는 과학적 주장을 들어보라. 결론 그 자체보다 결론에 이르는 과학적 태도와 인간을 대하는 그의 진심이 느껴질 것이다. 인간의 문제에 관한 한 과학이 말하는 쉬운 답은 종종 답이 아니다.

강양구는 까칠하다. 까칠하다는 표현은 대개 싫은 사람에게 쓸 때가 많다. 하지만 기자라면, 더구나 과학을 다루는 기자라면 반드시 가져야 할 덕목이라고 생각한다. 까칠한 사람은 다른 이의 주장을 쉽게 믿지 않고 의심한다. 결론을 내리기 전에 충분한 자료를 찾아보고 치열하게 검토한다. 그래서 강양구는 모두가 한목소리로 이야기할 때조차 이따금 반대 의견을 낸다. 반대를 위한 반대를 하는 청개구리는 아니다. 반대할 만한 합리적 이유를 가지고 있기 때문이다. 그래서 강양구가 반대하면 나도 그 문제에 대해 다시 한번 생각을 해본다. 남과 다르게 행동하는 것을 싫어하는 우리 사회에서 강양구의 존재는 소중하다. 이 책에서 그런 강양구의 활약을 볼 수 있다.

과학은 자연을 탐구한다. 자연에 품격 따위는 없다. 품격 있는 과학은 자연이 아니라 인간에게서 온다. 저자의 말대로 과학 기술이 인간의 숨결로 가득한 모두의 것이 될 때 과학은 품격을 가지게 될 것이다. 과학에 대한 강양구의 태도와 생각이 우리 사회를 조금이라도 좋게 만드는 데 보탬이 되리라 믿어 의심치 않는다.

김상욱(경희 대학교 물리학과 교수)

과학의 품격을 지키려는 이들에게

어렸을 때부터 과학자가 아닌 미래를 한 번도 상상해 본 적이 없었다. 혼자서 백지에 로봇 그림을 끄적거릴 때는 로봇을 만드는 공학자가 꿈이었다. 학교에 들어가서 현미경으로 식물과 동물의 세포를 처음으로 관찰하고 나서는 생명의 신비를 파헤치는 생물학자가 되고 싶었다. 그렇게 별다른 고민 없이 과학 고등학교를 거쳐서 대학의 생물학과로 진학했다.

하지만 꿈은 꿈일 뿐이었다. 고등학교 때부터 남다른 감각과 쟁쟁한 실력의 친구, 선배, 후배를 보면서 금세 깨달았다. '아, 나는 과학자 될 만한 재목이 아니구나.' 어렸을 때부터 주제 파악에는 비교적 능했던 터라 아픈 현실을 곧바로 받아들였다. 하지만 막막했다. 과학자 외에는 다른 꿈을 가져 본 적이 없었으니까.

바로 그때 한 가지 계기가 있었다. 몇몇 선배와 일주일에 한 번씩 만나서 과학 기술과 사회가 어떻게 서로 영향을 주고받는지 공부하는 자리에서 있었던 일이다. 한 선배가 소리의 속도로 나는 비행기의 엔진을 만드는 루카스 항공(Lucas Aerospace)에서 일했던 공학자 마이크 쿨리(Mike Cooley)의 고민을 소개했다.

"우리는 (소리의 속도로 나는) 콩코드 비행기를 설계하고 생산할 수 있는 기술을 가지고 있지만, 가난한 노인이 얼어 죽는 일을 막는 난방 기술을 공급할 수 없습니다."

"과학 기술이 발전하면 인간은 힘든 노동에서 해방되어 창조적인 일에 몰두하리라는 전망이 있었습니다. 하지만 현실은 어떻습니까? 오히려 과학 기술이 가장 발전한 산업 국가의 수많은 노동자는 실업자 신세가 되고 있습니다."

쿨리가 1970년대에 고민했던 이런 과학 기술의 역설은 극복되기는커녕 수십 년이 지난 21세기에 오히려 심화되었다. 예를 들어, 대형 마트 노동자는 매일 10~25킬로그램의 무거운 상자를 수백 차례씩 들고 나른다. 그들은 21세기의 대한민국에서 이렇게 외쳤다.

"제발 상자에 '손잡이 구멍'이라도 뚫어 달라."

로봇, 인공 지능(AI), 빅 데이터, 생명 공학 등이 추동하는 '혁명'을 예찬하는 목소리가 곳곳에서 들리고, 아마존이나 테슬라 같은 기업의 창업자가 달(제프 베저스)이나 화성(일론 머스크)으로의 '인류 이주'를 공공연하게 말하는 상황에서 무거운 상자의 "손잡이 구멍이라도 뚫어 달라."는 절박한 요구라니! 이 얼마나 기가 막힌 역설인가.

달이나 화성으로의 인류 이주를 꿈꾸는 이들이 내세우는 이유를 들어보면 더 더욱 역설적이다. '환경 오염'으로 인류가 지구에서 더 이상 살 수 없는 상황을 대비하려면 달이나 화성으로의 이주 준비가 필수란다. 태양계 밖 외계 행성을 처음 관측한 공으로 2019년 노벨상을 받은 과학자 미셸 마요르(Michel Mayor)는 이런 상황을 염두에 두고서 이렇게 꼬집었다.

"아직 살 만하고 아름다운 지구나 보존하자."

실제로 지금 인류가 안고 있는 가장 심각한 환경 문제는 지구 온난화가 초래하는 기후 변화다. 여기저기서 "지구 온난화를 막을 수 없다."라는 비관론이 들리지만, 사실 우리는 지금도 화석 연료를 태우지 않고서도 에너지를 얻는 방법처럼 온실 기체를 줄이는 여러 방법을 갖고 있다. 단지, 그런 과학 기술을 외면하고 있을 뿐이다. 이 역시 얼마나 역설적인 일인가.

결국, 나는 과학을 탐구하고 기술을 설계하는 과학 기술자의 삶 대신에 앞에서 살펴본 현대 과학 기술의 역설을 폭로하고 그 대안을 찾는 일을 하게 됐다. 2003년부터 지금까지 17년 동안은 아예 기자로 일하면서 이런 역설을 시민과 공유하고 토론을 자극하는 일을 해 왔다. 지금 여러분이 펼쳐 든 이 책은 바로 그 과정에서 쌓인 고민의 흔적을 갈무리한 보고서다.

●

과학 기술을 둘러싼 역설을 고민하다 보면 맞닥뜨리는 장벽이 있다. 과학 기술은 '돈', '경제', '성장'과 떼려야 뗄 수 없는 관계를 가진다. 오죽하면 1987년 '민주화'로 마련되어 30년 이상 우리 삶에 영향을 준 '헌법'은 과학 기술을 이렇게 이해하고 있다.

"국가는 과학 기술의 혁신과 정보 및 인력의 개발을 통하여 국

13

민 경제의 발전에 노력하여야 한다."

이 책에서 나는 결코 '돈', '경제', '성장'과 동일시할 수 없는 과학 기술의 수많은 이야기를 들려주고 싶었다. 당장 과학 기술은 문학, 그림, 음악 등 훌륭한 예술 작품이 그렇듯이 인간의 가장 빛나는 창의력의 산물이다. 더구나 그렇게 세상에 등장한 어떤 과학 기술은 우리 삶의 모습을 송두리째 바꿔 놓는 중요한 역할을 해 왔다. 과학 기술은 그 자체로 '문화'다.

이뿐만이 아니다. 기계 때문에 일자리를 잃은 성난 노동자의 19세기 러다이트 운동부터 새로운 차량 호출 서비스를 둘러싼 21세기 택시 기사의 반발에서 확인할 수 있듯이, 과학 기술은 국가, 자본, 노동이 힘겨루기를 하는 정치의 장이다. 때로는 피비린내 나는 격렬한 갈등으로도 이어지는 이 정치의 결과에 따라서 과학 기술은 해방과 억압의 다양한 모습을 드러낸다.

당연히 이 과정에서 어떤 이들은 '인간의 얼굴'을 한 과학 기술을 꿈꾸고 싸운다. 반면에 다른 이들은 과학 기술을 기존의 기득권을 유지하고 강화하는 수단으로 사용하고자 안간힘을 쓴다. 나는 이런 충돌의 현장에서 단호하게 전자의 편에 서고자 노력해 왔다. 이 책의 많은 사연은 바로 그런 이들의 치열한 고민, 용감한 실천, 힘겨운 싸움에 빚지고 있다.

안타깝게도 그런 싸움은 대개는 실패로 끝났다. 하지만 그 과정에서 성과가 없지는 않았다. 드물지만 과학 기술의 '돈'으로 측정할 수 없는 가치, '경제'로만 한정할 수 없는 역할, '성장'이 아니라 공존과 공생 수단으로서의 가능성이 드러났다. 이 책은 그렇게 '과학의 품격'을 지키려고 지금 이 순간에도 외롭게 싸우는 이들의 빛나는 기록이다.

최근 20년간의 여러 싸움 가운데 가장 치열했고, 드물게 승리했던 일이 2005년의 줄기 세포 논문 조작을 둘러싼 이른바 '황우석 사태'였다. 과학 기술자, 시민 운동가, 언론의 단순한 진심과 무모한 용기 그리고 '차가운' 연대가 빚어낸 한 편의 드라마. 처음부터 끝까지 그 사태의 중심에 있었던 처지에서 꼭 그 진실을 독자와 나누고 싶었다. 이 책의 1부는 바로 그 기록이다.

여전히 대다수 시민에게 과학 기술은 자신의 삶과는 동떨어진 세계의 일이다. 소수의 전문가, 기업인, 공무원 등이 연구하고 발명하고 결정하면 시민은 감탄하고, 소비하고, 영향 받을 뿐이다. 하지만 이 책의 수많은 이야기가 말해 주듯이 과학 기술은 우리 삶의 구석구석에 영향을 줄 뿐만 아니라, 갈수록 그 힘이 세지고 있다.

과학 기술 시대를 살아가는 평범한 사람이 과학 기술과 어떻게 관계를 맺을 수 있을까? 이 책에 실린 다양한 이야기가 그런 관계 맺기의 가이드 역할을 하리라 확신한다. 이 책을 읽고서 좀 더 많은 사람이 따뜻한 온기와 인간의 숨결로 가득한 모두의 과학 기술을 꿈꾼다면, 그래서 세상이 좀 더 나아진다면 저자로서 더할 나위 없는 기쁨이겠다.

●

이 책에 실린 글의 초고는 2017년 초부터 2019년 초까지 2년간에 걸쳐서 쓰였다. 오래 몸담았던 일터에서 나와서 말 그대로 밥벌이를 위해서 일주일에 한 편씩 발표한 100편의 글 가운데 처지는 것을 버리고, 나머지를 현재 시점에 맞춰서 수정하고 보완했다. 17년간의 고민과 실천에 밥벌이의 치열함까지 겹쳐진 터라서, 지금 깜냥의 최대치라는 생각이다.

키보드를 꾹꾹 눌러서 이 책에 실린 글을 쓸 때마다 오랫동안 읽어 왔던 외국의 이름난 언론에 실린 과학 기술 에세이들을 의식했다. 어깨에 힘을 주고 말하자면, 그런 '외국산' 에세이와 비교해도 정보의 넓이, 고민의 깊이, 해석의 참신함 면에서 떨어지지 않는다고 믿는다. 독자 여러분이 한국 과학 문화의 현재 성취를 이 책을 통해서 확인할 수 있으면 좋겠다.

우리 시대 '과학의 품격'을 고민하는 이들의 흔적을 기록한 역사이자, 더 나아가 그 가능성을 모색하는 이 책이 과학 기술 시대를 살아가는 독자에게 어떻게 다가갈까? 이 책이 계기가 되어서 새로운 관계의 망이 만들어지고, 또 그 안에서 새로운 고민과 실천이 꼬리에 꼬리를 물기를 즐겁게 또 설레며 기다린다.

2019년 입동에
강양구

차례

1부 과학의 품격을 지키기 위한 싸움: 아무도 말하지 않은 황우석 사태의 진실

2부 지영 씨, 과학 때문에 행복하세요?

3부 미세 먼지도 해결 못 하는 과학, 기후 변동은?

4부 과학이라고, 안전할까?

1부 과학의 품격을 지키기 위한 싸움

아무도 믿으려 하지 않는 황우석 사태의 진실

새로운 학설 수용의 4단계:

1. 이것은 무가치한 헛소리다.

2. 이것은 흥미롭다. 그러나 왜곡된 주장이다.

3. 이것은 참이다. 그러나 중요하지는 않다.

4. 내가 항상 하던 얘기다.

— 존 버든 샌더스 홀데인(John Burdon Sanderson Haldane)

첫 번째 장면
싸움의 시작

2014년 가을, 여기저기서 나를 찾는 일이 많아졌다. 10월에 임순례 감독의 영화 「제보자」가 개봉할 예정인데, 그와 관련해 논평을 해 줄 수 있느냐는 것이었다. 처음에는 "사정이 허락지 않아서 죄송하다." 라는 답변으로 일관했다. 핑계가 아니라, 정말로 그랬다. 회사를 휴직하고 외국에 나와 있었던 터라 영화를 볼 수 없었기 때문이다.

더구나 그 모티프를 2005년의 이른바 '황우석 사태'에서 따왔다고 하더라도, 「제보자」는 다큐멘터리가 아니라 임순례 감독 등이 새롭게 창작한 허구다. 영화를 영화 자체로 평가하지 않고, 실제로 일어난 일들을 얼마나 잘 재현했는지 여부로 따지는 것은 난센스다. 그러니 영화 문외한인 내가 「제보자」를 놓고서 이러쿵저러쿵하는 게 얼마나 우스운 일인가.

그러다 직장 상사가 외국에서 놀면 뭐하느냐며, 영화 개봉에 맞춰서 글을 하나 써서 보내라고 지시했다. 이제 6개월 후에는 한국으로 돌아가야 하는데, 책상이라도 빼면 큰일이니 고분고분 따르는 게 맞는 처세였다. 사실 이미 내 책상을 사무실에서 빼 버렸다는 풍문도 들은 터라서 선택의 여지가 없었다.

2014년 당시 만 9년이 지난 황우석 사태를 「제보자」와는 다른 시각으로 한번 점검해 보자는 욕심도 생겼다. 사람의 기억이란 참으로 믿을 게 못 되어서(그때 그 광풍의 현장에 있었든 없었든) 사람들 머릿속에서 황우석 사태는 흐릿해진 지 오래다. "영화는 영화일 뿐"이라고 아무리 외쳐도, 이 영화가 마치 그 사건 그 자체처럼 사람들에게 받아들여질 수 있다는 얘기다. 나중에 한국으로 돌아와서 "혹시 영화「제보자」의 실제 주인공이세요?" 같은 질문을 강연장에서 여러 차례 받으면서 이런 생각이 더욱더 굳어졌다.

그렇다면 지금 나는 황우석 사태를 놓고서 무엇을 말하고 싶은 것일까? 하고 싶은 말은 많지만, 분량 제한이 있는 이 짧은 글에서는 딱 한 가지만 목표로 삼고자 한다. 한국 사회에서 진실을 찾는 일은 114분짜리 극영화 같지 않다. 스포트라이트 하나 받지 못하고 나름 역할을 했었던 이들의 피땀이 없었다면, 아마도 진실은 여전히 시궁창 어딘가에 처박혀 있었을 것이다.

'제보자 – 김병수 – 한학수' 트리오

2004년 가을, 참여연대 시민 과학 센터는 뜻밖의 손님을 맞는다. 그는 자신을 황우석 박사의 인간 복제 배아 줄기 세포 연구를 직접 담당했던 당사자라고 소개했다. 그는 황 박사의 연구에 쓰인 난자의 출처에 문제가 많을 뿐만 아니라, 연구 성과 자체도 실제보다 과장되었음을 강조했다. 바로 '제보자'가 최초로 호루라기를 분 시점이었다.

하지만 최초의 호루라기는 영화처럼 큰소리로 울리지 못했다. 이 제보자와 처음 상담을 했던 당시 참여연대 시민 과학 센터 간사였던 김병수 박사(현재 성공회 대학교 교수)가 섣부른 공론화를 주저했기 때문이다. 전 국민의 기대를 한몸에 받으며, 정부-국회-언론의 전폭적인 지원을 받고 있던 황우석 박사의 기세를 염두에 두면, 제보자가 큰 상처를 입을 게 뻔했기 때문이다.

이전에도 황우석 박사 연구의 난자 출처를 둘러싼 문제 제기가 국내의 시민 과학 센터, 국외의 《네이처》 등을 통해서 있었으나 반향은 거의 없었다. 더구나 제보자는 이미 황우석 박사의 실험실을 떠난 뒤였고, 당연히 자신의 노출도 꺼렸다. 김병수 박사는 섣부른 공론화가 제보자를 벼랑 끝으로 내몰 것이라고 걱정했다.

그간 참여연대를 찾아왔던 수많은 제보자의 힘겨운 싸움을 옆에서 지켜봤던 터라서, 더욱더 그랬다. 두 사람은 기약 없이 헤어졌다. 하지만 김병수 박사는 그냥 포기한 것이 아니라, 본격적인 싸움을 준비하기 시작했다. 즉 2005년 가을부터 대한민국을 들썩거리게 했던 '줄기 세포 조작 스캔들'은 이미 1년 전부터 이렇게 예고되었던 것이다.

사실 제보자는 정말로 맞춤한 곳을 찾았다. 참여연대 시민 과학 센터는 황우석 박사가 한국 최초의 복제 소 '영롱이'를 만들었다고 주장한 1999년부터 그와 그의 연구를 감시해 온 곳이다. 황 박사가 폭주하는 것을 막는 데 결정적인 역할을 했던 생명 윤리법도 시민 과학 센터가 주도해서 만들어진 것이다. 그리고 김병수 박사는 그 중심에 있었다.

시간이 흘러서, 2005년 여름 김병수 박사는 다시 제보자를 만난다. 황우석 박사가 《사이언스》에 이른바 '환자 맞춤형' 인간 복제 배아 줄기 세포를 11개나 만들어 냈다고 발표한 직후였다. 전 국민의 97퍼센트가 황 박사의 연구를 지지하던 상황에서, 제보자는 온갖 불이익을 감수하고 진실을 폭로하기로 마음을 굳힌 상태였다.

바로 이 시점에 참여연대 시민 과학 센터 김병수 박사 외에 영화 「제보자」 주인공인 윤민철 PD의 역할 모델인 「PD수첩」의 한학수 PD가 합류한다. 제보자가 시민 과학 센터 외에 새로운 파트너로 「PD수첩」과 한 PD를 선택한 것이다. 이때부터 수 개월간 '제보자-김병수-한학수' 트리오는 "전 국민을 적으로 돌리는" 싸움을 시작한다. (그런데 영화에서 김병수 박사의 존재는 아예 사라지고 없다.)

하지만 그들은 사실 영화처럼 외롭지는 않았다. 왜냐하면, 생각보다는 더 많은 우군이 있었기 때문이다.

'한재각-김병수-강양구' 트리오

제보자가 「PD수첩」 제보(2005년 6월 1일)를 앞두고 고뇌에 빠져 있던 2005년 5월의 어느 날 오후, 나는 광화문의 한 카페에 있었다. 내 앞에는 참여연대 시민 과학 센터 김병수 박사, 역시 참여연대 시민 과학 센터 출신으로 당시 민주노동당에서 과학 기술 정책을 담당하던 한재각 연구원(현재 에너지 기후 정책 연구소 소장)이 앉아 있었다.

여기서 어쩔 수 없이 개인적인 얘기를 해야겠다. 사실 나는 과학 담당 기자가 되기 전부터 오랫동안(1997년부터) 참여연대 시민 과학 센터 회원으로 참여하면서, 여러 가지 활동에 작은 힘을 보탰다. 특히 황우석 박사의 연구를 감시하는 일은 참여연대 시민 과학 센터의 일이기도 했지만, 나의 중요한 관심사이기도 했다.

당연히 나는 2003년 《프레시안》에서 기자 생활을 시작하면서, 지속적으로 황우석 박사 연구의 문제점을 점검하는 기사를 썼다. 그리고 그 기사의 상당 부분은 바로 이 두 사람, 즉 김병수 박사와 한재각 연구원과의 파트너십을 통해서 만들어진 것이었다. 그리고 우리 셋 다 두 번째 《사이언스》 논문 발표(2005년 5월 19일)로 최고조에 이른 '열광'에 질린 상태였다.

그날 세 사람은 각자의 활동과는 별개로, 1999년부터 2005년 그 순간까지 계속되던 황우석 박사의 연구에 대한 한국 사회의 무조건적인 열광의 정체를 해명하는 책을 공동 작업하기로 결의한다. 그때부터 매주 토요일, 일요일마다 각자가 맡은 부분의 초고를 바탕으로 공동 집필하는 강행군이 시작되었다.

하지만 어느 순간부터, 정확히 말하면 여름부터 이 공동 작업이 삐거덕거리기 시작했다. 김병수 박사의 집필 속도가 눈에 띄게 느려지기 시작했고, 토요일과 일요일의 공동 작업에 나타나지 않는 것도 다반사였다. 분명히 무슨 일이 있는 게 틀림없는데, 그는 질문에 묵묵부답으로 일관했다.

나중에 알게 된 사실이지만, 당시 김병수 박사는 제보자, 한학수 PD와 함께 황우석 박사 줄기 세포 연구의 허실을 본격적으로 추적하는 중이었다. 이 과정에서 김병수 박사는 「PD수첩」의 취재 과정에서 자칫 소홀해지기 쉬운 제보자 보호와 동시에 줄기 세포 연구의 허실을 파악하는 구체적인 과학 기술 검증을 진행했다.

사실 김병수 박사가 없었다면 취재 자체가 불가능했다. 왜냐하면, 짧은 시간에 한학수 PD가 황 박사 줄기 세포 연구의 문제점을 단숨에 파악하고, 그것의 허실까지 가리는 일은 사실상 불가능했기 때문이다. 제보자-김병수-한학수 트리오가 고수했던 비밀주의를 염두에 두면, 다른 과학자의 협력도 기대할 수 없었다.

결국 대학원에서 분자 생물학을 전공한 김병수 박사와 당시 한 대학에 몸담고 있던 성영모 박사가 「PD수첩」의 과학 자문을 담당하는 역할로 나설 수밖에 없었다. (두 사람은 부부다.) 이들은 제보자의 주장을 확인하기 위한 구체적인 방법을 제안했을 뿐만 아니라, 취재 과정에서 때로는 직접 나섰다. (성영모 박사는 2005년 12월부터 《프레시안》이 생물학 연구 정보 센터(BRIC) 게시판 등에서 제기된 각종 논문 조작 의혹을 기사화할 때도 사전 자문에 적극 응했다. 물론 성영모 박사 역시 나의 오랜 지인이다. 하지만 이 부부는 둘 다 이 시점에는 제보자와 「PD수첩」의 취재 내용을 함구했다.)

아무튼 이렇게 제보자-김병수-한학수 트리오의 활동이 본격적으로 시작되면서, '한재각-김병수-강양구' 트리오의 파트너십은 흔들리기 시작했다. 사실 이 대목에서는 지금도 아쉬움이 남는다. 만약 김병수 박사가 그 시점에 한재각 연구원이나 나에게 도움을 요청했더라면, 그래서 애초부터 제보자-김병수-한학수-한재각-강양구가 같이 싸웠더라면 어땠을까?

결과적으로, 제보자-김병수-한학수 트리오의 비밀주의는 독(毒)이 되었다. 왜냐하면, 제보자의 신분이 노출되었을 뿐만 아니라, 결국 12월 초에는 몇 개월에 걸친 취재 내용을 보도하기는커녕 프로그램 자체가 존폐 위기에 처했기 때문이다. 후배의 특권으로 선배에게 '좀 못되게' 얘기하자면, 「PD수첩」과 한학수 PD는 공중파 고발 프로그램의 힘을 너무 과신했다. '좀 더 못되게' 얘기하자면, 희대의 특종을 독점하고 싶은 한학수 PD의 욕심도 과했다.

만약 제보자가 나와 당시 창간 4년차의 《프레시안》을 찾아왔으면 어떻게 했을까? 공중파 방송의 고발 프로그램과 같은 권위와 권력이 없는 상황에서, 분명히 《프레시안》과 나는 좀 더 많은 네트워크를 만들고자 노력했을 것이다. 그리고 이런 다윗의 네트워크는 결국 골리앗을 무너뜨렸다. 영화가 아닌 현실의 '줄기 세포 조작 스캔들'이 바로 그랬다.

강양구-김병수-한재각이 준비했던 책은 예정(2005년 12월)보다 훨씬 늦은 2006년 6월에 나왔다. 『침묵과 열광: 황우석 사태 7년의 기록』(후마니타스, 2006년). 아쉽게도 이 책은 "앞으로 쏟아져 나올 수많은 황우석 사태 관련 연구물들이 일차적으로 거쳐야 하는 관문"이라는 분에 넘치는 칭찬을 받았지만, 대중의 주목을 받지는 못했다.[1]

한재각, 싸움을 시작하다: 연변 처녀 난자 괴담

여름이 지나고, 2005년 10월부터 싸움이 본격적으로 시작되었다.

그리고 첫 번째 전투는 엉뚱하게도 손에 아무것도 쥔 것이 없었던 한재각이 먼저 시작했다.

당시 한재각-김병수-강양구 트리오를 꿰뚫는 문제 의식은 황우석 박사의 연구에서 공히 나타나는 '윤리의 부재'였다. 핵심은 난자였다. 인간 복제 배아를 만들려면 여성의 난자가 필요하다. 그간 황 박사는 2004년과 2005년《사이언스》에 발표한 줄기 세포를 얻고자 총 427개(2004년 242개, 2005년 185개)의 난자를 사용했다고 주장했다.

사실 이런 난자 숫자도 놀랄 만큼 많은 것이었다. 전 세계 어떤 과학자도 그렇게 많은 수의 여성의 난자를 확보해 실험에 이용한 적이 없었다. 당연히 난자의 출처에 과학계의 이목이 집중된 터였다. 더 나아가 한재각-김병수-강양구 트리오는 이 발표의 신뢰성에 의문을 품고 있었다.

한 마리의 복제 동물(동물 복제 배아)을 만드는 데도 수백 개에서 수천 개의 동물 난자가 필요한데, 그보다 훨씬 더 어렵다 여겨진 인간 복제 배아에서 줄기 세포를 뽑아내는 데 고작(?) 수백 개의 난자만 사용했다는 사실이 믿기지 않았다. (나중에 검찰 수사 결과, 황우석 박사가 확인 가능한 난자만 총 2,221개를 사용했다는 것이 밝혀졌다.)

한재각 민주노동당 연구원은 국회 보건 복지 위원회 최순영 의원을 비롯한 10명의 민주노동당 소속 현역 국회 의원을 활용해 황우석 박사에게 압박을 가했다. 난자 출처는 물론이고 당시 과학기술부가 황 박사에게 540억 원(2005~2014년)의 연구비 지원을 결정한 사실(이중에는 애초 신진 박사에게 지원할 연구비 10억 원도 포함되어 있었다!) 등이 문제 제기되었다.

이런 한재각 연구원의 압박에 꿈쩍 않을 것 같던 황우석 박사가 움직이기 시작했다. 2005년 10월 7일《조선일보》는 "황우석 교수 '민노당 때문에 연구 못 할 지경'"이라는 눈에 띄는 제목의 기사를 내보냈다.[2] 황 박사가 10월 5일 당시 황창규 삼성전자 사장의 상가를 방문한 자리에서 기자들에게 털어놓은 민주노동당을 겨냥한 불만을 그대로 전한 것이었다.

"민주노동당이 국정 감사에 필요하다며 별별 자료를 다 요구하고 있다."

"연구 팀이 자료 작성에 시간을 빼앗기다 보니 연구에 엄청난 지장을 받고 있다."

"(심지어) 중국 연변 처녀들의 난자를 불법적으로 거래했다는 소문이 있다며 민주노동당이 자료 제출을 요구해 왔다."

"줄기 세포 연구에 필요한 모든 난자는 생명 윤리법에 따라 합법적으로 구하고 있다."

돌이켜 보면, '연변 처녀 난자' 괴담으로 상징되는 황우석 박사의 이런 발언에는 불안감이 짙게 깔려 있었다. 거의 같은 시점에 제보자-김병수-한학수 트리오는 난자 불법 획득, 줄기 세포 진위 여부 등을 들이대며 황 박사를 압박하고 있었기 때문이다. 한학수 PD는 2005년 10월 20일 미국에서 김선종 연구원을 만나서 줄기 세포 진위 여부에 대한 '중대 증언'도 확보했다.

공교롭게도 바로 전날(2005년 10월 19일) 당시 노무현 대통령은 황우석 박사가 주도한 세계 줄기 세포 허브 개소식에 참여해 "생명 윤리에 관한 여러 가지 논란이 이와 같은 훌륭한 과학적 연구와 진보를 가로막지 않도록 잘 관리해 나가는 것이 우리 정치하는 사람들이 할 몫"이라고 발언했다. 바야흐로, 광풍이 불어오고 있었다.

두 번째 장면
샌프란시스코에서 날아온 혈서

광풍은 김선종 연구원이 재직 중이던 미국 피츠버그 대학교에서 시작됐다.

2005년 11월 12일, 피츠버그 대학교 제럴드 섀튼(Gerald Schatten) 교수가 난자 채취 과정의 윤리 문제 등을 거론하며 황우석 박사와 결별을 선언했다. 불과 며칠 전(11월 7일), 제보자-김병수-한학수 트리오가 몇 개월간의 노력 끝에 진위 여부를 가릴 줄기 세포 5개를 황 박사로부터 넘겨받은 시점이었다.

사실 이조차도 순조롭지 못했다. 처음 황우석 박사는 「PD수첩」팀에 임의의 줄기 세포를 넘겨주고자 했다. 만약 이 정체불명의 줄기 세포를 덥석 받았다면, 「PD수첩」과 한학수 PD는 줄기 세포 조작 의혹을 제기조차 못 했을 것이다. 다행히 현장에 있던 김병수 박사가 이를 거부하고, 제대로 된 줄기 세포를 요구하면서 이런 최악의 상황은 피할 수 있었다.

갑작스런 섀튼 교수의 결별 선언에 온 국민이 어리둥절해하고 있을 때, 황우석 박사의 메시지가《경향신문》(2005년 11월 15일)을 통해서 전해졌다. 「PD수첩」이 "실험실 내부 인물"의 제보로 황 박사의 연구를 취재하고 있으며, 새튼 교수의 결별 선언이 "제보 내용"과 무관하지 않을 것이라는 황 박사 측의 전언도 덧붙여졌다.

누가 봐도 '제보자를 색출해서 응징하라.'라는 선동용 메시지였다. (과학 '전문' 기자를 자처했던, 이 기사를 작성한 기자는 황우석 사태 이후에《경향신문》에서 한 공중파 방송으로 자리를 옮겼다. 한국 언론의 현실이 이렇다!) 여론은 기민하게 반응했다. 곧바로 누리꾼의 제보자 신상털기가 시작되었고, 「PD수첩」에 대한 공격이 시작되었다.

고백하자면, 이 시점까지도 나는 「PD수첩」의 취재 내용을 전혀 모르고 있었다. 그 시점에 한재각-김병수-강양구 트리오는 (김병수 박사의 침묵과 다른 멤버의 불신으로) 사실상 와해 상태였다. 그저 「PD수첩」이 제보자를 통해서 난자 출처 문제를 입증할 결정적 증거를 확보했으리라고 짐작할 뿐이었다. 새튼 교수의 결별 선언은 그것만으로도 충분한 이유가 되었다.

애초 황우석 박사의 인간 복제 배아 줄기 세포 연구의 윤리 문제를 집중적으로 파헤쳐 온 나로서는 주저할 이유가 없었다. 그간 여러 경로로 취재한 아이템이 총동원되었다. 황우석 박사가 불법 매매한 난자를 실험에 사용했을 뿐만 아니라, 여성 연구원의 난자까지 실험에 활용한 사실이 확인되었다.

이 사실이 국제적으로 알려지면서 2005년 11월 18일《사이언스》에서도 "적절한 조치"를 언급하기 시작했다. 이런 상황에서 11월 22일 드디어 제보자-김병수-한학수 트리오의 첫 작품이 「PD수첩」

을 통해서 공중파로 방송됐다. 예상대로 난자를 둘러싼 윤리 문제가 초점이었다. 황우석 박사는 24일 「PD수첩」이 제기한 의혹을 인정하며 대국민 사과에 나섰다.

황우석 박사가 잘못을 인정했는데도, 여론은 정반대로 흘러갔다. 제보자-김병수-한학수 트리오 중에서 전면에 나섰던 한학수 PD와 「PD수첩」이 여론의 뭇매를 맞았다. 「PD수첩」 방송 전부터 사실상 논란이 되었던 거의 모든 의혹을 먼저 짚고 기사화했던 《프레시안》과 나 역시 예외가 아니었다.

'개양구'의 씁쓸한 추억

돌이켜 보면, 당시 나는 반쯤은 정신이 나가 있었다. 평생 가족을 비롯한 친지들의 전화를 가장 많이 받던 때였다. "이제 그만하라."라는 충고가 대부분이었다. 심지어 편집 일선에서 물러나 있던 《프레시안》의 한 선배 기자마저도 조용히 자신의 자리로 불러서 "이만하면 됐다."라며 "출구 전략을 고민해 보라."라고 조언했다.

가끔 생각을 정리하던 용도로 활용하던 블로그는 이미 초토화되었다. (그 광풍의 흔적은 지금도 이 블로그(http://tyio.egloos.com/page/8#cmt)에 가면 고스란히 남아 있다.) 몇몇 게시판에서는 대학교 새내기 때 사적인 게시판에 썼었던 글들이 옮겨져서 10대 후반부터 "멘탈이 이상한 아이였다."라는 어쩌면 근거 있는(?) 얘기가 나돌았다.

가장 황당한 의혹은 내가 "미국 시민권을 가진 강남에 거주하는 대형 교회 집사"라는 의혹이었다. 전라남도 목포 출신에 강북 달동네의 한 연립 주택에서 자취를 하던 나로서는 웃어야 할지 울어야 할지 모르는 말들의 향연이었다. 급기야 국내 최대 포털 사이트에서 일하는 지인이 "개양구"가 검색 순위 수위에 올라서 "블라인드" 처리를 했다고 전했다.

기왕 얘기가 나왔으니, 평생 제대로 된 별명 하나 가지지 못했던 나에게 누리꾼이 선물해 준 '개양구'에 얽힌 일화 하나. 11월의 어느 날, 서대문의 한 작은 식당에서 동료들과 점심을 먹던 중에 바로 옆 테이블의 대화 내용이 들렸다.

"그 기사 봤어?"

"어디 나왔는데?"

"《프레시안》."

"《프레시안》이 어디더라? 아, 그 '개양구' 있는 데?"

한 누리꾼의 날카로운(?) 지적처럼, 내가 "사랑이 없는 냉혈한" 이어서인지 이렇게 온라인에서 찢어 발겨지는 데도 별다른 감흥은 없었다. 그러다 아직도 공포의 감정이 생생한 사건이 닥쳤다. 11월의 어느 날, 샌프란시스코에서 국제 우편이 하나 내 앞으로 배달되었다. 종종 정체불명의 편지가 배달되곤 하던 때라서, 궁금증 반 긴장감 반에 편지를 열었다.

하얀 종이에 핏빛 글씨가 가득했다. 성분 분석은 해 보지 않았으나 검붉은색이 피처럼 보였다.

"개양구, 너와 네 가족은 교통 사고로…… 뇌수가…….."

유치한 '행운의 편지' 수준의 내용이었지만, 순간 모골이 섬뜩

했다. 온라인에서 오프라인까지 흘러넘친 나를 향한 증오가 실감 나는 순간이었다.

아마 그때부터였다. 나는 달동네 연립 주택으로 가는 지름길인 골목길을 더 이상 이용하지 않았다. 골목길 모퉁이를 돌 때, 해코지를 당할까 봐 무서웠다. 그때 내가 제일 무서워했던 해코지는 황산이나 염산 테러였다. 화학 약품 관리가 허술하기 짝이 없는 국내에서 황산이나 염산 몇 병을 구해, 해코지로 끼얹는 게 얼마나 쉬운지 너무나 잘 알고 있었던 터였다.

다행히 나는 그 광풍의 순간을 무사히 넘겼다. 온라인에서는 오장육부가 찢어 발겨져 수백 번 죽었지만, 다행히 황산이나 염산을 가지고 골목길에서 나를 기다리던 이는 없었다. 하지만 습관은 참으로 무서운 것이어서, 그때 이후로 지금까지 나는 골목길을 웬만해서는 이용하지 않는다. 골목길 모퉁이를 돌 때마다 샌프란시스코에서 날아온 혈서가 떠오르기 때문이다.

쥐구멍에 숨은 과학자 – 전문가 – 지식인

나만 그렇게 고생한 게 아니었다. 2005년의 당시를 돌이켜 보면, 각별한 연대의 감정이 샘솟는 이들이 몇몇 있다. 한학수 PD? 솔직히 말하면, 아니다. 지금도 많은 이들이 오해하고는 하는데, 그 시점에 한 PD와 나는 일면식도 없었다. 한 PD를 처음 본 것은 2005년 12월 2일, 비우호적인 여론의 압박에 「PD수첩」이 취재 과정을 공개하는 기자 회견을 열었을 때였다.

나중에 한학수 PD와 술이라도 한잔 기울인 것은, 황우석 사태가 어느 정도 정리 국면에 접어들던 시점이었다. 「PD수첩」 팀이 그나마 자신에게 호의적인(?) 기사를 써 줬던 몇몇 기자들을 불러서 저녁 식사를 함께했는데, 나도 초대를 받았다. 한 PD와는 그때 처음으로 말을 텄다.

한 가지 여담. 그때 「PD수첩」 팀에서 "PD수첩"이 새겨진 저용량 USB 메모리를 선물로 줬다. 그 메모리는 한동안 이용하다 잃어버렸다. 그런데 나중에 「PD수첩」 팀이 그 국면에서 고마운 몇몇에게 "PD수첩"이 새겨진 고급(?) 만년필을 선물로 줬다는 사실을 알았다. 나와 한학수 PD, 또 「PD수첩」과의 관계를 상징적으로 보여 주는 일화가 아닐까?

그 국면에서 내가 진짜로 연대감을 느꼈던 이들은 따로 있다. 가장 대표적인 인물이 이형기 당시 피츠버그 대학교 교수(현재 서울 대학교 융합 과학 기술 대학원 교수)다. 그는 2005년 11월 17일 「과학엔 '한계' 없지만 과학자에겐 '규제' 있어」라는 첫 글을 시작으로 '줄기 세포 조작 스캔들'이 진행되는 내내 과학 연구에 있어서 윤리가 왜 중요한지 국면마다 조목조목 짚어 줬다.

이형기 교수는 과학계, 의학계 전문가로서는 드물게 황우석 박사를 비판하는 공개 발언에 나섰다. 그의 시각은 처음에는 《프레시안》을 통해서 또 나중에는 「PD수첩」을 비롯한 각종 매체를 통해서 널리 알려졌다. 당연히 여론의 반발이 심했다. 당시 미국 대학 교수였던 그의 이름 앞에는 "매국노"가 붙었고, 공공연한 생명의 위협도 받았다.

나는 지난 14년간 많은 과학자-전문가-지식인으로부터 황 박사를 놓고 참으로 정확한 비판을 들었다. 하지만 그들 중 2005년의 그때, 자기 이름을 걸고 공개 발언을 한 이들은 손으로 꼽는다. 그럼, 그때 이들은 어디에 있었을까? 심하게 얘기하자면, 그나마 나았던 이들이 쥐구멍에 숨어서 익명으로 댓글을 달고 있었다. (그런 이를 몇몇 알고 있다.)

진실이 드러나고 나서, 좀 더 정확히 말하면 승자와 패자가 갈리고 나서 대세에 서는 것은 누구나 할 수 있는 일이다. 하지만 우리에게 필요한 과학자-전문가-지식인은 필요할 때, 설사 불이익이 예상되더라도 주저하지 않고 발언할 수 있는 이들이다. 그래서 나는 지금도 이형기 교수 같은 이들에게 각별한 연대감을 느낀다.

기왕 얘기가 나왔으니 하나만 더 언급하자. 사실 이형기 교수는 자타가 공인하는 '보수주의자'다. 온갖 기준을 내세워 편부터 가르고 또 거기에 편승해 자신의 이름값을 높이려는 지식인이 횡행하는 한국 사회에서, 이형기 교수와 진보 매체 기자의 협업은 그 자체로 의미 있는, 두고두고 곱씹어 볼 만한 사례라고 생각한다.

3년차 기자의 '감'을 믿어 준 《프레시안》

이렇게 광풍이 진행되는 상황에서 내가 당시 속해 있던 《프레시안》도 고민에 빠졌다. 2005년 11월의 마지막 날, 서대문 근처의 작은 식당에서 대표, 편집국장, 편집부국장, 나 이렇게 네 사람이 모였다.

상황은 심각했다. 《프레시안》에 광고를 주던 몇 안 되는 기업들이 광고 중단을 통보하기 시작했다. 가장 먼저 KT의 광고가 빠졌다. 이제 갓 걸음마를 뗀 만 4년의 신생 언론으로서는 감당하기 어려운 고난이었다. 대표, 편집국장, 편집부국장, 또 동료들 모두 내 입만 바라보고 있는 상황이었다. 그런데 정작 나는 손에 쥐고 있는 '사실'이 아무것도 없었다.

한편, '줄기 세포 조작 스캔들'은 더욱더 숨 가쁘게 진행 중이었다. 불을 확 지른 이는 노무현 대통령이었다. 그는 11월 27일 「청와대 국정 브리핑」에 올린 글에서 「PD수첩」에 대한 여론의 질타가 도를 넘은 것에 우려를 표명했다. 그는 여기에서 그치지 않고 「PD수첩」이 논문의 진위 여부를 취재하고 있다는 사실이 "짜증스럽고 도저히 납득이 가지 않는다."라고 덧붙였다.

노무현 대통령이 모두가 '설마' 하던 판도라의 상자를 열어 버렸다. 「PD수첩」이 단순히 난자 출처를 둘러싼 윤리 문제가 아니라, 줄기 세포 진위를 놓고서 취재를 진행한 사실이 드러난 것이다. 이런 사실이 알려지자, 노 대통령의 선의와는 반대로 반발 여론은 더욱더 심해졌다. 유일하게 '사실'을 쥐고 있던 「PD수첩」은 점점 궁지에 몰리고 있었다.

바로 이 시점에 제보자-김병수-한학수 트리오는 11월 7일 넘겨받은 줄기 세포가 거짓이라는 사실을 확인했다. 이들은 이것만으로 충분하리라 생각했지만, 황우석 박사를 중심으로 한 '과학 기술 동맹'은 그렇게 만만하지 않았다. 더구나 이 취재 결과는 「PD수첩」이 아니라《프레시안》(2005년 12월 6일)을 통해서 보도되었다.

고민이 되었다. 그날 점심을 겸한 회의에서 나는 이렇게 말했다.

"솔직히 손에 쥐고 있는 것은 아무것도 없습니다. 하지만 노무현 대통령이 저 정도까지 말한 걸 염두에 두면 제보자-김병수-한학수 트리오가 분명히 뭔가 확실한 사실을 쥐고 있다고 생각합니다. 그리고 이건 전적으로 감입니다만, 황우석 박사의 줄기 세포에 심각한 문제가 있습니다. 이 판단이 잘못이라면, 제가 모든 책임을 지고 회사를 떠나겠습니다."

잠시 침묵이 흘렀다. 편집부국장이 먼저 입을 열었다.

"강양구 씨, 그런 얘기는 함부로 하는 게 아니야. 아무튼, 강 기자가 이렇다면, 한번 끝까지 가봅시다."

대표, 편집국장도 잇따라 동의했다. 20년 이상 기자 생활을 했던 선배 기자 세 사람이 3년차 후배 기자의 '감'을 믿은 것이다. 솔직히 말하면,《프레시안》과 나의 질겼던, 하지만 이제는 끝난 인연은 바로 이 순간에 시작되었다.

다행히 그때 나의 감은 비교적 정확했다. 한 가지, 결정적으로 틀렸던 것은 제보자-김병수-한학수 트리오가 손에 쥐고 있는 사실이 결정타가 아니었다는 것이다. 게다가 상황은 더욱더 꼬였다. 12월 4일, 그날은 일요일이었다. YTN이 미국의 김선종 연구원과 인터뷰를 해서「PD수첩」의 취재 윤리 위반("나의 발언은 협박 등 강압에 의한 것이다.")을 폭로했다.

나는 YTN 보도 소식을 부평역에서 김병수 박사의 전화로 들었다.

"YTN 봤어?"

고생하는 조카가 안쓰러워 밥 한 끼 먹이겠다는 이모에게 다녀오는 길이었다. 집으로 오자마자, 텔레비전을 틀었다. YTN은 같은 기사를 계속 반복해서 내보내고 있었다. 문화방송(MBC)은 곧바로 「대국민 사과문」을 발표하고 「PD수첩」 방영 유보를 선언했다.

아득했다. 잠이 오지 않아 늦게까지 뒤척였다. 바로 그때, 이름이 알려지지 않은 인터넷의 한 게시판에서는 또 다른 반전이 준비되고 있었다.

세 번째 장면
"고래 싸움이 끝나고, 새우 혼자서 칼을 들었다."

2005년 12월 5일, 월요일 아침 밤잠을 설친 탓에 두 눈이 빨갰다. 출근하자마자 메일함을 열었다. (그때는 출근길에 이메일을 확인할 수 있는 스마트폰이 없었다.) 오전 8시 14분 기준, 정확하게 10개의 메일이 목록에 떠 있었다. 대부분 국내외 생명 과학 대학 교수 및 박사 과정 학생의 메일이었다.

그중에는 황우석 박사 연구를 놓고서 토론을 진행하던 한 사립 대학 교수의 메일도 있었다.

"강 기자님! 이것 꼭 확인하세요."

"꼭 기사화해 주세요."

"제보입니다."

황 박사의 2005년《사이언스》논문의「부속서(Supplement)」에 실린 11개 줄기 세포를 찍은 사진에서 '중복 사진'이 발견됐다는 제보였다.

분명히 같은 줄기 세포를 찍은 사진인데 약간의 조작을 거쳐서 마치 다른 줄기 세포를 찍은 것처럼 첨부했다는 것. 이것은 보통 일이 아니었다. 「부속서」의 사진은 논문에서 주장한 데이터의 진위를 증빙하는 역할을 한다. 황 박사의 줄기 세포 조작 혐의를 지지하는 유력한 '사실' 하나가 발견된 것이다.

논란의 발단이 됐던 곳은 생물학 연구 정보 센터(Biology Research Information Center, BRIC)의 한 게시판. 평소에도 젊은 생명 과학자들의 의견을 청취하고자 일주일에 한두 번 정도 들락거리던 이 게시판의 원래 용도는 젊은 생명 과학자의 구직 정보와 그에 따른 애환을 공유하던 곳이다. 말 그대로 생명 과학계의 사이버 비정규직 인력 시장이었던 셈이다.

비록 월 수십만 원에 노동력을 파는 신세지만 이들의 실력만은 세계적 수준이었다. 정체를 알 수 없는 '무명씨(anonymus)'의 줄기 세포 사진에 대한 의혹 제기는 이미 수십 명 '전문가'들의 검증을 통해서 사실로 확인이 되어 있었다. 성영모 박사를 비롯한 몇몇 생명 과학자와 토론도 진행했다.

망설일 이유가 없었다. 처음으로 이런 사실을 기사화했다. (이것을 사실 ①이라고 하자.)

'중복 사진' 의혹만으로는 부족했다

기사가 올라가고서 2시간쯤 후에 며칠 전 기자 회견에서 안면을 튼 한학수 PD에게 전화를 했다. 한 PD를 비롯한 「PD수첩」 팀은 전날의 충격에서 아직 벗어나지 못한 상황이었다.

"BRIC 게시판 중복 사진 의혹 확인하셨어요?"

"BRIC? 그게 뭔데?"

"중요한 뉴스예요.《프레시안》기사 살펴보세요."

대충 이런 대화가 오갔다.

나중에 이 중복 사진 의혹을 놓고서 누리꾼 몇몇이 "개양구 자작설"을 제기했다. 내가 익명으로 게시판에 중복 사진 의혹을 올리고, 그것을 곧바로 기사화했다는 것이다. 나의 능력을 높이 평가해준 것은 정말로 고마운 일이지만, 번지수를 잘못 짚었다. 나는 틀린 그림 찾기 게임을 할 때도, 단 한 번도 2단계로 넘어가 본 적이 없다.

그런데 영화에서 바로 이런 황당한 설정이 나온다. 방영은커녕 존폐 위기에 빠진「PD수첩」팀에서 한학수 PD를 돕던 막내 PD(김보슬 PD)가 바로 게시판에 중복 사진 의혹을 제기해 여론의 반전을 꾀한다는 것. 영화에는 문외한이지만, 스토리텔링에는 관심이 있는 글쟁이로서 참으로 낯 뜨거운 설정이다. (도대체 왜, 왜, 왜?)

나중에 임순례 감독의 라디오 방송 인터뷰를 보고서 대충 짐작이 갔다. 임 감독은 이 중복 사진 의혹 제기를 줄기 세포 조작 스캔들의 승부를 가른 결정적인 사건으로 파악하고 있었다.[1]

"너무 그냥 정말 초등학생도 조금만 보면 알 수 있는, 검증할 수 있는 그런 방식으로 조작이 되어서 사실은 밝히는 데 그렇게 어렵지는 않았어요."

임순례 감독을 비롯한 제작진이 누구한테 과외를 받았는지는 알 수 없지만, 이 대목을 읽고서 한숨이 나왔다. 다시 강조하지만, 진실을 밝히는 일은 그렇게 간단치 않았다. 돌이켜 보면, 중복 사진 의혹은 완전히 끝난 것처럼 보였던 상황을 반전하는 계기가 되긴 했지만, "사실을 밝히는" 결정적인 증거는 아니었다.

좀 더 자세히 설명해 보겠다. 2013년 5월, 미국의 슈크라트 미탈리포프(Shoukhrat Mitalipov) 박사가 세계 최초로 '진짜' 인간 복제 배아줄기 세포를 만들었다. 그런데 미탈리포프 박사의 논문을 놓고서도 중복 사진 의혹이 제기되었다. 그는 "사진을 정리해서 싣는 과정에서 오류가 있었다."라고 해명했고, 과학계는 결국 그 해명을 받아들였다.

다시 2005년 12월 5일로 돌아가 보자. 황우석 박사도 미탈리포프 박사와 똑같이 대응했다.

"많은 사진을 정리하는 과정에서 실수로 몇 장의 사진이 잘못 들어갔다."

임순례 감독 등이 알고 있는 것과는 달리 중복 사진 의혹만 있었다면 황 박사와 그를 비호하는 권력이 충분히 뭉개고 갈 수도 있었다.

두 번째 사실: 2번 줄기 세포 조작 의혹

12월 5일 오후, 중복 사진 논란으로 한창 경황이 없는 상황에서 「PD수첩」 팀이 실시했던 2번 줄기 세포와 그 원주인 체세포의 DNA 지문 분석 결과를 입수했다. 이 자료를 내게 메일로 보낸 이가 바로 한학수 PD를 돕던 김보슬 PD였다. 「PD수첩」 팀이 자신이 갖고 있던 사실을 방영하기 어려워지자 외부 기자의 도움을 받기로 전략을 바꾼 것이다.

　김보슬 PD가 보낸 메일을 다시 읽어 보면, 그때 「PD수첩」 팀이 어떤 인식을 하고 있었는지를 짐작할 수 있다. "언젠가는 진실이 밝혀지겠죠." 중복 사진 의혹 제기에도 불구하고 한학수 PD를 비롯한 「PD수첩」 팀은 사태를 비관하고 있었다. 결국 뒤처리는 나와 《프레시안》, 또 우리를 지원하는 수많은 '다윗들'의 몫이 되었다. 이런 상황을 놓고서 한 누리꾼은 이렇게 표현했다.

　"고래들의 싸움이 끝났는데도 새우가 혼자서 칼을 들고 있는 상황이네요."

　김보슬 PD가 넘겨준 자료는 5일 제기된 중복 사진 의혹과는 차원이 다른 사실이었다. 황 박사가 2005년 《사이언스》 논문을 통해서 발표한 이른바 '환자 맞춤형 줄기 세포'가 사실은 환자 맞춤형이 아니라는 증거였기 때문이다. (2번 줄기 세포≠2번 줄기 세포 원래 주인의 체세포.) 제보자-김병수-한학수 트리오가 가장 공을 들인 사실이기도 했다.

　2005년 12월 6일(화요일), 2번 줄기 세포의 DNA 지문 분석 결과도 공개했다. (이것이 사실 ②다.)

세 번째 사실, 《뉴욕 타임스》도 주목했다

그 시점(2005년 12월 6일 새벽)에 BRIC 게시판에서는 지방 국립 대학의 한 생명 과학자가 새로운 의혹을 제기했다. 그는 BRIC 게시판과 별개로 자세한 설명이 추가된 메일을 내게도 따로 보냈다. 2005년《사이언스》논문 부속서에 실린 복제 배아 줄기 세포와 원래 주인 체세포의 DNA 지문 분석 결과에 대한 설득력 있는 문제 제기였다.

DNA 지문 분석은 비교 대상 2개를 놓고서, '피크(∧)'의 위치가 똑같은지로 '일치/불일치' 여부를 따진다. 하지만 2개의 모양이 너무나 똑같아도 문제다. 왜냐하면, 비교를 하려는 2개의 시료 자체는 다르기 때문에 위치는 똑같더라도 피크의 높이, 모양, 배경의 '노이즈'는 매번 달라야 한다.

이 생명 과학자는 2005년《사이언스》논문의 DNA 지문 분석 결과가 피크의 높이, 모양은 물론 배경의 노이즈까지 거의 비슷하다는 데 의문을 제기했다. 그와 수차례 이메일을 주고받으며, 또 성영모 박사와 김병수 박사 등과 토론을 하면서 이 문제 제기가 '진실'로 인도할 중요한 사실 중 하나라는 결론을 내리게 되었다. (당시 자문에 응했던 모든 생명 과학자가 이런 결론에 동조하지는 않았다. 비공식적으로 자문에 응한 내로라하는 의과 대학 법의학 교실의 한 과학자는 "의심할 만한 대목은 있지만, 이것만으로 DNA 지문 분석 결과가 조작이라고 결론을 내리기에는 충분하다 않다."라고 회의적인 반응을 보였다. 어쩌면 DNA 지문 분석 결과에 대한 의혹 제기 역시 그것만으로는 부족했다.)

줄기 세포의 진위 여부를 가릴 가장 중요한 데이터(DNA 지문 분석 결과)가 조작되었을 가능성이었다. 이틀간의 준비 끝에 최초로 의혹이 제기된 지 이틀 만인 12월 8일(목요일) 기사를 냈다. (이것이 사실 ③이다.)

이 기사의 반향은 전혀 예기치 못했던 곳에서 나왔다.《뉴욕 타임스》의 니콜라스 웨이드(Nicholas Wade) 기자로부터 반응이 온 것이다.

"한 재미 한국인 학자의 소개로 당신의 12월 8일자 기사를 봤다. 나는 한글을 읽을 줄 모르지만 기사에 첨부된 DNA 지문 분석 결과만으로도 무슨 의미인지 이해할 수 있었다. 이 사안에 큰 관심을 갖고 있으며 당신의 기사도 번역해서 볼 생각이다."

니콜라스 웨이드가 누구인가? 그는 《사이언스》, 《네이처》를 거친 《뉴욕 타임스》 과학 담당 기자로 이미 1980년대부터 세계 최고의 과학 기자로 칭송받던 이였다. 특히 그는 과학자의 연구 부정 행위를 전문적으로 추적해 왔다. 1943년생인 그는 내게 과학 언론계의 대선배였다. 그는 10일 《뉴욕 타임스》를 통해서 나의 문제 제기를 보도했다.

12월 9일(금요일)에는 서울 대학교의 생명 과학 소장 교수들이 정운찬 당시 서울대 총장에게 황 박사의 2005년 《사이언스》 논문에 대한 검증의 필요성을 건의했다. 이들도 이구동성으로 "논문에 첨부된 DNA 지문 분석 결과가 의구심이 제기된다."라는 의견을 밝혔다. 또 12월 10일(토요일)에는 2005년 《사이언스》 논문에 실린 3쌍의 중복 사진 의혹이 추가로 제기되었다.

"나는 시키는 대로 할 수밖에 없었다."

그때 나는 월요일(12월 12일)을 염두에 두고서 마지막 일격을 준비 중이었다. 당시 「PD수첩」을 지원하던 역할을 하던 K 아무개 변호사가 자신이 따로 보관하던 이른바 '김선종 녹취록'을 《프레시안》에 넘기겠다고 제안해 온 것이다. 8일 서초동 사무실에서 해당 자료를 파일로 건네받아, 한창 기사로 쓰는 중이었다.

토요일 오후, 기사를 마무리하고 퇴근을 준비하던 중에 YTN에서 '폭탄'이 터졌다. YTN이 "황 박사의 지시로 《사이언스》 논문에 실릴 사진을 불려서 더 많이 찍었다."라는 김선종 연구원의 증언을 보도한 것이다. (YTN의 황우석 사태 편향 보도를 참을 수 없었던 한 기자와 담당 데스크의 작품이었다.) 더 이상 시간을 끌 이유가 없었다.

'김선종 녹취록'을 10일 저녁 곧바로 올렸다. (사실 ④) 기사 제목은 "나는 시키는 대로 할 수밖에 없었다."

돌이켜보면 피가 마르는 일주일이었다. 《프레시안》을 통해 내가 처음으로 보도한 이 4건의 사실(①, ②, ③, ④)이야말로 황우석 사태의 진실에 한 걸음 다가가는 분수령이었다. 황 박사는 이 4건의 의혹에 반박 보도 자료를 내놓고서, 12월 11일 직접 노정혜 서울 대학교 연구처장에게 자신의 논문 재검증을 요청하기에 이르렀다.

어쩌면, 우리는 운이 좋았다

2005년 12월 7일 (수요일) 저녁, 나는 안국동에 있었다. 국제 앰네스티 한국 지부에서 매년 수여하는 '앰네스티 언론상'을 수상하기 위해서였다.

그 자리에는 《프레시안》의 동료 외에도 《녹색평론》 서울 독자 모임 회원 몇몇도 함께했다. 혹시 해코지를 당할까 봐 걱정이 되어서 굳이 시간을 내서 와 준 것이었다. 그날 한 회원은 "고맙다."라면서 포장해 온 만년필을 축하 선물로 건넸다. 그 만년필은 14년이 지난 지금도 나의 '보물 1호'다.

나는 지금도 그때 수상한 앰네스티 언론상을 자랑스럽게 생각한다. 그 상은 줄기 세포 조작 스캔들을 폭로한 공으로 주어진 것이 아니라, (그때나 또 지금이나 내가 훨씬 더 중요하다고 생각하는) 줄기 세포 연구의 윤리 부재를 비판한 기사로 주어진 것이기 때문이다. 이 지점은 한번 음미해 볼 생각거리를 준다.

수상식이 끝나고서 서울 대학교 황상익 명예 교수를 만났다. 당시 황 교수는 겉으로 드러나지 않게 제보자-김병수-한학수 트리오와 거의 모든 사실을 공유하면서 그들의 멘토 역할을 했었다.

"강 기자 고생 많지요? 조만간 모든 것이 정리될 겁니다."

황 교수는 이런 알쏭달쏭한 격려를 짧게 던지고 떠났다. 한참 후에 황상익 교수는 사석에서 이런 의견을 말했다.

"BRIC 게시판에 DNA 지문 분석 결과를 놓고서 문제 제기가 올라온 시점(12월 6일)에 결론은 이미 난 것이 아닐까요?"

고개를 끄덕이고 들었지만, 과연 상황이 꼭 그렇게 흘러갔을까? 나는 가끔 다음과 같은 생각이 꼬리를 물 때마다, 고개를 젓곤 한다.

만약, 법이 정한 것보다 또 애초 공언한 것보다 훨씬 많은 수천 개의 난자를 사용했지만, 황우석 박사가 환자 맞춤형 줄기 세포를 가지고 있었다면 상황이 어떻게 전개되었을까? 중복 사진, DNA 지문 분석 등 앞에서 지적한 수많은 논문 조작은 사실이었지만, 황 박사가 단 한두 개라도 인간 복제 배아 줄기 세포를 손에 쥐고 있었다면 어떻게 되었을까?

세 번째 장면

황우석 박사는 논문 조작의 흠집을 뒤로한 채, 여전히 한국 최고의 과학자로 대접받고 있지 않을까? 아마도 나는 지금 기자 아닌 다른 직업을 전전하고 있었을 것이다. 「PD수첩」은 그 시점에 폐지되었을 테고, 한학수 PD 역시 영화 주인공의 역할 모델이 되지는 못했을 것이다. 그러니까, 어쩌면 그때 우리는 운이 좋았던 셈이다.

네 번째 장면
황우석, 대통령, 회장님, 다 함께

2005년 12월 15일, 그날은 아침부터 숨 가빴다. 황 박사의 2005년 《사이언스》논문에 실린 복제 배아 줄기 세포 사진이 미즈메디 병원에서 발표한 논문에 실렸던 일반 배아 줄기 세포 사진과 같다는 의혹이 제기되었다. 미즈메디 병원의 논문에는 김선종 연구원이 공동 저자로 참여했다. 사건의 전모가 머릿속에 그려지는 순간이었다.

논문을 조작하는 과정에서, 김선종 연구원이 실체가 없는 복제 배아 줄기 세포 대신에 미즈메디 병원의 일반 배아 줄기 세포 사진을 논문에 가져다 썼을 가능성이었다. 진실에 또 한 걸음 다가갔다. 이 의혹을《프레시안》이 처음으로 기사로 내보냈고, 몇 시간 뒤 노성일 미즈메디 병원 이사장이 폭탄 선언을 했다.

"줄기 세포 지금은 없다."

이른바 '줄기 세포 조작 스캔들'은 노성일 이사장의 이 선언으로 사실상 끝이 났다. 그 뒤에도 황우석 박사가 "줄기 세포 바꿔치기" 의혹을 제기하면서 검찰 수사를 의뢰하는 등의 변죽이 계속되었지만, 그조차도 한번 바뀐 물줄기의 흐름을 바꾸지 못했다. 약 5개월이 지난 2006년 5월 12일, 검찰은 "줄기 세포는 처음부터 없었고, 현재도 없다."라고 결론을 내렸다.

황우석 박사는 그 시점에 왜 검찰을 끌어들였을까? 그는 끝이 없는 나락으로 떨어지고 있는 자신을 구해 줄 2개의 동아줄을 믿었다. 하나는 바로 2004년 《사이언스》 논문의 근거가 된 1번 줄기 세포였다. 그는 이 줄기 세포만큼은 인간 복제 배아에서 뽑아낸 것이라고 확신했던 모양이다.

그가 12월 16일 "줄기 세포가 11개면 어떻고 1개면 어떠냐."라고 당당하게 말할 수 있었던 것도 이 때문이었다. 그는 자신에게 인간 복제 배아 줄기 세포를 1개라도 만들 수 있는 "원천 기술"이 존재하는 한, 대한민국이 자신을 버리지 않으리라고 확신했던 것 같다. 어느 정도 근거가 있는 믿음이었다.

그런데 결국 이 1번 줄기 세포조차도 황우석 박사를 배신했다. 서울 대학교 조사 위원회 등은 이 1번 줄기 세포가 인간 복제 배아에서 뽑아낸 것이 아니라, 복제 배아를 만드는 핵 이식 과정에서 우발적으로 만들어진 처녀 생식(parthenogenesis) 배아에서 뽑아낸 줄기 세포라고 판단했다. (이후 추가 검증에 나선 세계 과학계도 이런 판단을 지지했다. 이런 서울 대학교 조사 위원회의 판단은 많은 사람들의 생각처럼 뜬금없는 것이 아니었다. 인간 복제 배아를 만드는 과정에서 처녀 생식이 나타날 가능성은 해당 분야 과학자 사이에서는 반드시 검토하고 넘어가야 하는 지점이었다. 나중에 제보자였던 류영준 박사와의 대화에서 확인한 바에 따르면, 황 박사도 2004년에 이미 이런 가능성을 인지하고 있었다.)

황우석 박사가 검찰을 끌어들인 또 다른 이유는 그때까지 자신의 편이었던 권력에 대한 신뢰였다. 그는 권력이 끝까지 자신을 비호해 주리라고 믿었다. 돌이켜 보면, 처세의 달인이었던 그조차도 그 시점에는 감각이 무뎌졌던 모양이다. 왜냐하면, 권력은 그럴 생각이 전혀 없었으니까.

후일담 하나: 부끄러움을 모르는 기자들

17년째 기자로 밥벌이를 하고 있지만, 친하게 지내는 기자가 거의 없다. 17년째 과학 기술 또 환경 담당 기자로 일하고 있지만, 한국 과학 기자 클럽이나 한국 환경 기자 클럽 근처에 가 본 적도 없다. 몇 년 전, 기자를 꿈꾸는 대학생 앞에서 이런 얘기를 했더니 한 친구가 물었다.

"그렇게 살면 외롭지 않나요?"

나는 이렇게 답했다.

"한두 번 있는 일인가요?"

엄청난 고립감. 2005년 11월부터 12월까지 내가 느낀 감정의 정체는 고립감이었다. 특히 12월 10일 '김선종 녹취록'을 보도하기 전까지 언론계에 우군이 보이지 않았다. 뭔가 쥐고 있는 것처럼 보였던 「PD수첩」이 자기 앞가림하기도 어려운 처지가 되면서 이런 고립감은 더욱더 깊어졌다.

진보, 보수, 오프라인, 온라인 매체 할 것 없이 황우석 박사를 옹호하거나, 나중에는 그의 해명을 전달하기에 바빴다. 당시 한국 언론이 처한 상황을 단적으로 보여 주는 한 가지 일화가 있다. 12월 4일

이후 마음이 급해진 한학수 PD는 몇몇 매체 기자를 은밀히 불러 모아「PD수첩」이 그간 취재해 온 사실을 공유하는 자리를 만들었다.

나중에 듣기로 그 자리에 통신사, 오프라인 매체, 온라인 매체 등 대여섯 군데의 기자들이 모였다. ("강 기자는 알아서 잘 하고 있어서 따로 부를 필요가 없었다." 나중에 한 PD가 사석에서 그때 일을 회고하며 이렇게 말했다.) 그런데 그렇게「PD수첩」의 취재 내용을 공유하고서도, 언론의 보도 내용은 달라지지 않았다.

그럴 법했다. 《프레시안》과 같은 작은 언론은 '기자의 관점'을 최우선에 둔다. 하지만 그날 한학수 PD와 사실을 공유했던 어느 정도 규모가 있는 언론은 '데스크의 관점'과 '사내의 평가'를 최우선에 둔다. 설사 기자 개인이「PD수첩」의 입장에 동조한다고 하더라도, '데스크의 관점'과 '사내의 평가'를 극복하지 못하면 말짱 도루묵인 것이다.

아무튼 이런 엄혹한 상황에서도 힘이 되어 주는 기자들이 있었다. 먼저 한 방송사의 K 기자와 한 보수 언론의 C 기자. 이들은 내가 기사 한 꼭지, 한 꼭지를 써서 세상에 내놓을 때마다 마치 자기 기사인 양 꼼꼼히 챙겨서 보고서 조언을 아끼지 않았다. 물론 자기가 속한 언론사의 보도에 절망하면서 말이다.

그럼, 황우석 사태로 한국 언론이 바뀌었을까? 시간이 한참 흐르고 나서, 어느 날 밤에 전화 한 통을 받았다. 술에 취한 목소리였다.

"강양구 기자? ○○○○의 아무개입니다."

『침묵과 열광』 등을 통해서 실명 비판했던 과학 담당 기자 중 한 사람이었다.

"강 기자 지적에 부끄러워서 기자를 그만뒀소."

전화를 끊고 나서 마음이 무거웠다. 그랬다. 이 기자를 포함해 몇몇이 "부끄러움을 이기지 못하고" 황우석 사태 때의 책임을 지고서 기자 생활을 그만두었다. 그런데 아무도 묻지 않은 책임을 지고서 기자 생활을 그만둔 이 기자들은 그나마 평소에 양질의 과학 기사를 쓰려고 노력했던 이들이었다.

정작 황 박사와 엉겨 붙어 희희낙락대던 이들은 지금도 여전히 과학이나 의학 '전문' 기자 행세를 하면서 활보하고 다닌다. 마치 자신은 그때 진실의 편에 섰던 것처럼 시치미 뚝 떼고서 말이다. 이와 관련한 후일담 하나. 황우석 사태가 한창 정리 국면이던 2006년 초에 과학기술부 산하 기관의 한 관계자가 전화를 걸어 왔다.

"4월에 '대한민국 과학 문화상' 시상식이 있는데 신문 및 잡지 부문에서 강양구 기자가 여럿으로부터 추천이 되었습니다. 공적 조서를 내서 후보자로 이름을 올리시죠."

과학기술부는 황우석 사태가 이렇게 엉망이 된 데 가장 큰 책임이 있는 정부 부처였다. 그런데 황우석 사태가 아직 채 정리가 되지도 않은 상황에서 과학기술부 장관이 주는 상을 받으라니! 이런 내용을 담아서 답장을 보내고서 잊어버렸다. (더구나 과학기술부를 감시하는 역할을 해야 하는 과학 담당 기자들이 돌아가면서 이 상을 받는 꼴사나운 행태도 역겨웠다.)

그해 4월, 과학기술부에서 날아온 보도 자료를 보고서 어이가 없었다. 혹시, 2005년 11월에 처음으로 '제보자를 색출하라.' 뉘앙스의 보도를 했던 그 기자 생각나는가? 바로 그 기자가 '대한민국 과학 문화상' 신문 및 잡지 부문 수상자(상금 1000만 원)로 선정이 되었던 것이다.

그때나, 지금이나 대한민국 과학 언론은 이렇게 부끄러움 따위는 내던진 이들이 지배하고 있다. 내가 여전히 기자들 사이에서 '왕따' 기자를 자처하는 이유다.

후일담 둘: PD 저널리즘, 진화에 실패하다

2005년 12월 15일, 노성일 이사장의 폭탄 선언 직후에 「PD수첩」의 「「PD수첩」은 왜 재검증을 요구했는가」 편이 시청자를 만났다. 존폐 위기까지 몰렸던 「PD수첩」이 구사일생으로 살아난 순간이었다. 그 순간에 《프레시안》 편집부는 정신이 없었다. 독자들로부터 축하, 격려 그리고 사과의 메시지가 폭주했기 때문이다.

임순례 감독은 한 라디오 인터뷰에서 영화 「제보자」를 보고서 "한학수 PD가 굉장히 좋아했다."라고 전했다. 나는 이 인터뷰를 보고서 '설마…….' 하면서 고개를 저었다. 왜냐하면, 내가 아는 한학수 PD는 영화를 보고서 굉장히 부끄러워했을 테니까. 아마도 의례적인 칭찬을 임 감독이 진의로 받아들인 게 아닐까?

물론 「「PD수첩」은 왜 재검증을 요구했는가」는 지금 봐도 굉장히 잘 만든 프로그램이다. 만약 이 프로그램이 2005년 11월에 방영이 되었더라면, 언론사에 한 획을 긋는 작품이 되었을 것이다. 하지만 이 프로그램이 방영된 시점은, 줄기 세포 조작 스캔들이 정리되고 나서인 12월 15일 오후 10시였다.

　그러니 이 프로그램은 한학수 PD를 비롯한 「PD수첩」 팀의 작품이 아니다. 12월 4일 「PD수첩」의 방영이 무기한 금지되고 나서 한학수 PD를 비롯한 「PD수첩」 팀의 손발이 꼭꼭 묶인 상태에서, 그들 대신 진실을 밝히고자 노력했던 모든 이들의 협업 혹은 연대의 결과물이라고 봐야 마땅하다.

　그러고 보니 이런 일도 있었다. 황우석 사태가 끝나고 나서, 몇 개월 뒤에 한학수 PD로부터 이메일이 왔다. 조만간 MBC 시사 교양국에서 PD를 공채할 테니 지원을 하라는 권유였다. 한 PD가 "정당한 채용 과정"을 강조하긴 했지만, 누가 봐도 '보은(報恩) 스카우트'였다. 하루 이틀 고민하다가 이런 내용을 담아서 답장을 보냈다.

　"좋은 제안은 고맙습니다. 하지만 가장 힘든 시기에 나를 믿어주며 함께했던 《프레시안》의 선배, 동료 기자 들을 이렇게 떠날 수 없습니다. 그리고 이번 일을 겪으면서 「PD수첩」도 밖에서 뜻을 같이하는 존재가 얼마나 소중한지 알았으리라고 생각합니다. 앞으로도 좀 더 나은 세상을 만드는 데 「PD수첩」과 밖에서 연대하는 것으로 인연을 이어 가겠습니다."

　고백하자면, 나 역시 한때 'PD 저널리즘'의 매력에 마음이 움직인 적이 있었다. 왜냐하면, 그때 「PD수첩」은 최승호 PD(2019년 현재 MBC 사장), 한학수 PD(2019년 현재 「PD수첩」 진행자)가 중심이 되어 PD 저널리즘의 진화 가능성을 보여 주고 있었다. 하지만 결국 나는 《프레시안》을 선택했다. 그리고 어쭙잖은 평가를 덧붙이자면, PD 저널리즘은 진화에 실패했다.

그때나 지금이나 「PD수첩」을 비롯한 PD 저널리즘이 말하는 '진실' 혹은 '정의'는 지극히 상식에 기반을 두고 있다. 「PD수첩」이 그간 고발해 온 대상을 살펴보면, 누가 봐도 '나쁜 놈'이거나 혹은 사이비 종교 집단처럼 '나쁜 짓도 하는 이상한 놈'이다. 「PD수첩」이 (이해 당사자의 격렬한 반발 속에서도) 대중의 열렬한 지지를 받아 온 것은 바로 이 때문이었다.

그런데 이렇게 '착한 놈'과 '나쁜 놈'의 선악 구도로 나뉘지 않는 중요한 문제가 갈수록 늘고 있다. 윤리, 복지, 환경 등 가치에 기반을 둔 문제가 그렇다. 그리고 이런 문제를 다룰 때, 저널리즘은 때로 대중의 상식에 반하는 문제 제기도 해야 하며, 그 과정에서 격렬한 반발도 감수해야 한다.

황우석 사태, 특히 난자 출처를 둘러싼 윤리 문제가 바로 그런 예였다. '세계적인 과학 업적 앞에 윤리 문제 따위는 사소한 것'이라고 생각하는 대중의 반발은 어쩌면 당연한 것이었다. 그리고 「PD수첩」과 한학수 PD는 바로 그런 문제를 들춤으로써 PD 저널리즘의 진화를 시도했다.

그런데 이런 「PD수첩」과 PD 저널리즘의 시도는 그 이후에 더 이상 진행되지 않았다. 그리고 나는 가끔 고약한 질문을 던진다. 만약 제보자가 난자 출처를 둘러싼 윤리 문제만 놓고서 「PD수첩」을 찾아갔더라도, 「PD수첩」과 한학수 PD는 기꺼이 나섰을까? 아니 그때 이른바 '황까'였던 사람들도 이렇게 대답하지 않았을까? "그래도 줄기 세포는 있잖아요?"

후일담 셋 : 새로운 제보자가 필요하다

2010년 6월 18일, 서울 구로구 오류동에서 특별한 행사가 열렸다. 약 3,000명이 참가한 가운데 황우석 박사의 수암 생명 공학 연구원 연구동 기공식이 개최된 것이다. 이곳은 2005년 황우석 사태 이후에 과학계에서 퇴출된 황우석 박사가 재기의 발판을 닦으리라고 기대를 모으던 곳이었다.

이곳에서 황우석 박사의 재기를 바라며 참석한 3,000명 가운데는 노무현 대통령에 이어서 2007년 야권의 대권 후보로 나섰던 정동영 새정치민주연합 상임 고문, 그리고 2014년 6·4 지방 선거 이후에 야권을 이끈 박영선 의원(2019년 현재 중소벤처기업부 장관) 등도 있었다. 박영선 의원은 가슴 뭉클한 격려사도 남겼다.[1]

"정치를 하다 보면 상처를 많이 받으며, 때때로 진실이 세상에 왜곡돼서 전달된다."

"신은 진실을 안다. 그러나 때를 기다린다."

"앞으로 황우석 박사의 시대가 열린다."

"우리 구로에서 (황 박사가) 재기에 성공해서 구로의 기적이 대한민국의 기적으로, 세계의 기적으로 열리기를 바란다."

박영선 의원의 이 격려사가 과연 진심을 담은 말이었는지는 알수 없다. 마음에 없는 말도 그럴듯하게 포장해서 내뱉을 줄 아는 이들이 바로 정치인이니까. 설사 진심에서 우러난 말일지라도, 한때 최고의 지위까지 갔다가 몰락한 한 과학자를 향한 연민의 표현일 수도 있다. 진실은 본인만이 알 것이다.

내가 수년 전의 이 일화를 꺼내는 것은, 어쩌면 황우석 사태는 여전히 현재 진행형일 수도 있다는 생각이 들어서다. 2004, 2005년 《사이언스》논문은 조작으로 판명이 났고, 인간 복제 배아 줄기 세포는 세상에 존재하지 않음이 밝혀졌다. 하지만 여전히 많은 이들은 황우석 박사의 재기를 바란다. 도대체 그들은 왜 미련을 버리지 않는 것일까?

「제보자」전에도 안면이 있는 영화인 몇몇이 사석에서 황우석 사태의 영화화 가능성을 물어온 적이 있었다. 그때마다 한학수 PD와 제작자 한둘이 접촉해 영화화를 진행하고 있다는 소식을 전했다. ("한 가지 걱정은 영화에서 내가 미모의 여기자로 바뀌어서, 한 PD와 로맨스 라인이라도 만들어지는 거예요.") 그러면서 나는 질문을 바꿔 볼 것을 제안했다.

"만약 12월 4일 「PD수첩」이 존폐 위기에 빠졌을 때,《프레시안》, 또는 BRIC의 소장 과학자를 비롯한 다웟들이 아무도 나서지 않았더라면 어떻게 되었을까요? 바로 그 질문에 답하는 영화가 이 시점에 더 의미 있지 않을까요?"

그러면서 나는 이성주 기자의 『황우석의 나라』(바다출판사, 2006년) 도입부를 내 식으로 변주한 아래와 같은 가상 시나리오를 들려주곤 했다. 우리에게는 새로운 '제보자'가 필요하다.

●

2006년 1월 2일, 표류하던 MBC 「PD수첩」은 결국 침몰했다. 전국 곳곳의 MBC 사옥 앞은 연일 촛불 집회를 벌이는 황우석 박사 지지자들 때문에 몸살을 앓았다.

　가수, 탤런트 등 연예인들이 MBC 출연 거부를 선언하는 바람에 방송 파행 사태가 계속되었다. MBC의 시청률은 급강하했다. 결국 MBC의 최문순 사장은 전격적으로 사퇴를 선언했다. 검찰은 한학수 PD를 협박죄, 업무 방해죄 등의 혐의로 구속했다. 여론 조사 결과 국민의 90퍼센트 이상이 이런 일련의 상황에 동조했다.

　황우석 박사 복귀 여론이 들끓었다. 신문, 방송들은 1월 내내 황박사의 복귀 시점을 놓고 왈가왈부했다. 설 연휴가 시작되기 하루 전날인 1월 24일 새벽 한복을 곱게 차려입은 황 박사가 서울 대학교에 모습을 드러냈다. 밤새 그를 기다리던 지지자 수천 명은 교문부터 수의과 대학까지 노란 손수건을 들고서 일렬로 늘어서 그를 환영했다. 수의대로 들어가기 전 황 박사는 감격의 눈물을 흘리며 큰 절로 국민의 성원에 답했다. 국민도 같이 눈물을 흘렸다.

　황우석 박사는 2월부터 매달 한 가지씩 장밋빛 구상 또는 연구결과를 내놓았다. 그러던 어느 날 황 박사의 고뇌에 찬 표정이 신문, 방송에 나왔다. 실제 환자를 대상으로 한 줄기 세포 임상 시험을 해야 하는데, 식품 의약품 안전청의 까다로운 절차와 일부 학계의 반대때문에 벽에 부딪쳤다는 것. 여론은 즉각적으로 반응했다. 청와대홈페이지에는 환자의 애끓는 사연이 폭주했다. 정부는 마침내 우선 100명에 한해 '응급 임상'을 실시하기로 결정했다.

　황우석 박사의 응급 임상이 결정되자마자 그동안 지켜보기만했던 국내 대기업들이 황 박사에게 수백억 원의 지원을 약속하면서 공식적인 협력 관계를 요청했다. 여기서도 역시 삼성 그룹이 돋보였다. 삼성의 이건희 회장은 "황우석 박사와 함께 '제2의 반도체 신화'를 열겠다."라며 황 박사에게 수천억 원의 전폭적인 지원과 함께 새로 만들어질 가칭 '삼성 바이오'의 대표 이사를 제안했다. 몇 번 고사하던 황 박사도 삼성의 제안을 승낙했다.

2006년 8월 15일, 황우석 박사는 삼성 서울 병원에서 줄기 세포 첫 임상 시험을 실시했다. 그 자리에서는 동시에 '삼성 바이오'의 창립 선언과 황우석 박사의 대표 이사 취임식도 동시에 거행됐다. 전격적으로 그 자리에 참석한 노무현 대통령은 "오늘 이 자리는 61년 전 광복절보다도 더 감격스러운 날"이라며 "이로써 대한민국은 과학 기술 식민지에서 독립했다."라고 '과학 기술 독립 선언'을 선포했다.

노무현 대통령은 일부 참모들의 반발에도 이건희 회장과 황우석 박사의 손을 잡고 "대한 독립 만세"를 세 번 외쳤다.

2부 지영 씨, 과학 때문에 행복하세요?

암도 고치고 심장도 이식하는 세상에 생리통 약이 한 알 없다니

이게 무슨 일이라니. 자궁에 약 기운 퍼지면 큰일이라도 나는 줄 아나 봐.

— 『82년생 김지영』에서

더 나은 세상을 만드는 '30퍼센트 법칙'

1996년 8월 16일, 미국 시카고 브룩필드 동물원(Brookfield Zoo)에서 실제로 있었던 일이다. 가족과 함께 동물원을 찾았던 세 살짜리 남자아이가 5.4미터 깊이의 구덩이로 떨어졌다. 가족은 물론이고 구경꾼도 아이를 구하지 못해 안절부절못하고 있을 때, 저쪽에서 고릴라 한 마리가 다가왔다. 모두 긴장했다.

그러고 나서 믿지 못할 일이 일어났다. 암컷 고릴라는 재빨리 그 아이를 들어 올려 안전한 곳으로 옮겼다. 그 고릴라는 아이를 무릎 위에 올려놓고 등을 두드려 주다가 동물원 직원에게 데려다 주었다. 지금도 인터넷 검색 사이트에서 고릴라의 이름(Binti Jua)을 입력하면, 이 놀라운 동영상을 직접 볼 수 있다.

해마다 5월이면 문득 이 동영상이 생각나서 돌려 본다. 1980년 5월 광주에서 있었던 핏빛 낭자한 학살부터 잊을 만하면 튀어나오는 인간의 가장 추악한 이기적인 모습과 대조되기 때문이다. 흔히 가장 못된 인간을 '인면수심(人面獸心)'이라고 한다. 그런데 인심(人心)은 정말로 수심(獸心)보다 나은가?

죄수의 딜레마가 지배하는 세상?

인간의 이기적인 선택을 보여 주는 경제학의 게임 가운데 '죄수의 딜
레마'가 있다. 다양한 방식으로 변주되는 이 게임을 간단히 설명하
면 이렇다. 여기 A, B 두 용의자가 있다. 경찰은 두 용의자에게 금고
털이 자백을 받아내고자 각각 다른 방에 가두어 두고 묻는다. "은행
금고를 턴 게 당신 둘이 맞지?" 범죄 사실을 자백하면 형량을 줄여 주
겠노라 당근도 제시한다.

용의자 둘에게 가장 유리한 선택은 서로 협력해서 범죄 사실을
숨김으로써 증거 불충분으로 석방되는 것이다. 하지만 주류 경제학
에서 가정하는 합리적인 인간은 웬만해서는 상대를 신뢰하지 않는
데다, 상대가 자백을 해서 자신만 무거운 형량을 선고받는 최악의 상
황을 걱정한다. 그러니 이 가정대로라면, 결국 둘 다 자백할 가능성
이 크다. 개인의 합리적인 선택이 최악의 결과를 낳은 것이다.

1950년 세상에 등장한 죄수의 딜레마는 지난 반세기 동안 이기
적인 인간이 모여 사는 세상을 설명하는 중요한 통찰로 여겨졌다. 세
상을 결딴낼 핵무기를 서로에게 겨누며 냉전을 벌이던 미국과 (구)소
련의 냉엄한 국제 정치부터 이기주의자가 이타주의자를 구석으로
모는 자본주의 사회의 냉혹한 현실까지 죄수의 딜레마로 설명이 가
능한 듯했다.

정말로 죄수의 딜레마는 세상을 설명하는 절대 법칙일까? 심리학자 리 로스(Lee Ross)는 죄수의 딜레마 게임을 살짝 비틀어서 흥미로운 결과를 보여 준다.[1] 그는 두 집단을 놓고서 한 집단에는 '공동체 게임(community game)'을 할 거라고 말하고, 다른 집단에는 '월스트리트 게임(Wall Street game)'을 할 거라고 말했다. 그냥 이렇게 말만 했을 뿐이다.

애초 그다지 다를 게 없었던 평범한 사람을 나눈 두 집단의 반응은 극적으로 달랐다. 공동체 게임을 한다고 들은 사람의 약 70퍼센트는 상대방을 믿고 협력하길 선택했다. (30퍼센트는 달랐다.) 하지만 월스트리트 게임을 한다고 들은 사람은 33퍼센트 정도만 협력했다. '이타주의'를 상징하는 '공동체', 그리고 '이기주의'를 상징하는 '월스트리트'를 언급하는 것만으로도 사람의 행동이 바뀌었다.

경제학자 아이리스 보넷(Iris Bohnet)과 브루노 프레이(Bruno Frey)의 실험도 흥미롭다.[2] 이들은 서로 만난 적이 없는 학생을 모집해 두 그룹으로 나누었다. 그리고 A 그룹에게 각각 10달러씩을 준 다음, 자신이 원하는 만큼 가져가고 나머지는 B 그룹 누군가의 봉투에 넣을 수 있다고 말했다. A 그룹 학생이 10달러를 모두 가져간다고 하더라도 아무도 모르는 상황이었다.

결과는 어땠을까? A 그룹 학생 가운데 B 그룹 학생에게 한 푼도 주지 않은 학생은 28퍼센트에 지나지 않았다. 그러니까 3분의 2가 넘는 학생은 자신이 타인으로부터 도덕적으로 비난받을 걱정이 전혀 없는데도 10달러를 모조리 가지는 이기적인 행태는 보이지 않았다. 그렇다면 만약 서로 안면이라도 있는 경우는 어떨까?

보넷과 프레이는 두 그룹 학생이 서로 얼굴만 한 번씩 볼 수 있도록 했다. 이 경우에도 두 그룹의 학생은 다시 만날 일이 없고, 역시 누가 어떤 봉투를 주었는지 또 받았는지 알 수 없었다. 하지만 이렇게 얼굴을 한 번 보는 것만으로도 한 푼도 주지 않은 A 그룹 학생의 비율은 28퍼센트에서 11퍼센트로 떨어졌고, B 그룹 학생에게 주는 평균 금액도 늘었다.

이어지는 실험은 짐작이 갈 것이다. 이번에는 아예 A 그룹 학생에게 B 그룹 학생의 전공, 취미와 같은 개인 정보를 알려 주었다. 그러자 놀랍게도 B 그룹 학생이 받은 평균 금액은 10달러의 절반인 5달러로 늘었다. 한 푼도 주지 않은 A 그룹 학생은? 단 한 명도 없었다. 타인과 얼굴을 마주하거나 간단한 정보를 주고받는 것만으로도 협력의 정도가 커졌던 것이다.

이런 심리 실험 결과는 의미심장하다. 애초 '신뢰'가 중요하다는 신호를 주거나(이것이 공동체 게임의 핵심이다.) 자신의 평판을 염두에 둬야 하는 상황을 만들면 사람은 대부분 타인을 배려하는 이타적인 행동을 하게 된다. 심지어 딱 한 번 얼굴을 마주치는 것만으로도 이런 효과가 생긴다. 설사 그것이 자발적이지 않더라도 알 게 뭔가? 어차피 사람 속은 알 도리가 없는데.

착한 30퍼센트 vs. 나쁜 30퍼센트, 승자는?

개인적으로 마음에 와닿았던 대목은 바로 '착한 30퍼센트'와 '나쁜 30퍼센트'다. 인정사정없는 월스트리트 게임을 한다는 신호에도 33퍼센트는 여전히 협력을 선택했다. (착한 30퍼센트) 반면에 신뢰를 강조하며 공동체 게임을 한다고 해도 30퍼센트는 자기만 챙겼다. 또 10달러를 모조리 가져가도 아무도 개의치 않는 상황에서 얌체처럼 그 돈을 모조리 챙긴 28퍼센트가 있었다. (나쁜 30퍼센트)

여기서부터는 아니면 말고 식의 가설이다. 어쩌면 우리가 사는 세상은 언제든 타인을 배려할 준비가 되어 있는 30퍼센트와 그런 마음 따위는 없는 30퍼센트 그리고 그 양극단 사이의 40퍼센트로 구성되었을지 모른다. 그런데 남을 도울 마음 따위는 없는 30퍼센트마저도 평판이 나빠질 위험이 생기면 기꺼이 타인을 배려하는 척이라도 한다. 이것이 좀 더 나은 세상을 만드는 비밀이다.

이제 고릴라 아닌 사람 이야기로 끝내자. 2018년 5월 12일 제2 서해안 고속도로에서 있었던 일이다. 의식 잃은 운전자의 차량이 중앙분리대에 충돌하고도 계속 질주하는 것을 보고서 한영탁 씨는 자신의 자동차로 막아서며 추가적인 사고를 막았다. 질주하는 자동차를 막아설 때 한 씨가 무슨 계산 따위를 했을 리 없다. 그도 30퍼센트의 착한 이웃이었다.

마시멜로의 배신

1960년대 후반, 미국 스탠퍼드 대학교의 젊은 심리학자 월터 미셸 (Walter Mischel)은 기발한 실험을 고안했다. 대상은 스탠퍼드 대학교의 교수나 교직원 자녀가 다니는 부설 유치원의 어린이였다. 미셸은 3~5세 어린이를 모아 놓고 마시멜로를 보여 주면서 이렇게 말했다. "먹고 싶으면 지금 먹으렴. 하지만 선생님이 잠깐 자리를 비우는 동안 마시멜로를 안 먹고 있으면 하나를 더 줄게."

그러고 나서 미셸은 15분간 자리를 비웠다. 다시 돌아와 보니, 어린이의 반응은 제각각이었다. 15분을 꾹 참고 기다린 어린이도 있었고, 반대로 달콤함의 유혹을 이기지 못하고 마시멜로를 먹은 어린이도 있었다. 여기까지만 보면 뻔한 결과다. 미셸은 한 걸음 더 나아갔다. 시간이 흘러서 이 어린이가 어떻게 자랐는지 추적한 것이다.

미셸의 관찰 결과는 놀라웠다. 어렸을 때 마시멜로를 먹지 않고 15분을 기다린 이들은 성장 과정의 갖가지 유혹에도 넘어가지 않았다. 학교 성적도 우수하고, 나중에는 좋은 직장을 얻어 소득도 높았다. 미셸의 '마시멜로 테스트'는 곧바로 유명해졌다. 어렸을 때부터 어떤 일을 이루려는 마음을 꿋꿋하게 지키려는 의지력(willpower)의 중요성이 강조된 것도 이때부터다.

반박당한 마시멜로 테스트

이제는 상식이 되어 버린 마시멜로 테스트의 결과는 그동안 여러 비판을 받았다. 미셸이 처음 마시멜로 테스트에 동원했던 어린이는 총 653명이었다. 앞에서도 언급했듯이 이들은 미셸의 자녀를 포함한 스탠퍼드 대학교 부설 유치원을 다니고 있었다. 대다수는 경제적으로 여유가 있는 중산층 어린이였다.

애초 미셸은 이들을 추적 관찰할 생각도 없었다. "그때 마시멜로를 먹은 아이와 안 먹은 아이가 지금은 어떻게 되었을까?" 우연히 자기 자녀와 대화하다 나온 아이디어가 연구로 이어졌을 뿐이다. 수소문해서 653명 가운데 185명을 찾았고, 그 가운데 94명이 미국의 대학 입학 자격 시험(SAT) 점수를 제출했다. 나중에 40대까지 추적이 가능한 이들은 50명 정도에 불과했다.

마시멜로 테스트의 해석에도 의문을 제기하는 비판이 있었다. 미국 로체스터 대학교의 셀레스티 키드(Celeste Kidd) 등이 2013년 1월에 발표한 논문「합리적 군것질: 환경 신뢰도에 따른 어린이들의 마시멜로 테스트 의사 결정(Rational snacking: young children's decision-making on the marshmallow task is moderated by beliefs about environmental reliability)」이 대

표적이다.[1] 그들은 마시멜로 테스트를 약간 비틀었다. 어린이 28명에게 컵을 꾸미는 미술 활동을 할 것이라고 설명하고 일단 크레파스를 주었다. 그리고 나중에 색종이와 찰흙을 더 주겠다고 약속했다.

14명은 색종이와 찰흙을 받았고, 나머지 14명은 색종이와 찰흙을 받지 못했다. 그러고 나서 이 두 그룹에 마시멜로 테스트를 해 봤다. 색종이와 찰흙을 받았던 어린이는 평균 12분 넘게 참았고, 그 가운데 9명은 끝까지 마시멜로를 먹지 않았다. 반면에 어른의 거짓말을 경험한 어린이는 평균 3분 정도만 참다가 먹었다. 끝까지 참은 아이는 딱 1명뿐이었다.

이 실험 결과는 마시멜로 테스트를 이렇게 반박한다. 마시멜로를 빨리 먹어 치운 어린이 가운데 일부는 의지력(참을성)이 부족해서가 아니라 "나중에 돌아오면 하나를 더 주겠다."라는 어른의 말을 의심했기 때문이다. 불신이 깔린 불안정한 환경에서 자란 어린이는 기회가 있을 때 일단 '먹는 것이 남는 것'이다.

2018년 5월 25일 뉴욕 대학교의 타일러 와츠(Tyler Watts) 등이 발표한 논문 「마시멜로 테스트 다시 보기(Revisiting the Marshmallow Test)」의 반박도 살펴보자.[2] 이들은 만 4세 정도 되는 총 918명의 어린이를 대상으로 마시멜로 테스트를 하고 나서 15세 때의 성취도를 추적 관찰했다. 500명 정도는 일부러 어머니가 고등 교육을 받지 않은 집의 어린이를 택했다.

결과는 어땠을까? 마시멜로 테스트는 청소년기의 학교 생활, 학업 성적 등과는 아무런 관계가 없었다. 어머니가 대학 교육 이상을 받은 어린이는 마시멜로를 먹지 않고 참았든 곧바로 집어먹었든 15세가 되었을 때 차이가 없었다. 마찬가지로 어머니가 대학을 나오지 않은 어린이도 마시멜로를 먹지 않고 참았더라도 청소년기에 특별히 나은 이득이 없었다.

쓸쓸한 결과다. 마시멜로 먹기를 참을 수 있는 의지력은 청소년기의 성취에 거의 영향을 주지 못했다. 반면에 자녀 교육 지원 여부에 영향을 줄 수 있는 집안의 넉넉한 살림 같은 사회 경제적 배경이 오히려 결정적인 변수였다. 어렸을 때부터 의지력이 강해 봤자 현실에서 자수성가는 불가능했다.

가슴 아픈 사실이 하나 더 있다. 가난한 어린이는 눈앞의 마시멜로를 곧바로 먹어 치우는 경향이 강했다. 앞에서 소개한 불신이 어린이의 의사 결정에 미치는 결과를 염두에 두면 이런 가설이 가능하다. 부모의 소득이 변변치 못한 어린이일수록 불신 환경에 여러 번 노출되었을 가능성이 크다. ("어린이날 로봇 장난감 사주기로 했잖아요?" "어떡하니, 아빠가 돈이 없어.")

그런 어린이에게 확실히 보장된 미래는 없다. 몇 분 뒤에 마시멜로를 하나 더 줄지 말지는 당장 관심사가 아니다. 눈앞의 마시멜로는 먼저 먹어 치우는 것이 남는 장사다. 실제로 가난한 환경에서 자란 아이는 장기적인 계획보다는 단기적인 보상에 집착한다는 여러 증언과 연구 결과가 있다.

　　　　　　　　　　　　　마시멜로의 배신

마시멜로 테스트가 아니라 세상이 변했다

월터 미셸의 마시멜로 테스트는 무가치한 가십일 뿐일까? 미셸의 실험과 타일러 등의 재현 실험 사이에는 수십 년의 격차가 존재한다. 미셸의 마시멜로 테스트에 응했던 어린이가 살았던 30년(1970년대부터 1990년대까지)과 타일러의 마시멜로 테스트에 응했던 어린이가 자랐던 10년(2000년대)의 미국 사회는 달라도 한창 다르다.

개인의 의지력이 한 사람의 삶에서 차지하는 비중이 적어진 데는 이렇게 달라진 미국 사회의 변화도 염두에 둬야 한다. 개인이 아무리 노력해도 성공하기가 힘들어진 사회에서 의지력이 아니라 부모의 경제적 지원 같은 '금수저'의 존재가 또렷하게 드러나는 것은 어찌 보면 당연한 일이다.

1930년생인 미셸은 만 88세로 2018년 9월 12일 세상을 떴다. 그는 마시멜로 테스트가 마치 성공할 아이는 떡잎(의지력)부터 알아본다는 식으로 해석되는 것에 불만을 가졌다. 그는 아이의 의지력을 충분히 북돋아 줄 수 있고, 그렇게 북돋아 준 의지력이 살아가는 데 커다란 버팀목이 되리라고 믿었다. 세상을 뜨면서 미셸은 무슨 생각을 했을까? 왠지 앞으로 마시멜로가 달지 않고 쓸 것 같다.

로봇, 해방의 상상력

1992년 봄에 있었던 일이다. 서울 대학교 공과 대학에 한 학생이 입학한다. 당시만 하더라도 1980년대의 사회를 바꾸려는 열망이 캠퍼스 곳곳에 남아 있을 때다. 그가 입학하자마자 처음 접한 구호는 "인간을 위한 기계, 해방을 위한 설계!" 아직 세상 물정 모르는 새내기 대학생이었지만 그 생경한 구호는 왠지 머릿속에 남았다.

그러고 나서 30년의 시간이 흘렀다. 그 공학도는 일찌감치 공부와 연구에 뜻을 뒀다. 로봇 개발을 목표로 삼고 공부를 하다가 미국으로 유학도 갔다. 미국 MIT에서 박사 학위를 받고 나서 2008년에는 모교 교수가 되었다. 그사이에 대학교 새내기 때 봤던 구호는 희미하게 잊혔다. 서울 대학교에서 로봇 공학을 연구 중인 조규진 교수의 이야기다.

신세대 로봇은 '소프트'가 대세

여러분은 '로봇' 하면 무엇이 연상되는가? 요즘 유행하는 "4차 산업혁명" 같은 말도 떠오를 테고, "일자리를 빼앗는 재앙" 이러면서 걱정도 될 테다. 어렸을 때 봤던 '로보트태권V', '마징가Z' 같은 애니메이션의 기계 덩어리나 '아이언맨' 같은 할리우드 영화에 나온 철갑 슈트도 떠오를지 모르겠다.

그런데 가장 최신(!) 로봇의 모습은 상당히 다르다. 조규진 교수는 '소프트 로봇(soft robot)'의 권위자다. 소프트 로봇은 딱딱한 금속 대신에 유연한 소재를 활용해서 만든 로봇이다. 소프트 로봇은 유연성이 떨어지는 금속 로봇보다 훨씬 더 다양한 상황에 적응할 수 있어 동작이 둔하기 마련인 금속 로봇보다 현실에서 활약할 가능성이 크다.

생각해 보라. 딱딱한 금속 로봇은 땅이 갈라지고 건물이 무너진 지진 후의 재난 현장이나 이곳저곳 장애물이 가득한 전쟁터에서 이동하는 데 한계가 있다. 하지만 소프트 로봇의 경우에는 움직임이 유연하기 때문에 험지를 이동하는 데 훨씬 더 유리하다. 조규진 교수와 학생이 함께 만든 소프트 로봇 '스누맥스(SNUMAX)'는 좋은 예다.

스누맥스는 2016년 4월 30일 이탈리아 리보르노에서 열린 세계 로봇 대회에서 우승했다. 미국, 싱가포르, 영국, 이탈리아 등 전 세계에서 참가한 23개 팀의 로봇 가운데 스누맥스는 계단 오르기, 장애물 피하기, 물체 집기 등 여섯 가지 미션에 유일하게 성공했다. 특히 종이접기의 원리를 응용해서 만든 자유자재로 모양이 바뀌는 스누맥스의 바퀴는 우승에 큰 역할을 했다.

이런 소프트 로봇에 제일 눈독을 들이는 곳이 어디일까? 맞다. 바로 군대다. 지형지물에 상관없이 자유롭게 이동할 수 있는 소프트 로봇은 전쟁터에서 정찰용이나 살상용으로 사용하기에 제격이다. 소프트 로봇은 재난 현장을 누비면서 생명을 구할 수도 있지만, 이렇게 사람을 죽이는 용도로도 사용할 수 있다.

소프트 로봇, 장애인과 손잡다

이 대목에서 다시 조규진 교수가 등장한다. 그는 팔과 손을 쓸 수 없는 장애인이 자유롭게 움직이는 데 도움을 주는 외골격 로봇 슈트(exoskeleton robot suit) '엑소글로브 폴리(Exo-Glove Poly)'를 개발했다. '로봇 슈트' 하면 영화 「아이언맨」의 철갑 슈트만 떠오르는 사람은 조 교수의 로봇 슈트를 보면 입이 딱 벌어질 것이다. ("Exo-Glove Poly"를 검색하면 동영상을 볼 수 있다.)

이 외골격 로봇 슈트를 착용한 장애인은 그동안 쓰지 못했던 손을 움직일 수 있다. 남의 도움 없이 물건을 집고 문을 연다. 당연히 컵에 든 물도 마실 수 있고 심지어 칫솔질도 혼자서 가능하다. 조 교수는 손을 쓸 수 없는 장애인 여럿과 머리를 맞대고 이 외골격 로봇 슈트가 실제로 장애를 가진 이웃에게 도움이 될 수 있도록 개발했다.

소프트 로봇 기술을 응용한 플라스틱 소재도 장애인 맞춤이다. 플라스틱이라 가벼울 뿐만 아니라 착용하기도 쉽다. 장애인 입장에서 가장 반가운 일은 착용해도 티가 안 난다는 것이다. 슈퍼 히어로

로봇, 해방의 상상력

는 철갑 슈트를 입고 티를 내며 주목받기를 좋아하지만, 장애인은 일상 생활에서 티가 안 나는 것을 오히려 선호한다.

조규진 교수가 소프트 로봇 기술을 장애인을 위해서 쓸 궁리를 하게 된 사연도 흥미롭다. 그는 불의의 사고로 휠체어를 타고 강의를 하는 장애인 동료 교수의 모습을 보면서 장애인과 로봇의 행복한 만남을 꿈꾸게 되었다. 그러다 휠체어를 탄 어느 장애인의 "손만 움직이게 해 주면 좋겠다."는 호소를 듣고서 외골격 로봇 슈트를 떠올렸다.

실제로 휠체어를 타는 장애인 가운데 절반가량은 손을 사용하지 못한다. 이렇게 손을 사용하지 못하는 장애인은 휠체어를 타더라도 일상 생활을 혼자서 할 수 없다. 조규진 교수는 외골격 로봇 슈트를 개발하는 내내 장애인 여럿의 조언을 들었다. 외골격 로봇 슈트가 성공할 수 있었던 데는 조 교수의 기술뿐만 아니라 장애인의 경험도 중요한 역할을 했다.

인간을 위한 로봇

우리는 '인간 없는 로봇'만 떠올린다. 사람 한 명 찾아볼 수 없는 공장에서 로봇 팔이 제품을 만드는 모습은 대표적인 예이다. 로봇의 미래에 항상 대량 실업 사태가 겹쳐 보이는 것도 이 때문이다. 하지만 조금만 생각을 바꾸면 손을 못 쓰는 장애인이 입거나 낄 수 있는 '웨어러블 로봇(wearable robot)' 같은 전혀 다른 로봇의 등장이 가능하다.

요즘 유럽이나 일본에서 고민 중인 로봇과 인간이 협력하는

(Human-Robot Collaboration) 공장 모델도 좋은 본보기다. 이런 공장에서는 로봇이 노동자를 쫓아내는 것이 아니라, 노동자가 힘을 덜 쓰고 안전하게 일을 할 수 있도록 돕는다. 예전 같으면 은퇴를 해야 할 고령의 노동자도 무겁고 위험한 물건을 다루는 힘든 일을 로봇이 도와주니 좀 더 오랫동안 공장에서 일할 수 있다.

장애인을 돕는 로봇 슈트를 개발하면서 조규진 교수는 문득 1992년 공과 대학에 입학할 때 봤던 그 구호를 떠올렸다. "인간을 위한 기계, 해방을 위한 설계." 공부와 연구에 몰두하느라 그 구호와 멀어진 듯했지만 결국 조 교수는 장애인과 함께 앞장서서 그 구호를 실천하는 중이다.

그 구호를 살짝 비틀면 '인간을 위한 로봇, 해방을 위한 과학 기술'이 된다. 바로 '인간의 얼굴을 한' 과학 기술이다. 그리고 과학 기술에 인간의 얼굴을 새기는 일은 조규진 교수 같은 과학자나 엔지니어뿐만 아니라 공동체의 구성원이 함께 머리를 맞대야 한다. 장담컨대, 이 미션이 얼마나 성공하느냐에 따라서 우리의 미래가 조금 더 밝아질 것이다.

기적의 '플레이 펌프'

텔레비전 채널을 돌리다 문득 고정해 멍하니 바라보는 광고가 있다. 허술한 양철 깡통을 두 손에 들고 메마른 대지를 걷는 여성과 아이. 그렇게 몇 시간을 걸어 도착한 냇가 또는 우물에는 도저히 씻거나 마실 수 없어 보이는 흙탕물이 고여 있다. 이들은 그 흙탕물을 마치 성스러운 물이라도 되는 양 깡통에 퍼 담은 뒤 왔던 길을 되돌아간다.

아프리카 지역에서 식수를 비롯한 물 부족 문제는 심각한 상태다. 상당수 주민이 몸을 씻기는커녕 마실 물도 없어 매일 몇 시간씩을 물 구하는 데 쓴다. 더구나 그런 노동에 동원되는 이들은 열 살도 채 안 된 어린아이다. 그렇게 구한 물도 더럽기 짝이 없다. 2017년 현재 전 세계에서 매일 5세 미만 어린이 약 1,000명이 식수와 기본 위생 결핍으로 목숨을 잃는다.

어떻게 해야 할까? 이런 현실을 바꿔 보고자 지금까지 열정 넘치는 여럿이 문제 해결에 나섰다. 그 가운데 하나가 '플레이 펌프(play pump)'다. 아이디어는 참신했다. 플레이 펌프는 놀이터에서 아이들이 빙글빙글 돌리면서 노는 놀이 기구인 이른바 '뺑뺑이'와 펌프 기능을 합친 발명품이다. 뺑뺑이를 돌리면서 노는 동안 자연스럽게 땅속의 물을 퍼 올릴 수 있다.

물도 제대로 구할 수 없는 아프리카에 변변한 놀이 기구 하나 마련되어 있을 리 없다. 그러니 아이들이 물을 긷고자 몇 시간을 걷는 대신 뺑뺑이를 돌리면서 놀면 된다. 이 아이디어는 아프리카의 현실에 마음 아파하는 선진국 사람 여럿의 마음을 움직였다.

놀면서 물 긷는 '기적의 뺑뺑이' 신화

《펜트하우스(Penthouse)》 같은 잡지에 싣는 광고를 기획하던 남아프리카의 부자 트레버 필드(Trevor Field)도 1989년 이 아이디어에 꽂혔다. 그는 특허를 사들인 뒤 5년 동안 설계를 개량했다. 플레이 펌프로 길어 올린 물을 저장하는 물탱크 좌우에 옥외 광고판을 달아 유지 및 보수 자금을 충당하는 사업 계획도 세웠다. 직장을 그만두고 아예 자선 단체도 차렸다.

처음에는 반응이 미지근했다. 하지만 필드는 굴하지 않고 남아프리카 전역을 돌며 기업과 지방 자치 단체를 설득하기 시작했다. 그 덕에 2000년대로 접어들 무렵 플레이 펌프 50대가 남아프리카 전역에 설치됐다. 세계 은행 같은 국제 기구도 이 참신한 시도에 주목했다.

미국 인터넷 기업 AOL의 최고 경영자(CEO) 스티브 케이스(Steve Case)도 뒤늦게 플레이 펌프의 매력에 빠졌다. 이 부자는 필드와 협력해 아프리카 전역에 플레이 펌프 수천 대를 설치하는 자선 사업을 시작했다. 모금을 위한 생수(One Water)가 출시돼 큰 성공을 거뒀다. 언론도 "마법의 뺑뺑이(magic roundabout)", "놀면서 물 긷기(pumping water is child's play)" 같은 보도로 힘을 보탰다.

이런 판에 정치인이 빠질 리 없다. 빌 클린턴 전 미국 대통령은 이를 "뛰어난 혁신"이라고 치켜세웠다. 당시 대통령이던 조지 부시(George W. Bush)의 영부인 로라 부시(Laura Bush)는 2010년까지 아프리카 전역에 플레이 펌프 4,000대를 설치하는 데 드는 6000만 달러(약 673억 4800만 원)를 모금하는 캠페인에 4분의 1 정도인 1640만 달러(약 185억 4500만 원)를 지원했다.[1]

이런 열기 덕에 플레이 펌프는 2009년까지 남아프리카, 모잠비크, 스와질란드, 잠비아 곳곳에 약 1,800대가 설치됐다. 정말로 '기적의 뺑뺑이'가 된 것이다. 그런데 10년이 지난 지금 플레이 펌프는 아프리카 곳곳에서 흉물로 전락했다. 선한 의도가 항상 좋은 결과를 낳는 것은 아니라는 불편한 진실을 다시 확인하는 장면이었다.

플레이 펌프의 문제점은 한두 가지가 아니었다. 뺑뺑이는 가속도가 붙으면 저절로 돌아간다. 놀이터에서 아이들이 뺑뺑이를 타는 것도 이 때문이다. 하지만 어떤 아이도 놀이터에서 몇 시간씩 뺑뺑이를 타지는 않는다. 더구나 어느 수준 이상으로 속도가 빨라지면 상당수 아이는 공포를 느끼며 운다.

선한 의도의 배신

그런데 플레이 펌프가 땅속에서 물을 빨아올리는 기능을 제대로 하려면 쉴 새 없이 빠른 속도로 돌아가야 한다. 그렇게 하루 종일 뺑뺑이를 돌리는 일은 즐겁지 않을뿐더러 금세 지친다. 결국 플레이 펌프를 돌리는 일은 아이가 아니라 성인 여성의 몫이 됐다. 하염없이 뺑뺑이를 돌려야 하는 성인 여성의 모습은 얼마나 모욕적인가.

더구나 대당 1만 4000달러(약 1600만 원)인 플레이 펌프는 기존 수동 펌프에 비해 4배나 비싼 반면, 시간당 퍼 올릴 수 있는 물의 양은 5분의 1 정도에 불과했다. 수동 펌프는 마을 사람이 직접 고쳐 쓸 수 있는 반면, 플레이 펌프는 부품이 금속으로 싸여 있어 수리 기사를 불러야 했다. 아프리카 오지의 농촌 마을에 수리 기사가 제때 올 리가 없다.

필드가 야심 찬 사업 모델로 제시했던 옥외 광고의 사정은 어땠을까? 2000만 명 가까운 사람이 모여 사는 수도권에서도 옥외 광고를 유치하는 일은 쉽지 않다. 그런데 하루 종일 지나가는 사람이 몇 안 되는 아프리카 시골 마을에 어떤 기업이 옥외 광고를 걸겠는가. 결국 플레이 펌프는 한 차례 유행이 지나간 뒤 아프리카 곳곳에서 흉물이 됐다.

도대체 무엇이 문제였을까? 윌리엄 맥어스킬(William MacAskill)은 저서 『냉정한 이타주의자』(부키, 2017년)에서 선한 의도가 좋은 결과를 낳게 하려면 따뜻한 마음뿐 아니라 차가운 이성이 필요하다고 주장한다. 플레이 펌프에 모두가 열광할 때 누군가가 냉정하게 그것

기적의 '플레이 펌프'

의 효과와 비용을 따져 봤다면 이런 참담한 실패로 끝나지 않았으리라는 지적이다.

여기 플레이 펌프와 똑같이 아프리카의 물 부족 문제를 해결하고자 고안한 또 다른 발명품이 있다. '라이프 스트로(Life Straw)', 즉 생명 빨대다. 약 25센티미터 크기의 이 휴대용 정수기는 필터를 1년 동안 한 번도 교체하지 않아도 빨아올리는 물(약 1,000리터)의 오염 물질, 세균, 바이러스를 99.99퍼센트 이상 제거한다.

이 빨대만 있으면 적어도 1년간 아프리카 아이들이 먹는 물 때문에 수인성 질병에 걸릴 일은 없다. 이 빨대의 가격은 대량 생산할 경우 2~3달러 수준이다. 그러니까 플레이 펌프 1대를 만들 돈(1만 4000달러)이면 이 빨대 약 5,000개를 만들어 아프리카 전역에 뿌릴 수 있다.

왠지 이웃과 따뜻한 정을 나누고 싶어 무심코 자선 단체의 모금함에 1,000원을 넣을 때도 플레이 펌프를 돌리던 한 아프리카 여성의 이런 절규를 잊지 말자.

"새벽 5시에 들에 나가 6시간 동안 일해요. 그러고 나서 여기로 와 이 플레이 펌프를 돌려야 하고요. 돌리다 보면 팔이 빠질 것 같아요."

'인류세'의 상징

지금 활동하는 과학자 가운데 앞으로 가장 많이 이름이 오르내릴 이가 누굴까? 만약 이런 질문을 받는다면, 나는 독일에서 활동하는 네덜란드 화학자 파울 크뤼천(Paul Crutzen)을 꼽을 것 같다. 크뤼천은 1970년에 오존층이 파괴되어 사라질 가능성을 최초로 경고한 과학자로, 그는 이 업적으로 1995년 노벨 화학상을 수상했다.

요즘 크뤼천은 다른 맥락에서 주목을 받고 있다. 그는 2000년 '인류세(Anthropocene)'를 처음 제안해 화제가 되었다. 2000년 2월 말, 그는 멕시코의 한 휴양 도시에서 다른 과학자들과 지구의 거대한 변화를 놓고서 토론 중이었다. 그때 문득 그가 이렇게 말했다.

"우리는 이미 인류세를 살고 있단 말입니다."

바로 인류세, 즉 지질학적 '인류의 시대(The Human Age)'가 탄생하는 순간이었다. 크뤼천이 인류를 뜻하는 'Anthropo-'에 지질 시대의 한 단위인 세를 뜻하는 '-cene'을 붙여서 즉흥적으로 만든 인류세는 이어서 《네이처》나 《사이언스》 같은 학술지에도 등장하는 개념이 되었다.

우리는 인류세에 살고 있다

여기서 지질 시대에 대한 상식부터 점검해 보자. 통상적으로 지구에
다수의 생명체가 존재하기 시작한 5억 4200만 년 전부터 지금까지
의 지구 전체의 역사를 고생대, 중생대, 신생대 이렇게 셋으로 구분
한다.

고생대는 5억 4200만 년 전부터 2억 5100년 전까지를 가리킨다.
오래된 순서부터 캄브리아기, 오르도비스기, 실루리아기, 데본기,
석탄기, 페름기로 부른다. 그다음 중생대는 약 6500만 년 전까지로
오래된 순서부터 트라이아스기, 쥐라기, 백악기로 구분한다. 마찬
가지로 신생대는 약 6500만 년 전 공룡이 멸종한 이후부터 약 180만
년 전까지를 제3기로, 그 후부터 현재까지를 제4기로 구분한다. 180
만 년 정도에 불과한 제4기는 다시 플라이스토세(Pleistocene), 홀로세
(Holocene)로 나뉜다.

이렇게 구분하자면, 지금 우리가 살고 있는 지질 시대는 신생대
제4기 홀로세다. 홀로세는 약 1만 1700년 전 가장 최근의 빙하기(플라
이스토세 빙하기)가 끝난 시점부터 지금까지의 시대를 지칭한다. 그런
데 크뤼천은 인류가 영향을 끼친 수많은 지질학적 규모의 변화를 언
급하면서, 우리가 더 이상 홀로세가 아니라 새로운 지질 시대, 즉 인
류세를 살고 있다고 주장한다.

크뤼천이 이렇게 주장하면서 내놓은 근거는 상당히 설득력이 있다. 우선 인간 활동으로 지구 육지의 3분의 1에서 절반 정도가 변형되었다. 지난 100년간 인류는 세계 주요 강의 대부분을 댐으로 막거나 그 방향을 바꿨다. 최근의 사례만 놓고 보면, 중국 정부가 양쯔 강에 세운 싼샤 댐이나 이명박 정부가 4대강 곳곳에 세운 보가 그 유력한 증거다.

특히 크뤼천은 인간이 대기의 구성 요소를 변화시킨 데 주목한다. 자연에서 식물이 고정하는 질소보다 훨씬 더 많은 질소 비료가 사용되면서, 대기 중의 이산화질소가 늘어나고 있다. 화석 연료, 삼림 파괴 때문에 공기 중의 이산화탄소 농도는 지난 200년간 40퍼센트 증가했다. 이산화탄소보다 훨씬 더 강력한 온실 기체인 메테인(CH_4)의 농도도 같은 기간 동안 2배나 뛰었다.

사실 처음 인류세 개념은 인류가 초래한 전 지구적인 변화에 경각심을 불러일으키려는 노(老)과학자의 발언 정도로 여겨졌다. 그런데 어느 순간부터 과학계도 진지하게 받아들이기 시작했다. 지질학적 경계를 결정하는 세계 층서 위원회(International Commission on Stratigraphy, ICS)는 2021년쯤 인류세 지정 여부를 결정할 예정이다.

크뤼천을 따라서 과학자 여럿이 인류세 도입을 진지하게 검토하기로 한 이유가 있다. 앞으로 10만 년, 혹은 100만 년 정도가 지났을 때 (여전히 인간이 지구에 남아 있을지는 미지수지만 설사 인간이 아니라 하더라도) 어떤 과학자가 지금의 시점을 돌이켜보면서 연구를 한다면 또렷한 지질학적 변화를 관찰할 수 있으리라는 것이다.

'인류세'의 상징

인류세의 시작은 1610년인가, 1964년인가?

지금 과학자 사이의 중요한 논쟁거리는 인류세의 시작을 언제로 봐야 할지다. 만약 우리가 인류세를 살고 있다면, 정말 그 시작 시점은 언제일까?

일반적으로 산업화가 시작된 18세기 말에서 19세기 초의 어떤 시점이라고 추측하는 경우가 많을 듯하다. 그러나 과학자의 생각은 조금 다르다. 2015년 3월 11일, 사이먼 루이스(Simon L. Lewis)와 마크 매슬린(Mark A. Maslin)이 《네이처》에 발표한 논문 「인류세 정의하기(Defining the Anthropocene)」를 보면, 1610년이 유력 후보임을 알 수 있다.[1]

1610년에는 지구 전체적으로 여러 변화가 있었다. 예를 들어, 유럽 인이 아메리카 대륙에 도착할 때 가져간 천연두 때문에 5000만 명 이상의 아메리카 원주민이 사망했다. 그래서 이즈음 아메리카 대륙의 농업 생산량이 급감했다. 버려진 농지의 다수가 숲으로 바뀌면서 식물의 이산화탄소 흡수량이 늘었다. 그 때문에 전 지구적인 이산화탄소 수준이 가장 낮았다.

또 다른 후보는 1964년이다. 이 해는 핵 실험이 가장 활발하게 이뤄져 인공 방사성 물질이 포함된 낙진이 지구에 가장 많이 쌓인 해다. 하지만 방사성 물질이 계속해서 붕괴하는 것을 염두에 두면, 수십만 년 뒤에도 이 방사성 낙진이 또렷하게 남아 있을지 의문이다. 인류세의 시작으로 정하기에는 부족하다는 것이다.

하지만 방사성 낙진을 제외하더라도 20세기 중반은 인류세의 시작점으로 손색없는 후보 가운데 하나다. 이 시점부터 인공 방사성 물질 외에도 플라스틱, 알루미늄 등 전 지구에 걸쳐서 인류의 흔적이 또렷이 새겨졌기 때문이다. 예를 들어, 얀 잘라시에비치(Jan Zalasiewicz) 같은 과학자는 20세기 후반 지구 곳곳에 마련된 쓰레기 매립장이야말로 인류세의 상징이 되리라고 강조한다.

그렇다면 인류세를 상징하는 화석은 무엇이 될까? 잘라시에비치는 약간의 과장을 섞어서 그 유력한 후보로 '닭 뼈'를 찍었다. 실제로 100만 년 후에 어떤 과학자가 인류세의 화석을 연구한다면, 곳곳에서 닭 뼈를 발견할 가능성이 크다. 한 해 도살되는 닭은 500억 ~600억 마리. 그리고 보면 먼 훗날에는 지금이 '인류의 시대'가 아니라 '닭의 시대'로 기록될지도 모르겠다.

　　　　　　　　　　　'인류세'의 상징

여섯 번째 '대멸종'

과학 상식부터 시작하자. 지금까지 지구에서는 다섯 번의 대멸종이
있었다. 첫 번째 대멸종은 약 4억 5000만 년 전 고생대 오르도비스
기 말에 일어났다. 당시 지구에 살던 대다수 생명체는 물에서 살았는
데, 어떤 이유로 85퍼센트 정도가 사라졌다. 워낙에 옛날 일이라서
도대체 무슨 일이 있었는지 추정만 할 뿐이다.

두 번째 대멸종은 고생대 데본기 말에 있었다. 약 3억 7000만
년 전부터 3억 6000만 년 전까지 약 1000만 년에 걸쳐서 지구에 존
재하던 생물 종의 약 70퍼센트가 사라졌다. 세 번째 대멸종은 약 2억
5000만 년 전 고생대 페름기 말에 있었다. 이 대멸종으로 지구에 살
던 거의 대부분의(95퍼센트) 생명체가 사라졌다. (그래서 이 페름기 대멸종은
'대멸종의 어머니'로 불린다.)

네 번째 대멸종은 페름기 대멸종이 일어나고 나서 약 4600만 년
후(약 2억 500만 년 전) 중생대 트라이아스기 말에 있었다. 바로 이때 공
룡, 익룡, 악어 등만 남기고 육지에 살던 파충류 대부분이 사라졌다.

이 네 번째 대멸종 덕분에 다른 파충류 경쟁자가 사라지면서 공룡이 세상을 지배하는 시대가 열렸다.

가장 최근에 일어난 다섯 번째 대멸종은 약 6500만 년 전 중생대 백악기 말에 있었다. 이 대멸종은 가장 유명하다. 공룡, 익룡, 어룡, 암모나이트 등 생물 종의 70퍼센트가 절멸하면서 공룡 시대가 끝장났기 때문이다. 이 대멸종 때 포유류가 살아남으면서 바로 지금 우리가 지구의 지배자가 될 수 있었다.

다섯 번째 대멸종의 원인을 놓고서는 여러 가설이 경합했다. 하지만 지금은 대체로 소행성 충돌로 의견이 모이는 분위기다. 지름 300미터 정도의 소행성만 떨어져도 한반도만 한 지역이 초토화될 수 있다. 다섯 번째 대멸종 때는 지름 7~10킬로미터 정도의 소행성이 떨어진 것으로 추정된다. 그 결과가 바로 백악기 말의 대재앙이었다.

뜬금없이 대멸종 이야기를 늘어놓은 까닭이 있다. 지금 여섯 번째 대멸종이 진행 중이라는 주장이 있기 때문이다. 여섯 번째 대멸종은 그 원인도 명확하다. 바로 '인류'다.

인류, 지구의 무법자

2만 년 전까지만 하더라도 유라시아, 북아메리카에는 거대한 포유류가 가득했다. 지금은 화석을 토대로 그린 상상도를 통해서나 그 모습을 짐작할 수 있는 매머드, 털코뿔소, 검치호, 동굴곰 등이다. 하지만 1만 년 전 정도가 되면 거대한 포유류는 지구에서 대부분 자취를 감춘다.

흥미롭게도 거대한 포유류의 멸종은 한순간에 일어나지 않았다. 오스트레일리아에서는 약 5만 년 전부터, 아메리카 대륙에서는 약 1만 3000년 전부터 대형 포유류가 사라지기 시작했다. 뉴질랜드 같은 곳에는 (포유류는 아니지만) 키가 3.7미터에 몸무게가 230킬로그램에 달하는, 날지 못하는 모아새가 있었다. 하지만 모아새를 비롯한 뉴질랜드의 대형 생물은 400년 전에 멸종했다.

눈치 빠른 이라면 알아챘겠지만, 대륙별로 순차적으로 진행된 거대한 포유류의 멸종 시기는 인류의 이동 시기와 겹친다. 오스트레일리아, 아메리카 등으로 진출한 인류의 작은 발걸음이 그곳에 살던 거대한 포유류에게는 멸종을 알리는 커다란 재앙이었다. 예를 들어, 아메리카마스토돈은 인류가 아메리카에 정착하자마자 사라지기 시작해 1만 년 전에 멸종했다.

지난 1,000년간의 기록은 더욱더 극적이다. 오늘날 육지에 사는 동물 가운데 야생 동물은 3퍼센트에 불과하다. 인간, 가축, 애완 동물이 육지에 사는 동물의 97퍼센트를 차지한다. 흔히 육상 동물 먹이 사슬의 정점에 위치해 '동물의 왕'이라 불렸던 사자의 신세가 전형적이다. 2,000년 전에 100만 마리에 달하던 사자는 오늘날 2만 마리로 줄었다.

바다의 상황도 다르지 않다. 1950년대 이후 불과 50년 만에 다랑어, 상어, 대구 등 바다의 대형 동물 90퍼센트가 사라졌다. 바다 생물의 다양성을 유지하는 데 중요한 서식 공간인 산호초는 1980년대와 비교해도 3분의 1로 감소했다. 인류가 그 원인을 제공한 지구 온난화가 초래하는 해양 산성화로 산호초의 파괴 속도는 더욱더 빨라지고 있다.

이런 상황만 놓고 보면, 에드워드 윌슨(Edward O. Wilson)을 비롯한 과학자 상당수가 지금 인류에 의한 여섯 번째 대멸종이 진행 중이라고 주장하는 이유가 공감이 된다. 윌슨 같은 과학자는 지금 대멸종이 진행 중이라는 사실을 알림으로써, 인류가 생물 다양성을 파괴하는 행동에 경각심을 가지기를 바란다.

대멸종은 아직 시작하지 않았다

이 대목에서 2억 5000만 년 전 고생대 페름기 대멸종의 전문가 더그 어윈(Doug Erwin)의 견해를 경청할 필요가 있다.[1] 그는 '대멸종의 어머니', 즉 페름기 대멸종을 연구하는 과학자인데도 정작 여섯 번째 대멸종이 진행 중이라는 주장에 찬성하지 않는다.

"만약 정말로 2억 5000만 년 전의 페름기 대멸종과 같은 일이 진행 중이라면 우리는 역설적으로 아무런 노력도 할 필요가 없습니다."

어윈은 대멸종을 폭발 중인 빌딩에 비유한다. 빌딩이 폭발로 산산조각 나는 일을 막는 일은 불가능하다. 또 이렇게 폭발한 빌딩을 원상 복구하는 일도 불가능하다. 즉 대멸종이 정말로 진행 중이라면 그것을 막을 수 있는 방법은 없다. 당연히 어떤 노력도 무의미하다. 그냥 모든 게 끝일 뿐이다.

어원의 이런 견해는 오히려 희망적이다. 아직 여섯 번째 대멸종이 시작하지 않았기 때문에 지금 우리의 고민, 선택, 행동이 의미가 있다. 그런데 어원은 의미심장한 경고도 덧붙인다. 대멸종이 시작하기 전에 그것을 경고하는 여러 신호가 있을까? 그는 그런 대멸종의 신호를 부정한다.

"갑자기 세상이 지옥으로 바뀔 겁니다."

그렇다. 다행스럽게도 여섯 번째 대멸종은 아직 오지 않았다. 하지만 만약 대멸종이 시작된다면, 그것은 예고 없이 찾아와서 모든 것을 쓸어 버릴 것이다. 인류는 과연 여섯 번째 대멸종을 피할 수 있을까?

인간 없는 도시의 주인

2017년 7월, 중국이 환경 오염을 이유로 더 이상 재활용 쓰레기 수입을 하지 않겠다고 선언할 때만 해도 무심하게 그런가 보다 했다. 미국, 유럽, 한국 등 전 세계 재활용 쓰레기의 절반 정도가 중국으로 모이는 현실을 알고 있으면서도 남의 일처럼 생각했다. 그러다 아파트 엘리베이터 알림판을 보면서 사태의 심각성을 깨달았다.

"더 이상 폐비닐을 수거하지 않습니다."

2018년 3월, 폐비닐을 비롯한 재활용 쓰레기 수거를 둘러싸고 야단법석이 있었다. 중국으로의 수출길이 막히면서 재활용 쓰레기 가격이 폭락하자 수거 업체가 처리 비용에 비해 가격이 싼 비닐, 플라스틱, 스티로폼 등의 수거를 거부했다. 환경부도 손 놓고 있는 바람에 수도권을 중심으로 쓰레기 대란이 일어났다. 나비 효과가 아니라 '쓰레기 효과'다.

당장 내 집, 내 아파트에서 쓰레기를 처리하는 일만큼이나 이 쓰레기가 어디로 갈지 따져 보는 것도 중요하다. 중국으로 가지 못한 그 많은 쓰레기는 이제 또 어디로 향할까? 이렇게 매년 늘어나는 쓰레기를 과연 지구는 감당할 수 있을까? 이런 생각이 꼬리를 물다가 엉뚱한 질문이 떠올랐다.

'처치 곤란한 쓰레기나 내놓는 인간이 갑자기 사라지면 지구에 무슨 일이 생길까?'

상상력을 발휘해서 하나씩 따져 보자. 인간이 사라진 서울, 뉴욕, 런던과 같은 대도시는 불과 수십 년이 지나지 않아 진짜 숲으로 바뀐다. 인공 난방이 없어진 고층 건물은 겨울을 몇 차례 거치는 동안 곳곳에 균열이 생긴다. 어느 도시나 있는 복개된 실개천 같은 오랜 물길도 인간의 통제가 없어지면 제 모습을 찾고자 기지개를 켠다. 그런 물길은 도시의 기반 자체를 흔든다.

화재도 문제다. 번개에서 도시를 보호하는 피뢰침도 불과 20년이면 제구실을 못 한다. 청소부가 없어서 도시 곳곳에 쌓인 낙엽은 순간의 불씨에도 민감하게 반응한다. 도시 곳곳에 흩날리는 버려진 종이와 비닐은 여기저기로 불씨를 옮기는 역할을 한다. 결국, 세계 곳곳의 도시는 자연 붕괴 전에 잦은 화재로 제 모습을 잃는다.

인간 사라진 도시의 주인은 '고양이'

인간이 사라지면 불행해질 이들도 있다. 가끔 인간이 사라진 도시의 주인이 바퀴벌레가 되리라는 아니면 말고 식의 전망이 있다. 천만의 말씀이다. 인간보다 훨씬 오랫동안 지구에서 버텨 온 바퀴벌레도 어느 순간 안락한 삶에 길들었다. 인공 난방에 익숙한 지금 도시의 바퀴벌레는 난방 없는 겨울을 견디지 못하고 궤멸될 가능성이 크다.

그럼, 쥐는 어떨까? 인간이 먹고 남은 음식물 쓰레기에 의존해 온 쥐 역시 마찬가지다. 인간의 사랑을 듬뿍 받으며 개 사료에 입맛이 길든 '견공'과 함께 가장 먼저 굶어 죽을 가능성이 크다. 다행히 굶주림으로부터 살아남은 쥐나 개도 낙관해서는 안 된다. 곧 도시를 점령할 야생 동물이 가만두지 않을 테니까. 어쩌면 그전에 고양이 밥이 될지도 모르고.

고양이! 그들을 키우는 사람은 그 실체를 안다. 반려 동물 가운데 야생성을 잃지 않은 고양이는 인간 없는 도시의 주인 역할을 할수도 있다. 고양이가 일단 야생 생활에 빠른 속도로 적응하면 쥐, 개는 물론이고 너구리, 족제비, 여우와 같은 작은 동물은 이 엄청난 숫자의 포식자에 밀려서 기를 못 펼 가능성이 크다. 인간 없는 도시에서 고양이는 가장 무서운 존재다.

그렇다면 핵물질과 플라스틱은?

인류 문명이 남긴 유산의 운명은 어떻게 될까? 가장 먼저 핵폭탄이 떠오른다. 한때 인류 파멸의 원흉으로 지목되었던 핵폭탄은 걱정하지 않아도 된다. 세계 곳곳에 은밀히 저장된 3만 개의 핵폭탄이 인간 없는 세상에서 폭발할 가능성은 거의 없다. 핵폭탄은 오랫동안 오만한 인류의 상징으로 지구를 지키리라.

짐작하다시피 핵폭탄보다 더욱더 위험한 것은 핵발전소다. 2019년 8월 19일 현재, 세계 곳곳에 있는 450기의 핵발전소는 인간이 사라지면 며칠 안 돼 폭주하며 폭발한다. 1986년 4월 26일 체르노빌, 2011년 3월 11일 후쿠시마에서 있었던 일이 반복될 것이다. 지구를 덮은 대기는 오랫동안 방사성 물질에 오염될 가능성이 크다.

핵발전소만큼 지구에 영향을 주는 것은 인간이 대기 중으로 배출한 이산화탄소를 비롯한 온실 기체다. 인간이 사라지고 나서도 그동안 대기 중으로 배출한 온실 기체는 없어지지 않고 계속해서 지구를 데울 것이다. 온실 기체가 인간 이전 상태의 수준이 되려면 10만 년은 더 기다려야 한다.

그렇다면 쓰레기는 어떨까? 인간이 사라진 세상에서 가장 오랫동안 존재감을 발휘할 쓰레기는 바로 플라스틱이다. 플라스틱은 자연 분해와는 거리가 멀다. 예를 들어, 컵라면 등에 쓰이는 폴리에틸렌은 세균이 득실득실한 상자에 1년 동안 넣어둬도 거의 분해되지 않는다. 이렇게 인간이 남긴 대다수 산물이 사라지고 나서도 플라스틱은 여전히 지구의 골칫거리로 남는다.

납, 카드뮴과 같은 중금속도 수만 년이면 씻겨 나간다. 하지만 플라스틱이 지구에서 분해되기까지 시간이 얼마나 걸릴지 누구도 모른다. 과학자 몇몇의 조심스러운 예측에 따르면, 온실 기체가 인간 이전 상태를 회복하는 시간, 즉 10만 년보다 플라스틱 분해 시간이 더 걸린다. 수십만 년, 수백만 년이 지나면 어쩌면(!) 플라스틱을 분해할 수 있는 미생물이 진화할지도 모른다.

물론 인간이 갑자기 지구에서 사라지는 일 따위는 없다. 앞에서

해 본 엉뚱한 상상은 새삼 지구에서 차지하는 인간의 자리를 따져 보기 위해서다. 대한민국을 강타한 쓰레기 대란에 불편을 토로하기 전에 그런 쓰레기 배출량이 계속해서 늘어만 가는 현실을 한 번 되돌아 봐야 한다. 과연 우리가 제 방향으로 가고 있는지 말이다.

한발더

마지막으로 한 가지만 언급하자. 인간이 갑자기 사라진 세상의 모습에 의문을 먼저 품었던 사람은『인간 없는 세상』(랜덤하우스 코리아, 2007년)의 저자 앨런 와이즈먼(Alan Weisman)이다. 그가 이 엉뚱한 질문을 떠올린 곳은 어디일까? 그는 전쟁 탓에 수십 년 동안 인간 없는 세상이 되었던 한국의 비무장 지대(DMZ)를 우연히 방문하고 이 기막힌 질문을 떠올렸다고 한다.

플라스틱의 저주

태평양 한가운데에 미드웨이 섬이 있다. 1942년 6월 5일 있었던 미드웨이 해전의 무대가 되었던 섬이다. 이 전투에서 미국의 전투기가 일본의 해군 함대를 궤멸시키면서 태평양 전쟁의 시소가 미국 쪽으로 기울었다. 물론, 미드웨이 해전이 아니었더라도 결국은 미국이 이길 전쟁이었지만.

치열한 전투가 끝나고 70년 후, 얼핏 보기에 이 섬은 평화롭다. 하지만 자세히 살펴보면, 군데군데 죽음의 흔적이 가득하다. 2009년 9월, 사진가 크리스 조던(Chris Jordan)이 미드웨이 섬을 처음 찾았을 때 맞닥뜨렸던 것이 바로 그 죽음의 흔적이었다. 곳곳에 흩어져 있는 앨버트로스(Albatross, 신천옹)의 죽은 형상. 그리고 그 안에 가득한 형형색색의 플라스틱 조각들.

마치 취향이 고약한 예술가의 설치 미술 작품처럼 보이는 이 사진을 세계에 공개한 조던은 조작 시비를 걱정한 나머지 이렇게 덧붙여야 했다.

"이 비극을 명확하게 전달하고자 플라스틱 한 조각에도 손대지 않았다."

도대체 앨버트로스에 무슨 일이 있었던 것일까? 조던은 그 뒤로 수차례 미드웨이 섬을 찾았다. 진실은 이렇다.

앨버트로스, 창공의 방랑자

앨버트로스는 하늘을 나는 새 가운데 가장 크다. 날개를 펼치면 약 3미터에 이르고, 몸길이도 약 90센티미터로 1미터에 가깝다. 큰 날개를 이용해서 빠른 속도로 오랫동안 수평 비행이 가능하다. 두 달 동안 지구 한 바퀴를 돌 수 있을 정도다. 주로 바다 위를 활공하면서 수면 가까이 올라온 오징어 같은 먹이를 낚아채며 먹고산다.

앨버트로스의 삶은 알면 알수록 흥미롭다. 예를 들어, 새끼 때 미드웨이 섬을 떠난 앨버트로스는 약 3년 후에야 다시 고향을 찾는 다. (심지어 그동안 계속해서 바다 위에서만 살 수도 있다.) 고향에서 짝을 찾은 앨버트로스는 바로 교미를 하지 않고 커플이 되어서 다시 바다로 떠난 다. 연애 기간은 약 5년!

이런 연애 기간 동안 앨버트로스 암수는 서로를 각인한다. 앨버트로스는 보통 50년 넘게 사는데 그 오랜 세월 동안 일부일처제를 유지하는 것으로 알려져 있다. 보통 새끼의 양육에 에너지가 많이 들어갈수록 일부일처제 비율이 높은 점을 염두에 두면, 앨버트로스의 일부일처제 본능의 원인도 짐작해 볼 수 있다. 실제로도 그렇다.

플라스틱의 저주

앨버트로스는 새끼를 양육하는 데 에너지를 많이 쏟는 새다. 알바트로스 한 쌍은 약 2년에 1개씩 알을 낳는다. 암수가 79일간 교대로 애지중지 품어야 부화 가능하다. 그뿐만이 아니다. 태어난 새끼가 날 정도로 날개가 크려면 약 6개월간의 돌봄이 필수다. 새끼 한 마리가 앨버트로스 구실을 하려면 약 9개월의 보살핌이 필요하다. '독박 양육'은 벅찼을 테다.

새끼에게 플라스틱을 먹이는 어미 앨버트로스의 비극

미드웨이 섬에는 한 해 100만 마리의 앨버트로스가 찾는다. 그 가운데 일부는 짝을 찾으며 구애의 춤을 춘다. 평생 함께할 앨버트로스 한 쌍은 춤사위의 닮음으로 확인할 수 있단다. 그리고 이미 부부가 된 앨버트로스는 알을 낳고 새끼를 기른다. 그 가운데는 오랜 연애를 하고서, 첫 교미 후에 알을 낳는 신혼부부도 있다.

미드웨이 섬을 다시 찾은 조던은 살아 있는 앨버트로스를 향해서 카메라를 들이댔다. 앨버트로스 사이의 애정과 신뢰의 징표인 춤과 따뜻한 스킨십, 두 달 넘게 암수가 번갈아 가면서 알을 품는 기다림, 기어이 알을 깨고 나오는 생명의 경이. 가장 마음을 따뜻하게 하는 모습은 바다에서 구한 먹이를 어미가 목에 머금고 와서 새끼에게 게워 먹이는 모습이다.

하지만 바로 그때! 조던의 카메라는 충격적인 장면을 포착한다. 앨버트로스가 새끼에게 게워서 먹이는 것은 오징어가 아니라 파란색 플라스틱 조각이었다. 이런 기막힌 일이 어떻게 발생한 것일까? 앨버트로스가 둥둥 떠 있는 플라스틱 조각을 바다 위로 떠오른 오징어로 착각했다. (심지어 어떤 플라스틱은 오징어와 냄새도 비슷하다.)

플라스틱 조각이 낳은 앨버트로스의 비극은 이뿐만이 아니다. 알에서 깨고 나서 어미의 보살핌을 받으며 6개월 이상 날개를 키운 새끼 앨버트로스는 비행을 시도한다. 다시 육지에 머물기까지 몇 년이 될지 모를 긴 공중 여행을 준비하면서 새끼 앨버트로스가 제일 먼저 하는 일은 몸을 가볍게 하는 일이다.

비행을 준비하는 새끼 앨버트로스가 곳곳에서 뱃속의 소화되지 않은 먹잇감을 게워 낸다. 아니나 다를까, 게워 낸 먹잇감 안에서 반짝이는 플라스틱 조각이 보인다. 그렇게 있는 힘껏 몸속을 비운 새끼 앨버트로스는 공중으로 힘찬 도약을 시도한다. 아! 조던의 카메라는 다시 한번 탄식이 나오는 장면을 포착한다.

분명히 날갯짓을 힘차게 하는데도 날지 못하고 해변이나 인근 바다로 곤두박질치는 새끼 앨버트로스가 여럿이다. 무슨 일일까? 그렇다. 몸속을 가득 채운 플라스틱을 미처 게워 내지 못한 새끼가 한둘이 아니다. 그들은 물속에서 익사해서 다른 포식자의 먹잇감이 되거나, 미드웨이 섬의 곳곳에서 점점 힘이 빠져 목숨을 잃는다.

조던이 처음 미드웨이 섬을 찾았을 때, 앨버트로스가 떠나고 나서 곳곳에 남아 있는 죽음의 흔적은 바로 이 날지 못한 새끼 앨버트로스의 유해였던 것이다. 새끼 앨버트로스의 몸은 썩어서 부스러지고 그 새의 형상을 닮은 플라스틱 흔적만 남았다. 이 장면을 카메라에 다시 담으며 조던은 이렇게 고백한다.

플라스틱의 저주

"내가 가장 견디기 힘들었던 것은 그들이 죽어 가는 이유를 놓고서 내가 알고 있는 것을 앨버트로스는 모른다는 사실이었다."

애도의 윤리학이 필요하다

미세 먼지처럼 미세 플라스틱이 또 다른 환경 문제로 떠오르고 있다. 캐나다 브리티시 컬럼비아 대학교 연구진은 그간의 여러 연구를 종합해서 "음식물 섭취 등을 통해서 인체로 흡수하는 미세 플라스틱 양이 성인 남성은 연간 12만 1000개, 여성은 9만 8000개로 추정됐다."라고 밝혔다. 아동도 예외가 아니어서 남자아이 8만 1000개, 여자아이 7만 4000개나 된다.[1]

미세 플라스틱은 1마이크로미터(머리카락 굵기의 70분의 1에서 100분의 1)에서 5밀리미터 크기의 작은 플라스틱 조각이다. 수돗물이나 생수에 포함된 미세 플라스틱(수돗물 연간 4,000개, 생수 연간 9만 개)이 물을 마실 때마다 몸속으로 들어오는 것이다. 이렇게 몸속으로 들어온 미세 플라스틱이 어떤 영향을 미칠지는 여전히 불확실하다.

대부분이 그대로 대변으로 배출된다는 견해(실제로 대변에서 많은 미세 플라스틱이 검출되었다.)와 90퍼센트 이상이 배출되더라도 130마이크로미터 미만의 좀 더 작은 미세 플라스틱은 몸속에 남아서 인체 조직으로 침투해서 문제를 일으킬 수 있다는 견해가 대립 중이다. 식수, 소금, 어패류 등 온갖 것에 포함되어 있는 미세 플라스틱이 몸속에서 무슨 일을 일으킬지는 앞으로 중요한 과학의 과제가 될 가능성이 크다.

나는 여기서 불편한 질문을 던지고 싶다. 앞으로 여러 연구를 통해서 '미세 플라스틱이 인체에 미치는 부정적 영향이 크지 않다.'라는 결론을 얻었다고 하자. 그렇다면 인간에게 당장 해를 끼치지 않기 때문에 지금처럼 수많은 플라스틱을 생태계로 내놓아도 상관이 없을까? 영문도 모른 채 죽음의 쓰레기를 새끼에게 먹이는 어미 새의 모습을 보고서도?

이제는 멈춰야 한다. 조던은 플라스틱과 함께 죽어 간 수많은 앨버트로스를 보면서 이렇게 말한다. 애도의 윤리학! 이렇게 가다간, 마지막에 우리 인류를 애도할 이는 아무도 없으리라.

"애도는 슬픔이나 절망과는 다르다. 그것은 사랑의 감정과 같다. 애도는 우리가 잃어버리고 있는 것, 혹은 이미 잃어버린 것에 대한 사랑의 감정을 경험하는 것이다."

한 발 더

크리스 조던은 8년간의 미드웨이 섬에서 앨버트로스와 함께한 사진 작업을 다큐멘터리 영화로도 공개했다. www.albatrossthefilm.com에서 그의 다른 사진 작품들과 함께 감상할 수 있다.

플라스틱의 저주

세상에서 가장 슬픈 고래 이야기

미국 서부 캘리포니아 주 샌디에이고와 동부 플로리다 주 올랜도에 는 '시월드(SeaWorld)'가 있다. 세계에서 가장 유명한 해양 공원이다. 특히 이곳의 범고래 쇼는 전 세계적으로 유명했다. 길이가 7~8미터, 몸무게 7~8톤에 육박하는 고래가 공중으로 점프하고, 박수와 환호 에 맞춰서 관객을 향해서 꼬리로 물을 튀기는 쇼는 말 그대로 명물이 었다.

2016년 3월, 시월드는 이 범고래 쇼를 중단하겠다고 발표했다. 이 쇼가 사라진 데는 범고래 틸리쿰(Tilikum)의 끔찍하고 비극적인 이 야기가 있다. 먼저 끔찍한 이야기부터 시작하자. 만 서른여섯 살의 나이로 2017년 1월 목숨을 잃기까지 틸리쿰은 세 사람을 공격해서 살해했다. 범고래의 으스스한 영어 이름 'killer whale(살인 고래)'의 뜻 대로 행동한 것이다. 도대체 무슨 일이 있었던 것일까?

살인범이 된 고래의 슬픈 사연

2010년 2월 24일, 틸리쿰은 자신의 여성 조련사를 공격했다. 이 공격으로 틸리쿰을 포함한 범고래들을 자식처럼 사랑했던 16년 경력의 베테랑 조련사 던 브란쇼(Dawn Brancheau)가 목숨을 잃었다. 벌써 세 번째 살인이었다. 이 수컷 범고래는 1991년 2월에도 20세 대학생 조련사를 죽여서 충격을 줬다. 1999년 7월 6일에도 시월드에 몰래 들어온 27세 남성을 공격해 죽였다.

무려 세 사람의 목숨을 앗아 간 범고래 틸리쿰. 하지만 사정을 알고 보면 고래 탓만 할 일이 아니다. 범고래의 영어 이름에서 짐작할 수 있듯이, 범고래는 바다의 최상위 포식자다. 하루에 160킬로미터를 헤엄쳐 다니며, 몇 마리씩 무리 생활을 하는 이 범고래는 바다에서 천하무적이다. 흔히 바다의 무법자로 알고 있는 상어는 물론이고, 다른 고래들도 범고래의 먹잇감이다.

예를 들어, 현재 지구에서 가장 큰 동물은 흰긴수염고래로도 불리는 대왕고래다. 길이 25~35미터, 몸무게 125~180톤에 이르는 이 대왕고래도 범고래 앞에서는 속수무책이다. 범고래는 동료들과 협력해서 대왕고래를 공격한다. 그러니 호랑이나 사자처럼 범고래는 쇼를 위해서 수족관에 잡아 두기에는 애초 적절치 못한 동물이었다.

이뿐만이 아니다. 틸리쿰은 1981년 야생에서 태어나 생활하다가 1982년 아이슬란드 앞바다에 잡혀서 35년간 캐나다, 미국의 수족관을 전전했다. 물론 틸리쿰이 학대를 받았던 것은 아니다. 이 범고래는 (자신이 목숨을 빼앗은) 브란쇼와 같은 최고의 조련사 또는 수의사의 보살핌을 받으면서 안락한 생활을 해 왔다.

하지만 과연 틸리쿰이 행복했을까? 범고래는 무리 생활을 한다. 자연 상태에서 범고래는 한쪽이 죽을 때까지 어미와 새끼가 이별하지 않는다. 틸리쿰처럼 서른 살이 넘은 범고래도 어미 또는 할미와 함께 산다. 바다에 사는 어떤 동물보다 똑똑한 범고래는 할미 또는 어미 고래가 무리를 이끌면서 사냥 기법 등 온갖 생존 훈련을 시킨다.

그래서일까? 심지어 틸리쿰처럼 다 자란 범고래도 늙은 어미가 죽으면 1년 이내에 따라 죽을 확률이 14배나 높아진다. 범고래에게 가족과 떨어진 삶이란 대를 이어 온 본능을 거스르는 삶이다. 채 돌이 되기 전에 가족과 헤어져 35년간 낯선 곳을 전전해야 했던 틸리쿰이 받아야 했던 스트레스를 우리는 짐작조차 할 수 없다.

새끼를 죽인 고래의 슬픈 사연

이제 눈길을 야생 고래로 돌려보자. 그들의 삶도 스산하긴 마찬가지다. 한국, 미국을 비롯한 세계 곳곳에서 지난 100년간 온갖 오염 물질을 바다로 흘려보냈다. 그렇게 흘려보낸 오염 물질의 상당수는 바닷속 먹이 사슬의 끝에 있는 플랑크톤에 의해서 흡수된다. 그 플랑크톤은 다른 플랑크톤이나 작은 물고기의 먹잇감이 된다.

그 작은 물고기는 좀 더 큰 물고기의 먹잇감이 된다. 이런 바닷속 먹이 사슬의 맨 위에 바로 범고래 같은 고래가 있다. 애초 플랑크톤이 흡수했던 오염 물질은 먹이 사슬이 진행될수록 더욱더 고농도로 쌓인다. 플랑크톤보다는 작은 물고기가, 작은 물고기보다는 큰 물고기가, 큰 물고기보다는 고래의 몸속에 더 많은 오염 물질이 쌓인다.

예를 들어, 우리가 바다로 배출한 오염 물질 중에는 PCB라는 이름으로 익숙한 폴리염화바이페닐(polychlorinated biphenyl)이 있다. 과학자는 동물의 몸속에서 분해되지 않는 이 오염 물질이 고래의 몸속에 고농도로 쌓여 있는 사실을 확인했다. 그런데 이상한 일이다. 고래 중에서 새끼를 낳은 암컷 고래만 몸속의 PCB 농도가 낮았다. 바로 새끼한테 준 젖 때문이었다.

고래의 몸속에 들어 있는 오염 물질 PCB가 밖으로 나가는 유일한 방법이 수유다. 젖을 통해서 어미 몸속에 있는 PCB가 새끼에게 옮겨지는 것이다. 그렇게 오염된 젖을 먹은 새끼 가운데 일부는 시름시름 앓다가 죽는다. 얼마나 끔찍한 일인가? 만약에 이런 고래 고기를 사람이 먹는다면 어떨까? PCB 같은 오염 물질은 고래 고기를 먹은 사람의 몸속에 농축된다.

이웃 나라 일본에서 고래 고기는 여전히 고단백의 고급 음식으로 선호되고 있다. 몸이 허약해진 임산부의 원기 회복을 위해서 고래 고기를 먹는 경우도 많다. 고래 고기를 먹은 어머니가 아이를 낳고 나면 고래와 똑같은 일이 반복된다. 오염 물질 PCB의 상당수가 수유를 통해서 아기에게 그대로 전해진다. 고래의 비극은 우리의 비극이다.

고래뿐만이 아니다. 한국 사람도 좋아하는 참치와 연어는 바다에서 고래 바로 아래 포식자다. 이런 물고기의 몸속에도 수은과 같은 중금속이나 PCB 같은 오염 물질이 농축되어 있다. 많은 의사가 임

부에게 이런 고기를 먹지 말라고 권고하는 것도 이 때문이다.

고래 '축제'가 즐겁지 않은 이유

세 사람을 죽인 틸리쿰은 다시 쇼로 복귀했다. 그러고 나서 세균이 허파에 감염되어 1년 가까이 앓다가 2017년 1월 6일 한 많은 세상을 떴다. 멋진 볼거리를 원하는 인간의 욕망 때문에 평생 수족관에 갇혀서 쇼를 해야만 했던 틸리쿰도, 인간 욕망이 만든 찌꺼기(쓰레기) 때문에 오염 물질 범벅인 젖을 새끼에게 물려야 하는 야생 고래도 결코 행복할 수 없다.

  2019년 6월 7일부터 9일까지 울산에서 고래 축제가 열렸다. 고래 축제는 주최 측이 내세우는 생태 이미지와 달리 '고래를 먹는 축제'라는 비판을 받아 왔다. 인간의 욕망이 낳은 고래의 슬픈 사연을 염두에 두면 고래 축제를 즐기기는 어렵다. 더구나 고래 고기라니! 나라면 고래 고기는 지극히 이기적인 이유(건강) 때문에라도 절대로 먹지 않겠다.

한 발 더

2014년 샌디에이고에서 1년간 살면서 틸리쿰의 슬픈 사연을 우연히 접했다. 그러고 나서 기회가 있을 때마다 그 사연을 소개했다. 언급한 대로, 틸리쿰은 2017년 1월 6일에 세상을 떴다. 저쪽 세상에서는 가족과 함께 깨끗한 바다를 마음껏 누비길.

빛이 사람을 공격한다!

한여름 고개를 들어 밤하늘을 보면 바로 머리 위에서 커다란 삼각형 모양을 이루는 밝은 별 3개를 찾을 수 있다. 이 세 별 가운데 제일 반짝이는 별이 바로 '견우와 직녀' 이야기의 직녀성이다. 그럼, 견우성은 어디에 있을까? 직녀와 견우가 만나지 못하도록 길게 이어져 있는 은하수 너머 멀찍이 떨어져 있는 별이 바로 견우성이다. 그리고 그 은하수의 한복판에 삼각형의 마지막 별이 있다. 상상력을 조금만 발휘해 보면, 이 별을 꼬리로 하는 아름다운 백조 한 마리가 은하수를 따라 남쪽으로 날아가는 모습을 볼 수 있다. 바로 백조자리다.

직녀성, 견우성은 영어로 베가(Vega), 알타이르(Altair)로 불린다. 백조의 꼬리에 있는 별은 데네브(Deneb)다. 이제 이 세 별의 위치를 파악했으면 여름철 별자리를 찾아볼 준비가 끝난 셈이다. 은하수를 남쪽으로 따라가며 거문고자리, 독수리자리, 궁수자리, 전갈자리 또 헤라클레스자리 등을 찾을 수 있다.

도시에 사는 사람은 이 글을 읽고서 밤하늘을 올려다봐도 한숨만 나올 것이다. 도시에서는 '여름의 대삼각형'을 그리는 별 3개를 제외하고는 은하수의 별무리는 물론이고 각종 별자리를 그리는 여러 별을 보기가 어렵다. 가로등, 형광등, 보안등 또 광고 조명과 같은 인공 조명이 밤하늘을 빼앗아 가 버린 탓이다.

비만, 우울증, 암까지 낳는 빛 공해의 공포

인공 위성에서 찍은 지구의 야경을 보면, 한반도는 마치 섬처럼 보인다. 휴전선 이남의 남쪽이 반짝반짝 빛나는 반면에 중국과 경계를 맞댄 북쪽은 분명히 이북 동포들이 살고 있는데도 마치 아프리카 사하라 사막처럼 새까맣기 때문이다. 밤에 불을 켜는 일조차 어려운 북한의 전력 사정을 짐작게 하는 대목이다.

그런데 밤인지 낮인지 구분이 안 될 정도로 휘황찬란한 빛의 잔치를 벌였던 지역, 즉 한국, 일본, 유럽, 북아메리카 등에서 바로 이 빛을 걱정하기 시작했다. 대기 오염, 수질 오염 등에 이어서 빛, 정확히 말하면 인공 조명이 인간과 환경에 영향을 주는 새로운 오염원으로 떠올랐기 때문이다. 바로 '빛 공해'가 등장한 것이다.

인간을 비롯한 지구의 모든 동식물은 밝은 낮과 어두운 밤이 번갈아 가면서 돌아오는 규칙에 적응해 왔다. 인공 빛 때문에 환한 밤은 수십억 년을 내려온 바로 이 규칙을 깨뜨린 셈이다. 그리고 인공 빛이 지구를 밝힌 수십 년의 시간은 인간을 비롯한 대다수 동식물이 바로 이 깨진 규칙에 적응하기에는 턱없이 모자란 시간이었다.

빛이 사람을 공격한다!

그 부작용이 곳곳에서 나타나기 시작했다. 몸길이가 1~2미터로 거북 중에서 가장 큰 장수거북이 좋은 예다. 중앙아메리카 카리브해의 토바고 섬은 장수거북의 산란지로 유명하다. 암컷이 이곳에 알을 낳으면, 알에서 깬 새끼는 바다에 비치는 별빛이나 달빛을 따라서 바다로 가면서 어른이 되는 긴 여정을 시작한다.

그런데 이 새끼 장수거북들이 지금은 별빛이나 달빛 대신에 가로등의 불빛이나 호텔 조명을 따라서 바다 대신 육지로 방향을 튼다. 그렇게 길을 잘못 든 새끼 장수거북들은 수분 부족으로 말라 죽거나, 까마귀나 갈매기 심지어 고양이 같은 천적에게 잡아먹히거나, 자동차에 깔려 죽게 된다.

장수거북 같은 듣도 보도 못한 동물의 사정은 알 바 아니라고? 빛 공해 피해로부터 인간 역시 자유롭지 않다. 혹시 깜빡 잊고 전등이나 텔레비전을 켜놓고 잤을 때, 하루 종일 몸이 찌뿌둥한 경험을 한 적이 있었을 것이다. 바로 불빛이 깊은 수면을 방해했기 때문이다. 우리가 자연스럽게 잠들기 위해서는 몸에서 멜라토닌(melatonin) 호르몬이 나와야 한다.

이 멜라토닌은 어두운 상태에서 만들어진다. 인공 빛이 몸속에서 멜라토닌이 만들어지는 것을 방해하면, 그 결과로 깊은 잠을 자기가 어렵다. 이렇게 숙면을 취하지 못하면 단순히 몸이 찌뿌둥한 정도에 그치는 것이 아니다. 잠을 제대로 못 자면 두뇌 활동을 둔하게 할 뿐만 아니라, 비만도 유발한다. 수면 부족 상태에선 배고플 때 나오는 호르몬 그렐린(ghrelin)이 분비되니까.

비만은 약과다. 수면 부족에 대한 수많은 연구 성과가 축적되고 있는데, 하나같이 심상치 않다. 『우리는 왜 잠을 자야 할까』(열린책들, 2019년)의 저자 매슈 워커(Matthew Walker)는 "수면 부족이 심장 마비 발생 확률을 증가"시키고 "면역 세포의 활동량을 줄여서" 궁극적으로 "전립선암이나 유방암을 유발할 가능성"을 언급한다.[1]

최근에 유행하는 LED 같은 인공 조명은 더 큰 문제다. LED에서 나오는 짧은 파장의 파란색 빛(blue light)은 동이 틀 때의 햇빛과 유사하다. LED 빛에 반응한 우리의 뇌는 한밤중을 아침이라고 착각한다. 그 결과 몸속에서 멜라토닌 분비가 억제되면, 우리는 잠 못 이루는 밤을 보내게 된다.

우리 집은 백열등이나 형광등을 쓰니까 상관이 없다고? 지금 손에 쥐고 있는 휴대 전화, 작업실의 컴퓨터 모니터 그리고 거실의 텔레비전 화면에서 나오는 빛에 바로 짧은 파장의 파란색 빛이 포함되어 있다. 그러니 잠들기 전 휴대 전화로 잠깐 소셜 미디어의 타임라인이나 마감 뉴스를 확인하는 일이 심각한 수면 장애의 원인이 될 수도 있다.

고흐의 밤하늘은 어디로 갔는가?

빈센트 반 고흐(Vincent van Gogh, 1853~1890년)는 죽기 직전에 별이 빛나는 밤하늘에 매료되었다. 그가 죽기 전 머물렀던 프랑스 남부의 밤하늘을 그린 「론 강에 비친 별빛」(1888년), 「아를의 별이 빛나는 밤」(1889년), 「별이 빛나는 밤」(1889년), 「사이프러스와 별이 있는 길」(1890년)

빛이 사람을 공격한다!

등은 지금까지 우리에게 깊은 감동을 준다.

　호기심 많은 과학자들은 이 그림들 속의 밤하늘이 상상의 산물이 아니라는 사실을 발견했다. 예를 들어, 「별이 빛나는 밤」이나 「사이프러스와 별이 있는 길」은 고흐가 죽기 직전 1년 남짓 머물렀던 생래미의 밤하늘과 놀랄 만큼 유사하다. 「론 강에 비친 별빛」이나 「아를의 별이 빛나는 밤」에서 우리는 북두칠성을 포함한 큰곰자리를 볼 수 있다.

　우리는 이 그림을 통해서 말년의 고흐를 짓눌렀던 삶의 고통과 그것을 극복하고자 그가 찾으려고 했던 예술혼이 무엇인지 어렴풋하게 짐작할 수 있다. 만약에 그가 밤하늘을 잃어버린 오늘날 살았다면 과연 어디서 위안을 찾았을까? 휘황찬란한 거리의 네온사인이 그를 위로할 수 있을까?

생리통 치료약은 왜 없나요?

과학계에서 유행하는 용어 가운데 '언던 사이언스(undone science)'가 있다. 과학학자 데이비드 헤스(David Hess)가 고안한 말이다. "수행되지 않은 연구"라는 입에 붙지 않은 번역이 있다. 거창해 보이지만, 간단한 문제 의식이다. '어떤 과학 기술은 왜 세상에 없을까?' 실제로 기회가 있을 때마다 사람들에게 이런 질문을 던져 보는데, 여성의 반응이 흥미롭다.

이 질문을 받은 상당수 여성은 약속이라도 한 듯이 '생리'나 '생리통'을 놓고서 문제를 제기한다. 2018년 최고의 화제 소설 『82년생 김지영』(민음사, 2016년)에도 비슷한 대목이 나온다. 생리통 때문에 고생하는 소설 속 김지영은 뜨거운 물이 담긴 페트병을 수건에 말아서 끌어안고서 이렇게 투덜댄다.[1]

"이해할 수가 없어. 세상의 절반이 매달 겪는 일이야. 진통제라는 이름에 두루뭉술하게 묶여 울렁증을 유발하는 약 말고, 효과 좋고 부작용 없는 생리통 전용 치료제를 개발한다면 그 제약 회사는 떼돈을 벌 텐데."

언니가 답한다.

"암도 고치고 심장도 이식하는 세상에 생리통 약이 한 알 없다니 이게 무슨 일이라니. 자궁에 약 기운 퍼지면 큰일이라도 나는 줄 아나 봐."

그렇다. 왜 제약 회사는 생리통 치료제를 개발할 생각을 하지 않을까? 참, 흔히 "생리통엔~" 이런 식으로 선전하는 약은 알다시피 소염 진통제다. 진통만 없애 주는 게 아니라 소염 작용까지 하다 보니 몸에 무리를 주기 십상이다. 의사들이 생리통 진통제로 소염 작용이 없는 아세트아미노펜 계열의 약을 추천하는 것도 이 때문이다.

생리통이 "임신 안 하는 여성이 치러야 할 대가"라고?

잠시 20세기 초반으로 거슬러 올라가 보자. 당시만 하더라도 여성의 생리에 대한 과학석 이해가 없었다. 대다수 남성 의사는 여성의 생리통을 '생리를 할 때마다 임신을 했어야만 하는 자연 법칙에 순응하지 못해 대가를 치르는 것'이라고 여겼다.[2] 심지어 여성의 생리를 정상이 아닌 일종의 '질병'으로 보는 19세기 시각을 고수하는 이들도 있었다.

당시는 참정권을 비롯한 여성의 사회 참여 요구가 높았던 때였다. 이런 흐름에 반발하며 대다수 남성 의사는 생리를 여성이 집 밖으로 나와서는 안 되는 증거로 제시했다. 한 달에 한 번씩 생리를 해야 하는 여성은 남성과 함께 고등 교육을 받거나 같은 직장에서 일해서는 안 될 뿐만 아니라, 그렇게 무리할 경우 출산 기능에 심각한 장애가 오리라는 주장이었다.

지금의 시각으로는 얼토당토않은 이런 견해는 1930년이 되어서야 비로소 교정되었다. 그나마 이렇게 뿌리 깊은 생리에 대한 편견이 사라질 수 있었던 데는 앨리스 샌더스 클로(Alice Sanderson Clow), 위니프레드 컬리스(Winifred Cullis) 같은 여성 의사 덕분이었다. 이들은 생리가 '아픈' 상태가 아니라 지극히 정상 상태라는 것을 보여 주고자 10년 이상 고군분투했다.

생리를 둘러싼 이런 어처구니없는 역사를 살펴보면 21세기가 되어서도 변변찮은 생리통약이 등장하지 못한 사정이 어떤 이유 탓인지 짐작할 수 있다. 다수의 남성이 지배하는 의학계, 과학계에서 여성의 생리와 그것이 유발하는 생리통에 대한 진지한 관심은 적었을 테니까. 상상해 보자. 만약 의학계, 과학계에서 여성의 목소리가 컸더라도 상황이 이 지경이었을까?

또 다른 예도 있다. 갈수록 난임 부부가 늘면서 '시험관 아기(IVF)' 같은 생식 기술이 각광 받고 있다. 그런데 시험관 아기가 최선일까? 정자와 난자를 시험관에서 수정시켜 임신하는 과정에서 여성은 심각한 부작용을 감수해야 한다. 우선 여성은 배란 촉진제를 맞아서 여러 개의 난자를 배란해야 한다.

그렇게 나온 난자는 여성의 몸에서 '채취'되어 시험관에서 정자와 수정되어 수정란이 된다. 그 수정란이 다시 여성의 자궁 안으로 들어가 배아 상태에서 '착상'되어야 비로소 임신이 된다. 이 과정에

　　　　　　　　　　　생리통 치료약은 왜 없나요?

서 성공률을 높이고자 여러 개의 배아를 자궁에 집어넣는데, 난임 시술로 태어난 쌍둥이가 많은 것도 이 때문이다. 쌍둥이 등은 임신부에게 조산 위험을 높이는 위험 요인이다.

그런데 난임 시술에는 시험관 아기만 있는 것이 아니다. 남성 정자의 활동성이 떨어져서 임신이 안 되는 경우에는 건강한 정자만 골라내서 배란 상태의 여성의 자궁에 집어넣는 '인공 수정(IUI)'이 효과적이다. 인공 수정은 시간도 짧게 걸리고 무엇보다 여성의 몸에 주는 부담이 적다. 그런데 왜 난임 시술 하면 모두 시험관 아기만 떠올리는 것일까?

"출산은 의무, 낙태는 불법"라니!

대한 산부인과 의사회의 추정에 따르면, 한국의 임신 중절 수술, 즉 낙태 건수가 하루 평균 약 3,000건 정도다. 연간 약 100만 건! 더 놀라운 것은 이런 낙태 수술 대부분이 불법이라는 사실이다. 왜냐하면, 1973년 만들어진 낙태를 금지하는 법(형법 제269조)과 강력한 낙태 허용 제한 조건(모자 보건법 제14조) 때문이다.

알다시피, 성폭력이든 경제적 이유든 혹은 말할 수 없는 개인 사정이든 원하지 않은 임신을 하는 경우는 부지기수다. (성폭력에 의한 임신은 모자 보건법에 따라서 합법적으로 낙태할 수 있다.) 불법인데도 수요는 많으니 당연히 낙태 시술이 비싸질 수밖에 없다. 지역 또는 임신 주차에 따라 차이가 있지만 보통 낙태 시술 1건에 100만~150만 원이나 하는 것도 이 때문이다.

이렇게 음성적인 낙태 시술이 비싸다 보니 심각한 부작용도 나타난다. 원치 않은 임신을 한 10대 여성 청소년이 낙태 비용을 마련하지 못하고 쉬쉬하다가 결국 임신 중절 수술을 할 시기를 놓치는 경우가 대표적이다. 잊을 만하면 청소년에 의한 신생아 유기가 뉴스거리가 되는 것도, 또 부모가 될 준비가 안 된 10대와 아기의 고단한 삶도 바로 이 대목에서 시작한다.

이런 부조리한 상황을 견디다 못해 20만 명이 넘는 여성을 비롯한 시민들이 낙태죄 폐지 민원을 제기했다. 이런 사회적 압력이 중요한 역할을 했는지 2019년 4월 11일 헌법 재판소가 '낙태 금지'를 놓고서 "헌법 불일치" 판정을 내렸다.

수십 년 동안 변변찮은 치료약 하나 없이 한 달에 한 번씩 생리통을 겪고, "출산은 의무"라는 이유로 불임 시술의 부담을 감내하고, 심지어 "낙태는 불법"이라는 이유로 원하지 않은 임신도 어쩔 수 없이 감수해야 하는 여성의 현실은 분명히 잘못되었다. 2018년 태어난 여자아이 가운데 가장 많은 이름은 '지안'이다. 2048년의 서른 살 지안 씨는 지금보다 행복할 수 있을까?

지영 씨, 세탁기 때문에 행복하세요?

"예전에는 방망이 두드려서 빨고, 불 때서 삶고, 쭈그려서 쓸고 닦고 다 했어. 이제 빨래는 세탁기가 다 하고, 청소는 청소기가 다 하지 않나. 요즘 여자들은 뭐가 힘들다는 건지."[1]

바로 앞의 글에서 언급했던 『82년생 김지영』을 읽다 이 대목도 눈에 밟혔다. 소설 속 지영 씨가 아기를 낳은 뒤 하루 2시간 이상 잠을 못 자며 집 안 청소를 하고, 젖병을 닦고, 옷과 수건을 빠느라 엉망진창이 된 손목을 보이려고 찾은 병원에서 나이 든 남자 의사가 피식 웃으며 던진 말이다.

얼핏 생각하면 그 의사의 말이 맞다. 집집마다 전기 밥솥, 세탁기, 청소기, 건조기 등 각종 가전 제품을 구비하는 일이 필수가 된 지 오래다. 산더미 같은 빨래를 세탁기 없이 손으로 빠는 일은 엄두조차 못 낸다. 가전 제품 덕에 50년 전과 비교해 현재 가사 노동이 훨씬 수월해진 것은 분명한 사실이다.

그렇다면 가사 노동 시간은 어떨까? 통계청 자료를 보면, 2014년 결혼한 여성의 가사 노동 시간은 하루 4시간 19분이다. 10년 전(2004년)과 비교하면, 16분가량 줄었다. 이상하다. 소설 속 지영 씨가 간파했듯이 "어떤 분야든 기술이 발전하면 필요로 하는 물리적 노동력은 줄어들게 마련이다." 그런데 유독 가사 노동 시간이 줄지 않은 이유는 무엇일까?

세탁기 때문에 엄마는 행복해졌을까?

이 미스터리를 풀려면 미국 역사학자 루스 코완(Ruth Cowan)의 연구를 살펴야 한다. 코완의 연구는 요즘엔 중학교 국어 교과서에도 실리는 교양 필수 항목이 돼 버렸다. 코완은 19세기 말부터 20세기 중반까지 미국 가정에 세탁기, 청소기 같은 가전 제품이 도입되면서 가사 노동이 어떻게 변해 왔는지 조사했다.[2]

미국도 우리와 마찬가지로 가전 제품 덕에 가사 노동이 수월해졌다. 하지만 여성의 가사 노동은 줄기는커녕 오히려 늘어났다. 자세한 사정은 이렇다. 집집마다 세탁기를 들여놓기 전 미국에서 빨래는 여성의 몫이 아니라 남녀를 가리지 않고 가족 여럿이 나눠서 해야 하는 노동이었다. 특히 여성 혼자 감당할 수 없는 부피가 큰 빨래는 아버지, 아들의 몫이었다.

세탁기를 들여놓은 뒤 상황은 이상한 방향으로 변했다. 어느 정도 부피가 큰 빨래까지 세탁기로 빨 수 있게 되자, 빨래는 온전히 여성의 몫이 됐다. 그러니까 세탁기 같은 가전 제품의 도입으로 가사

　　　　　　지영 씨, 세탁기 때문에 행복하세요?

노동으로부터 해방된 것은 엄마나 딸 같은 여성이 아닌, 아빠나 아들 등 남성이었다.

이뿐 아니다. 세탁기는 여성에게 또 다른 시련을 안겨 준다. 세탁기를 집마다 들여놓기 전만 해도 땀내 나는 옷을 이틀, 사흘씩 입는 일이 다반사였다. 아이 옷에 얼룩이 좀 져도, 코 묻은 소매가 반들거려도 큰 흉이 아니었다. 어차피 다들 그렇게 때가 탄 옷을 입고 다녔다. 그런데 세탁기가 매일 빨래를 하자 공동체의 청결 기준이 전과는 비교할 수 없을 정도로 높아졌다. 전에는 흉이 아니던 아이 옷의 얼룩이 문제가 됐다.

1930년대 세균의 위험이 의학계를 넘어 일반인에게도 알려지자 깨끗함에 대한 강박은 더욱더 심해졌다. 더러운 옷을 방치하는 엄마는 남편과 아이를 오염이나 세균에 노출시킨다는 비난을 감수해야 했다. 이 틈을 가전업계가 놓칠 리 없었다. '얼룩이 있는 옷을 입고 다니는 아이들은 엄마로부터 사랑을 못 받는 아이'라는 식의 편견을 퍼트리는 광고가 당시 미국 중산층 여성 사이에 유행하던 잡지에 실리기 시작했다. 당연히 세탁기 판매량은 증가했고, 덩달아 엄마의 가사 노동 시간도 늘어났다.

40년 전보다 더 힘들어진 여성

또 다른 사례도 있다. 코완은 1941년부터 1981년까지 40년이라는 시간차를 두고 미국 대학 교수 부인의 하루를 비교해 제시한다. 전형적인 중산층 여성의 삶이 어떻게 달라졌을까?

1941년 대학 교수 부인에게는 하인 2명이 있다. 1명은 빨래와 힘든 청소를 했고, 다른 1명은 식탁을 치우고 간단한 청소를 하며 아이를 돌봤다. 하루 종일 일하느라 집 안 청소 따위에는 신경 쓸 겨를조차 없던 수많은 가난한 여성에게는 그림의 떡이었겠지만, 아무튼 대학 교수 부인 등 일부 여성은 가사 노동으로부터 자유로웠다.

그렇다면 40년이 지난 1981년에는 대학 교수 부인의 하루가 어떻게 변했을까? 대학 교수 부인은 아침 6시에 일어나자마자 지하실로 내려가 세탁기에 빨래를 넣는 것으로 하루를 시작한다. 아이에게 옷을 입힌 뒤 남편과 아이가 먹을 아침 식사를 차린다. 남편이 아이를 돌보는 동안 세탁기에서 빨래를 꺼내 널고 남편을 출근시킨다. 늦은 아침을 먹고 설거지를 한 뒤 침대를 정돈하고 청소를 한다. 그러다 보면 점심 시간. 다시 아이에게 점심을 차려 주고, 설거지하고, 부엌을 정돈한 뒤 다림질을 하거나 아이와 산책을 하면 저녁 시간. 다시 저녁을 준비하고 설거지를 하고……. 이 대학 교수 부인의 가사 노동은 밤 10시가 돼서야 끝난다.

놀랍게도 이 대학 교수 부인의 가사 노동 시간은 동시대 육체 노동자를 남편으로 둔 부인의 그것과 거의 일치했다. 가사 기술의 발달이 여성을 가사 노동으로부터 해방시키기는커녕 중산층 여성까지 하향 평준화한 것이다. 이쯤 되면 세탁기, 청소기 같은 가사 기술이 도입되면서 오히려 여성의 가사 노동 시간이 늘었다는 코완의 결론에 고개를 끄덕일 수밖에 없다.

앞에서 언급한 소설 속 지영 씨의 통찰도 코완과 비슷하다.[3]

지영 씨, 세탁기 때문에 행복하세요?

"더러운 옷들이 스스로 세탁기에 걸어 들어가 물과 세제를 뒤집어쓰고, 세탁이 끝나면 다시 걸어 나와 건조대에 올라가지는 않아요. 청소기가 물걸레 들고 다니면서 닦고 빨고 널지도 않고요. 저 의사는 세탁기, 청소기를 써 보기는 한 걸까."

참, 남성의 가사 노동 시간은 얼마나 될까? 통계청의 같은 조사 결과를 보면 우리나라 남성의 가사 노동 시간은 평일 하루 50분이다. 여성의 가사 노동 시간인 4시간 19분에 비하면 5분의 1 수준에도 못 미친다. 그나마 10년 전(2004년)과 비교했을 때 12분가량 늘어난 것을 고무적이라고 해야 하나.

2018년생 김지안 씨가 30대가 되는 2048년에는 세상이 바뀔까? 세탁기, 청소기, 보일러는 물론이고, 집 안 곳곳의 전등까지 인터넷으로 연결돼 집 밖에서도 자유자재로 조작이 가능한 사물 인터넷(Internet of Things, IoT) 시대의 도래를 선전하는 텔레비전 광고 속 주인공도 맞벌이 부부인 것을 보면 전망은 밝지 않다.

민물장어의 꿈

문재인 대통령이 2017년 6월부터 4대강(한강, 낙동강, 금강, 영산강)에 있는 보를 상시 개방하라고 지시했다. 이명박 정부 때 5년간 22조 원을 쏟아부으며 군사 작전처럼 진행된 4대강 사업을 놓고서도 재평가가 한창이다.

이런 소식을 접하면서 뜬금없이 노래 한 곡이 떠올랐다. 고(故) 신해철 씨가 남긴 「민물장어의 꿈」.

"좁고 좁은 저 문으로 들어가는 길은 나를 깎고 잘라서 스스로 작아지는 것뿐."

이런 가사로 시작하는 이 노래의 주인공은 제목대로 민물장어다. 그리고 어쩌면 민물장어야말로 4대강 사업의 원상 복구 가능성을 언급한 문 대통령의 발표를 제일 반겼을 것이다.

태평양 수천 킬로미터 여행

해양 생물학자 황선도 박사의 『멸치 머리엔 블랙박스가 있다』(부키, 2013년)를 읽다 보면 뱀장어 얘기가 나온다. 뱀장어에 대한 경외심은 그로부터 비롯됐다. 아마 이 글을 읽는 독자 역시 앞으로 뱀장어를 접할 때마다 나와 같은 마음을 품을 것이다. 신해철 씨도 「민물장어의 꿈」을 만들 때 그랬을 개연성이 크다.

민물장어는 사실 '민물' 뱀장어가 아니다. 평균 5~7년간 강에서 생활한 뱀장어는 자손을 낳을 준비가 되면 어느 해 가을 무렵 강 하구로 내려간다. 민물과 바닷물이 만나는 하구에서 두세 달 머물며 적응 준비를 끝낸 뱀장어는 고향을 찾아 망망대해로 나서는 기나긴 여행을 떠난다. 바다에서 자라다 산란할 때가 되면 강물로 거슬러 오르는 연어와 정반대다.

바다로 떠난 뱀장어가 도대체 어디서 산란을 하는지는 오랫동안 미스터리였다. 황 박사에 따르면 한국, 일본, 중국 등의 강에 살던 뱀장어의 산란장이 밝혀진 것은 1990년대 들어서다. 뱀장어라면 환장하는 일본의 도쿄 대학교 해양 연구소가 20여 년 동안 태평양 일대를 뒤진 끝에 1991년 필리핀 동쪽 해역에서 뱀장어 치어 수백 마리를 잡았다.

그 뒤에도 수많은 과학자가 십수 년간 노력한 끝에 2000년대 중반 무렵 뱀장어 산란장이 세계에서 가장 깊은 마리아나 해구 북쪽 해저 산맥 부근이라는 사실을 밝혀냈다. 수온이 섭씨 25~27도로 따뜻한 4~8월, 수심 160미터의 해저 산봉우리에서 망망대해를 헤치고 모여든 뱀장어가 떼로 산란을 한다. 제구실을 다한 어미는 산란 후 그곳에서 생을 마친다.

여기까지도 충분히 감동적인데, 이야기는 아직 반도 끝나지 않았다. 어미의 숭고한 희생 끝에 태평양 한복판에서 태어난 뱀장어 새끼의 사정은 어떨까? 알에서 깨어난 뱀장어 새끼는 잠자리 날개 같은 납작하고 투명한 몸통을 가지고 약 6~12개월간 3,000킬로미터를 여행한다. 태평양 동쪽에서 서쪽으로 흐르는 북적도 해류를 따라 이동하다 쿠로시오 해류로 옮겨 동북아시아까지 온다.

뱀장어와 모양이 달라 '댓잎뱀장어'로 불리며 몸길이가 7~8센티미터에 불과해 헤엄도 제대로 못 치는 새끼 뱀장어가 3,000킬로미터를 여행하는 장면을 상상해 보라. 이 여행은 연어와 비교할 바가 아니다. 자기가 태어난 고향을 찾아가는 연어와 달리 이 뱀장어는 한 번도 가 본 적 없는 어미의 고향을 찾아 그 머나먼 길을 여행하는 것이니.

이렇게 3,000킬로미터의 망망대해를 여행한 새끼 뱀장어는 대륙붕과 만나는 지점에서 드디어 우리에게 익숙한 5~6센티미터의 실뱀장어로 축소 변태한다. 대륙붕에서 실뱀장어는 한국, 일본, 중국의 강 하구로 여행을 마저 한다. 이렇게 도착한 실뱀장어는 12월부터 다음 해 3월까지 각 나라의 남쪽에서부터 강 오름을 시작한다. 드디어 기나긴 여행을 마무리하는 것이다.

뱀장어 새끼가 어떻게 3,000킬로미터나 여행을 하는지, 어미의 고향으로 가는 길은 어떻게 찾는지 등 여전히 모르는 것투성이다. 심지어 대륙붕에 도달해 변태한 실뱀장어가 강 오름을 위해 찾는 강이 정말로 어미의 고향인지, 또 그렇다면 그런 일이 어떻게 가능한지도 마찬가지다.

실뱀장어의 회귀를 도우려면

놀라지 마시라! 그렇게 수천 킬로미터의 여행을 마무리한 실뱀장어를 잡아 기른 것이 바로 우리가 구워 먹는 민물장어다. 뱀장어는 아직 인공 부화로 길러 내는 양식에 성공하지 못했기 때문에 강 오름을 시작하는 실뱀장어를 잡아 키우는 것이다. (일본과 우리나라에서 의미 있는 성과가 있었지만 상업 양식을 할 수준에는 도달하지 못했다.)

우리가 먹는 뱀장어는 예외 없이 수천 킬로미터의 장엄한 여행을 마친 영웅이다. 이런 사실을 알면 뱀장어를 접할 때 어찌 경외감을 품지 않을 수 있겠는가. 그러니 앞으로 불판에서 꿈틀대는 뱀장어를 함부로 대하지 말자!

안타깝지만 우리나라를 비롯한 동아시아의 뱀장어는 멸종 위기에 처해 있다. 자연산 뱀장어는 정말로 찾아보기 어렵고, 실뱀장어조차 갈수록 어획량이 줄고 있다. 1970년대만 해도 금강에서 하루 1만 마리씩 잡히던 실뱀장어가 요즘은 고작 수십 마리밖에 안 걸린다는 어부의 하소연이 명백한 증거다.

이렇게 뱀장어 씨가 마르고 있는 가장 큰 이유는 낙동강, 영산강, 금강 등의 어귀를 막고 있는 하굿둑이다. 하굿둑이 가로막고 있으니 실뱀장어는 강 오름을 할 수 없어 수천 킬로미터의 여행을 마무리하지 못한다. 강에서 서식하던 어미 뱀장어는 하굿둑에 막혀 바다로 나갈 수 없으니 새끼를 못 친다.

이것도 모자라 이명박 정부가 강 곳곳에 보까지 설치했으니 뱀장어로서는 최악의 상황을 맞게 된 것이다. 물고기가 하굿둑과 보를 넘나들라고 만들어 놓은 어도(魚道) 역시 꿈틀꿈틀 헤엄치는 뱀장어의 생태는 전혀 반영하지 않은 것이 태반이다. 뱀장어 처지에서는 정말로 기가 막힐 노릇이다.

이제 수십 년 동안 앞만 보고 진행해 온 강 파괴의 관행을 돌이키고 상처를 치유할 때가 왔다. 당장 하굿둑이나 보를 걷어 내자는 얘기가 아니다. 인간뿐 아니라 그간 도외시해 온 뱀장어 같은 생태계의 구성원까지 염두에 둔 친환경 복원을 먼저 고민하자는 것이다. 그 출발점은 민물장어가 바다로 나갈 수 있도록, 또 태평양을 여행해 온 실뱀장어가 어미의 고향으로 갈 수 있도록 돕는 일일 테다.

이제 민물장어의 꿈에 우리가 응답할 때다.

해파리 연구에 세금을 나눠 줘야 하는 이유

언제부턴가《네이처》,《사이언스》같은 과학 잡지가 형형색색을 띤다. 표지나 투고 논문에 첨부한 사진이 반짝반짝 빛나기 때문이다. 이렇게 과학 잡지를 예쁘게(?) 만드는 데 기여한 것 가운데 하나가 '형광 단백질(Green Fluorescent Protein, GFP)'이다. 아마도 과학에 문외한인 사람도 신문이나 방송에서 형광 초록색을 띤 쥐를 본 적은 있으리라.

형광 단백질은 예쁘기만 한 게 아니다. 이 단백질 덕분에 생명 현상의 신비가 여럿 밝혀졌다. 예를 들어, 제임스 로스먼(James Rothman) 같은 과학자는 세포 안에서 만들어진 단백질이 자신이 필요한 장소로 정확히 이동하는 방법을 연구할 때 바로 이 형광 단백질을 이용했다. 단백질의 유전자에 형광 단백질 유전자를 삽입하면 그 단백질에 형광색 꼬리표가 붙어서 관찰이 가능하다.

로스먼은 랜디 셰크먼(Randy Schekman), 토마스 쥐트호프(Thomas Südhof) 등과 함께 2013년 노벨 생리·의학상을 받았다. 만약 형광 단백질이 없었다면 로스먼이 몸속 단백질 이동의 비밀을 밝히는 일이 훨씬 어려웠으리라. 그렇다면 이 형광 단백질은 도대체 어떻게 세상에 등장한 것일까? 물론 과학자들의 고군분투가 있었다.

형광 단백질의 기원은 수중에서 반짝반짝 빛나는 해파리다. 1962년에 일본의 시모무라 오사무(下村脩)가 해파리의 한 종(*Aequorea victoria*)에서 형광 단백질을 처음으로 추출했다. 그리고 미국의 마틴 챌피(Martin Chalfie)와 로저 첸(Roger Tsien)은 이 형광 단백질 유전자를 이용해서 단백질 활동을 추적, 관찰할 수 있는 길을 열었다. 이들은 이 업적으로 2008년 노벨 화학상을 공동 수상했다.

이 대목에서 비운의 주인공 이야기를 해야겠다. 2008년 노벨 화학상을 받는 자리에서 챌피와 첸은 이 자리에 꼭 있어야 할 과학자를 한 명 언급했다. 바로 더글러스 프래셔(Douglas Prasher)였다. 그는 빛을 내는 형광 단백질 유전자에 주목해서 1992년에 그것을 처음으로 분리하는 데 성공한 과학자였다.

하지만 프래셔는 연구를 계속할 수 없었다. 당장 쓸모가 없어 보이는 해파리 연구에 돈을 대려는 정부 기관이나 기업이 없었기 때문이다. 결국, 그는 과학자로서의 경력에 종지부를 찍는다. 그가 과학계를 떠나면서 자신의 연구 결과를 동료 과학자 몇몇에게 넘겨주는데, 그 가운데 바로 노벨상을 받은 챌피와 첸이 포함돼 있었다.

2008년 노벨 화학상 결과가 발표될 때, 프래셔는 미국 앨라배마주 헌츠빌의 토요타 매장에서 시간당 8.5달러(약 1만 원)를 받고서 셔틀버스를 운전하고 있었다. 그는 오래전 헤어진 동료가 자신이 한때 열정적으로 했던 연구로 노벨상을 받는 모습을 보면서 무슨 생각을 했을까? 만약 그때 그가 연구를 중단하지 않았다면 노벨상은 그의 몫이 되었을 가능성이 크다.

해파리와 유산균에서 나온 과학 기술 혁신

형광 단백질을 둘러싼 사연은 중요한 생각거리를 준다. 로스먼의 단백질 이동 연구와 함께 형광 단백질에 얽힌 사연을 소개한 송기원 연세 대학교 생화학과 교수는 이렇게 꼬집는다.[1]

"로스먼 등이 2013년에 노벨상을 받고 나서 이렇게 토로했어요. 요즘처럼 실용적인 연구 결과만 좇는 세태에서는 연구를 못 했을 거라고요. 형광 단백질도 마찬가지죠. 우리나라에서 해파리 빛을 연구하는 데 연구비를 댈 정부나 기업이 어디 있겠어요. 그런데 바로 이런 연구가 축적되면서 과학 연구를 혁신할 실용적인 실험 기법이 등장했어요. 노벨상도 덤으로 받고요."

선진국에서 시작한 특정한 과학 기술을 따라잡을 목적으로 시작한 이른바 '추격형' 연구는 잘해 봐야 모방에 그친다. 하지만 과학자가 당장의 성과에 연연하지 않고 꾸준히 자신의 연구 주제를 탐구할 수 있도록 지원하는 풍토가 마련되면 전혀 예상치 못한 후속 연구의 가능성이 나올 수 있다. 앞에서 살펴본 해파리에서 추출한 형광 단백질은 그 대표적인 예다.

그러고 보니, 최근 '노벨상 0순위'로 꼽히는 유전자 가위 크리스퍼(CRISPR)도 좋은 예다. 크리스퍼의 기능은 2007년 덴마크 요구르트 회사의 한 연구원이 밝혔다. 요구르트의 발효를 책임지는 유산균

가운데 바이러스에 내성을 보이는 것처럼 행동하는 유산균을 분석했더니 크리스퍼 유전자가 활성화되어 있었던 것이다. 특정 유전자를 정확하게 찾아서 자르는 현대 생명 과학을 혁신할 기법의 단초를 요구르트 유산균을 연구하면서 발견하리라고 누가 예상했겠는가?

최근 유행하는 인공 지능(AI) 연구의 사정도 마찬가지다. 몇 년 새 AI 연구가 각광을 받고 있지만 이 '과학 기술계 아이돌'도 부침이 있었다. 뾰족한 성과가 나오지 않았던 1970년대 말, 1980년대 말에는 그 연구 열기가 시들해지기도 했다. 이런 상황에서 1990년대 후반부터 '딥 러닝(deep learning)'이라는 새로운 기계 학습 방법이 고안되면서 AI 연구가 다시 각광을 받기 시작했다. 그 배경에는 유행을 타지 않고 계속해서 AI 연구에 매진한 뚝심 있는 과학자들의 노력과 그런 분투를 뒷받침할 기초 연구의 축적이 있었다. 뇌의 비밀을 파헤치는 신경 과학, 인간의 뇌를 모방한 인공 신경망을 구현하는 데 필요한 수학, 통계학 등이 그것이다.

해파리 연구에 세금을 지원하는 이유

최근 국회가 예산 심의 과정에서 기초 과학 연구비를 깎아서 논란이 된 적이 있었다. 이런 결정에 참여한 상당수 국회 의원은 특정 목적 없는 기초 과학 연구에 국민 세금을 나눠 주는 것을 문제로 지적했다. 하지만 유행을 좇아서 목적을 정하고 '선택'과 '집중'의 원칙에 따라서 연구비를 몰아 주던 지금까지 방식은 아무런 부작용이 없었던가? 오히려 그런 구태의연한 방식이야말로 한국 과학 기술의 잠재력을 갉아먹은 중요한 원인이 아니었을까?

한 가지 더 생각해 볼 일도 있다. 국회 의원이 기초 과학 연구비를 삭감하면서 염두에 뒀던 과학 기술의 역할이다. 그들이 생각하는 과학 기술의 쓸모 가운데 으뜸은 돈벌이에 도움이 되느냐 여부일 것이다. 그런데 과연 과학 기술이 꼭 돈벌이 혹은 국방 같은 당장의 쓸모로만 그 유용성이 평가되어야 할까? 해파리의 빛을 연구하던 과학자가 그 쓸모를 의식했더라면 지속적인 탐구가 가능했을까?

물질을 구성하는 미지의 입자를 찾으려는 가속기 프로젝트의 예산을 따려고 동분서주하던 미국의 물리학자 로버트 윌슨(Robert Wilson)은 동서 냉전이 한창이던 1969년 가속기의 쓸모를 놓고서 미국 의회 청문회에서 이렇게 답했다.[2] '가속기'를 '기초 과학' 혹은 '해파리'로 바꿔서 기초 과학 연구비 삭감을 결정한 국회 의원에게 들려주고 싶다.

"가속기는 이런 것들과 관련이 있습니다. 우리는 좋은 화가인가, 좋은 조각가인가, 훌륭한 시인인가와 같은 것들. 이 나라에서 우리가 진정 존중하고 명예롭게 여기는 것, 그것을 위해 나라를 사랑하게 하는 것들 말입니다. 그런 의미에서, 이 새로운 지식은 전적으로 국가의 명예와 관련이 있습니다. 이것은 우리나라를 지키는 일과 관련 있는 것이 아니라, 이 나라를 지킬 만한 가치가 있도록 만드는 일과 관련이 있습니다."

'작은 노동자'를 만드는 '부스러기 경제'

30대 중반의 그녀는 새벽 4시에 일어나서 자동차 청소로 하루를 시작한다. 차량 공유 서비스의 드라이버로 돈을 버는 일은 그녀의 중요한 생계 수단이다. 새벽 4시 30분에 집을 떠난 그녀는 공항이나 시내까지 두 차례 오가며 벌이를 시작한다. 일찍 공항이나 사무실로 가는 비즈니스맨은 그녀의 중요한 승객이다.

약간 노곤한 몸을 이끌고 집에 오자마자 어젯밤에 손질해 둔 찬거리를 들고서 다른 집으로 향한다. 그 집에서 4시간 동안 요리를 하고, 청소를 하는 예약을 받아둔 터다. 마음이 급하다. 운이 좋게도 오후에는 근처 아파트의 인테리어 공사를 돕는 일도 예정되어 있기 때문이다. 오전에 얼른 요리와 청소를 마무리하고 인테리어 공사가 예정된 집으로 이동해야 한다.

인테리어 공사를 마무리하고 나서는 다시 퇴근길의 승객을 한두 번 더 태운다. 그러고 나서 잠깐 마트에 들른다. 요리와 청소 서비스가 예정돼 있기 때문이다. 전날 정리해 둔 쿠폰을 이용해서 최대한 싸게 식재료를 구입하고 나서 미리 손질해 둔다. 스마트폰 알람은 항상 '온(on)' 상태. 차량 공유 서비스 호출이 언제 올 줄 모르기 때문이다.

시간은 벌써 자정 무렵. 하지만 아직 잠들 때가 아니다. 몸이 많이 피곤하지만, 그녀는 심호흡하고서 다시 집을 나선다. 자정이 넘을 때까지 술을 마신 취객은 좋은 고객이기 때문이다. 시급 2만 5000원. 하루 8시간 주 5일로 계산하면 월급 400만 원. 오늘은 비교적 성과가 괜찮았다. '내일도 행운이 함께하기를!'

공유 경제가 만드는 '작은 노동자'

'공유 경제(sharing economy)' 이야기가 나올 때마다 그녀가 생각난다. 몇 년 전 《뉴욕 타임스》가 소개한 미국 보스턴 근처에 사는 30대 중반 여성이다.[1] 앞의 이야기는 그녀의 하루를 약간 각색한 것이다. 《뉴욕 타임스》는 그녀를 놓고서 "작은 기업가(micro-entrepreneurs)"가 아니라 "작은 노동자(micro-earners)"라고 정확하게 부른다.

한국에서도 차량 공유 서비스를 시작으로 스마트폰을 매개로 한 공유 경제 서비스에 관심이 높다. 한쪽에서는 한국의 '우버' 같은 성공을 꿈꾸면서 온갖 서비스를 사고파는 수많은 앱이 등장하고 있다. 이런 서비스가 정부의 시대착오적인 규제 때문에 발이 묶여 있다고 투덜거리는 목소리도 높다.

다른 쪽에서는 택시 업계처럼 강하게 반발하는 이해 당사자도 있다. 우버 같은 차량 공유 서비스가 도입되었을 때, 외국의 택시 업계가 어떻게 타격을 받았는지를 이미 보았기 때문이다. 짧게는 수년에서 길게는 수십 년간 택시 운전으로 생계를 꾸려 온 처지에서는 밥그릇을 엎을 수도 있는 이런 서비스가 반가울 리가 없다.

그렇다면 한국보다 앞서 공유 경제를 적극적으로 수용한 외국의 사정은 어떨까? 일단 전 세계 공유 경제 10년의 성적표는 초라하다. 국내 택시 서비스의 오래된 여러 문제 때문에 두드러지지 않아서 그렇지 우버 같은 차량 공유 플랫폼의 문제도 만만치 않다. 예를 들어, 2009년 3월 창업한 우버가 내세웠던 차량 공유의 비전은 10년이 지난 지금 현실과는 거리가 멀다. 우버가 도입된 도시의 교통 체증이나 시민의 차량 보유 대수는 오히려 늘었다. 예외 없이 택시 업계는 몰락의 길을 걷고 있다.

또 다른 성공 사례로 읊어지는 '에어비앤비'의 사정도 마찬가지다. 주택 소유주가 에어비앤비 같은 플랫폼의 단기 숙박 서비스에 열을 올리면서, 정작 해당 도시 주민은 고통을 겪고 있다. 장기 임대 주택의 공급이 줄자 임대료가 치솟고, 올라간 임대료를 감당하지 못한 주민은 외곽으로 밀려났다. 미국 100개 도시에서 에어비앤비 등록 주소지가 1퍼센트 늘면, 임대료는 0.018퍼센트, 주택 가격은 0.026퍼센트 올랐다는 쓸쓸한 조사 결과가 있을 정도다.[2]

공유 경제는 '부스러기 경제'

돌이켜 보면, 공유 경제 유행 속에서 정작 중요한 질문이 빠졌다. 플랫폼, 공유 경제, 4차 산업 혁명 같은 그럴듯한 신조어처럼, 정말로 공유 경제가 예고하는 일자리의 미래는 아름다울까?

노동을 사고파는 사람을 연결하는 효율적인 '플랫폼'을 만들어 놓았을 뿐인데 무엇이 문제냐고 반문할지 모르겠다. 기사, 요리사, 청소부, 심부름꾼 등 온갖 서비스를 원하는 사람과 그런 노동을 기꺼이 제공해서 돈을 벌려는 사람을 연결하는 일뿐이지 않은가. 거간꾼(플랫폼)이 중간에서 약간의(?) 수수료를 챙기며 돈도 벌 수 있으니 얼마나 좋은가.

하지만 조금만 생각해 보면 세상일이 그렇게 간단치 않다. 글머리에 언급한 시급 2만 5000원을 목표로 하루 종일 발을 동동 구르며 뛰는 그녀의 상황을 머릿속에 그려 보자. 그녀가 30대 중반에 저런 노동으로 밥벌이를 할 수밖에 없었던 것이 온전히 자신의 의지였을까? 아니다. 여러 사정이 있었을 테다.

전문직 자격증을 가지고 있지 않은 여성이 출산이나 육아 같은 사정으로 경력 단절 후에 노동 시장에서 질 좋은 일자리로 재취업하는 일이 얼마나 어려운지는 굳이 복잡한 통계를 들이대지 않아도 쉽게 짐작할 수 있다. 실제로 미국 보스턴의 그녀 역시 출산과 육아의 경력 단절이 문제였다.

비슷하게 몸을 파는 보통 사람의 사정도 다르지 않다. 하루 8시간 주 5일을 일하고 나서 월급 400만 원을 보장하는 정규직 일자리를 얻는 일이 가능하다면, 새벽 4시에 일어나서 자정이 넘을 때까지 발을 동동 구르면서 돈벌이를 해야 하는 저렇게 '불확실'하고 '불안정'한 일자리를 선뜻 선택할 사람이 과연 있을까?

이렇게 따져 보면, 공유 경제의 맨 얼굴을 볼 수 있다. 알다시피, 비교적 괜찮은 대가와 복지가 보장되는 일자리를 얻는 일이 갈수록 어려워지고 있다. 노동 시장에서 20대는 그런 일자리를 구하기 어렵다. 운 좋게 그런 일자리를 얻었다가도 잠깐 궤도에서 벗어나면 재진입이 불가능하다. 운 좋게 그런 일자리로 생계를 꾸렸던 50대 이상은 퇴출을 걱정해야 한다.

공유 경제는 바로 이렇게 노동 시장 바깥으로 밀려난 사람의 노동력을 시간 단위로 쪼개서 헐값에 부리는 일이다. 일찌감치 미국의 경제학자 로버트 라이히(Robert Reich)가 공유 경제의 진짜 이름이 "부스러기를 나눠 갖는 경제(share-the-scraps economy)"라고 꼬집은 것도 이 때문이다. 왜냐하면, 그런 노동을 통해서 그들이 얻는 대가가 고작 "부스러기"에 불과하니까.[3]

새로운 과학 기술의 탈을 쓴 오래된 욕망

한 가지 기억해야 할 사실이 또 있다. 그렇게 부스러기를 나눠 주는 일에 기꺼이 동참하는 대다수는 (현재) 비교적 괜찮은 일자리를 가지고 있는 중산층이다. 이들은 그 일자리를 잃지 않고자, 즉 노동 시장 바깥으로 밀려나지 않고자 안간힘을 쓰는 중이다. 1시간도 허투루

쓰면 안 되는 처지니 가사 노동 같은 사회적으로 인정받지 못하는 노동은 골칫거리다.

그 결과로 요리, 청소, 육아 같은 노동은 쪼개져서 노동 시장 바깥에서 스마트폰을 켜놓고 대기 중이던 '작은 노동자'에게 전가된다. 물론, 자신의 괜찮은 일자리를 보장하고자 하는 마음에 덥석 내놓은 대가 가운데 상당액은 정작 노동의 당사자(작은 노동자)가 아니라 거간꾼(플랫폼)의 배를 불리는 데 사용된다.

당대의 과학 기술에는 어쩔 수 없이 우리의 모습이 투영되어 있다. 때로는 공동체의 안녕을 해치고, 더 나아가 개인의 행복까지 좀먹는 추악한 욕망이 과학 기술로 변신해서 삶을 좌지우지한다. 스마트폰을 매개로 한 공유 경제 안에는 과연 어떤 욕망이 똬리를 틀고 있을까? 글머리의 30대 여성은 하루를 마무리하면서 이렇게 말했다.

"오늘은 돈을 많이 벌었어요. 하지만 계속 이렇게 할 수는 없을 것 같아요."

인공 지능도 '갑질'을 한다

의사, 변호사, 기자 이렇게 셋이 모여서 전문직의 미래를 놓고서 대화를 나눌 일이 있었다. 엄청나게 많은 양의 데이터로 훈련된 인공 지능이 의사 대신 진단을 하고, 판사나 변호사 대신 판례를 검토하고, 기자 대신 기사를 쓰는 일이 눈앞에 왔다는 데는 셋 다 동의했다. 그러다 누군가 툭 하고 한마디를 던졌다.

"결국은 신뢰가 문제야!"

그렇다. 인공 지능이 의사, 판사, 변호사, 기자를 대체할 수 있다고 해서 자동으로 그 직업이 없어지지는 않는다. 만약 대중이 인공 지능 로봇이 쓰는 기사보다 기자가 발로 뛰어서 쓴 땀내 나는 기사를 훨씬 더 좋아한다면 기자는 살아남을 것이다. '기자'보다 '기레기'가 익숙한 대중의 모습을 보면 왠지 그럴 것 같지는 않지만.

그런데 이 대목에서 반대의 질문도 필요하다. 신뢰를 잃을 대로 잃은 의사, 판사, 변호사, 기자를 대신할 인공 지능은 신뢰할 만한가? 온갖 편견에 노출되고 또 이해 관계의 그물망에서 허우적거리기 쉬운 의사, 판사, 변호사, 기자보다는 컴퓨터 같은 인공 지능이 훨씬 더 공정하지 않을까? 그런데 진실은 정반대다.

인공 지능이 선택한 미인을 살폈더니

빅 데이터(big data)를 통한 학습으로 인공 지능의 얼굴 구별하기 능력이 계속해서 좋아지고 있다. 미국 로체스터 대학교 연구팀이 한국인, 중국인, 일본인 얼굴 자료 4만 건과 40가지 국가별 특성을 분류해 인공 지능을 교육했다. 그랬더니, 이 인공 지능은 무작위로 섞여 있는 한국인, 중국인, 일본인 사진을 약 75퍼센트의 정확도로 국적을 구분했다. 미국인이 한국인, 중국인, 일본인을 구분할 확률 39퍼센트의 거의 2배다.[1]

이런 인공 지능의 얼굴 구별하기 능력은 앞으로 안면 인식을 통한 맞춤형 광고, 범죄나 테러 예방 등에 이용될 가능성이 크다. 그런데 생각지도 못한 문제가 나타났다. 2016년 개최된 한 미인 대회에서 있던 일이다. 주최 측은 얼굴 구별에 능한 인공 지능으로 '객관적' 미모를 평가해 보기로 했다.

일단 얼굴 모양이 대칭적인지, 주름이 있는지 등을 포함한 다양한 요소를 고려해서 기준을 정했다. 그러고 나서 인공 지능이 100개 나라에서 6,000명의 참가자가 보낸 사진의 미모를 평가했다. 결과는 어땠을까? 주최 측은 깜짝 놀랐다. 44명의 수상자 가운데 몇 명의 동양인이 포함된 것 외에는 대부분이 백인이었으며, 기타 유색 인종은 딱 한 명만 포함되었다.

이런 이상한 결과가 나온 이유는 단순하다. 이 인공 지능이 미인을 판단하고자 학습했던 사진이 대부분 백인 미녀였던 것이다. 미인의 기준이 백인 미녀에 맞춰져 있어서 다른 미모와 매력을 가진 황인종, 흑인종 미녀가 판단에서 배제된 것이다. 이 인공 지능은 자신도 모르게 인종 차별을 했다.

인공 지능 학습의 전제 조건은 엄청난 양의 '빅 데이터'다. 인공 지능은 이런 데이터를 토대로 얼굴 알아보기, 바둑, 번역 등 특정 능력을 학습하면서 자신의 능력을 강화한다. 그런데 학습의 전제 조건이 되는 데이터에 문제가 있다면 어떤 일이 발생할까?

예를 들어 보자. 일본의 소프트뱅크는 신입 사원 채용 과정에서 IBM의 인공 지능 '왓슨'을 활용하기로 했다. 일단은 지원서 확인에 많은 시간이 걸렸던 서류 전형부터 왓슨이 사람을 대신하기로 했다. 소프트뱅크는 왓슨의 도입으로 서류 전형에 소요되는 시간을 75퍼센트 정도 줄일 수 있으리라고 기대하고 있다.

고학수 서울 대학교 법학 전문 대학원 교수는 이렇게 인공 지능이 채용을 할 때 예상하지 못했던 문제가 발생할 가능성을 경고한다.[2] 예를 들어, "지난 30년간 국내 대기업의 여성 고용 및 승진 데이터를 훈련 데이터로 학습한 인공 지능"이 있다고 가정하자. 이 인공 지능은 "대기업에서 여성의 승진 비율이 높지 않은 것을 업무 성과가 좋지 않은 것으로" 학습할 수 있다.

만약 이런 인공 지능이 채용에 나선다면 어떻게 될까? "가급적 여성의 고용을 권하지 않는 왜곡된 추천"을 할 것이다. 실제로 여성

인공 지능도 '갑질'을 한다

사용자가 구글과 같은 검색 엔진을 이용하면 급여가 낮은 일자리가 우선 노출된다는 연구 결과도 있다. 남성에 비해서 저임금 일자리에 종사하기 쉬운 여성이 낮은 일자리를 자주 검색하면서 검색 엔진(인공 지능)이 편견을 학습한 것이다.

흑인이 검색하면 범죄자 정보, 여성이 검색하면 저임금 일자리

웃지 못할 또 다른 일도 있다. 2015년 여름, 미국의 한 20대는 다른 친구와 콘서트에 놀러 가서 찍은 사진을 '구글 포토'에 올렸다. 구글 포토는 자동으로 이미지를 인식해 종류별로 구분해 정리하는 기능이 있다. 그런데 그는 한 친구의 사진이 엉뚱한 폴더로 분류된 사실을 깨달았다.

"구글 포토가 제 친구를 인간이 아닌 동물로 인식했더군요."

그 친구도 흑인이었다.

구글에 흑인, 즉 아프리카계 미국인이 자주 쓰는 이름을 넣으면 범죄자 정보를 찾아주는 회사 광고가 뜰 가능성이 크다. 악순환이다. 미국에 만연한 인종 차별이 학습 과정에서 인공 지능에 각인되고, 그 인공 지능에 기반을 둔 검색 엔진을 사람이 쓰면서 그런 차별이 더욱더 심해지는 것이다. 이런 상황에서 인공 지능의 얼굴 인식 기능이 범죄자 예방에 이용된다면 무슨 일이 생길까?

앞으로 의사, 판사, 변호사, 기자 등이 했던 일을 인공 지능이 대체할수록 새로운 차별 문제가 심각하게 대두될 것이다. 지금 사회적 약자는 어쩔 수 없이 인공 지능 시대에도 약자가 될 가능성이 크다. 더구나 그동안 사람한테 '갑질'을 당하던 것도 서러운데, 이제 인공 지능한테 차별을 당해야 하다니 얼마나 슬픈 일인가.

마지막으로 생각해 볼 문제가 또 있다. 사람 판사는 대부분 과거의 판례에 의존해서 판단한다. 하지만 때로는 시대 변화에 발맞춰 기존의 판례를 뒤집는 판결을 내린다. 노예제 폐지, 남녀 차별 폐지, 인종 차별 폐지, 동성애자 결혼 허용 등이 모두 이런 혁명적인 판결을 통해서 가능했다.

인공 지능 판사는 전적으로 과거에 축적한 데이터에 의존한다. 2017년 3월 10일, 헌법 재판소에 인공 지능 판사가 있었다면 현직 대통령을 파면하는 초유의 판단을 할 수 있었을까?

인공 지능도 '갑질'을 한다

현대 자동차의 미래를 걱정해야 하는 이유

미래를 예고하는 중요한 뉴스가 있다. 일본에서 더 이상 차를 사지 않겠다는 젊은이가 늘고 있단다. 일본의 신차 판매는 2015년 연간 494만 대로 바닥을 찍고 나서 조금씩 회복 중이다. 그런데 10대와 20대의 운전 면허 취득자는 10년 새 10퍼센트 이상 줄었다. 일본의 미래 세대가 자동차와 멀어지고 있는 것이다.[1]

짐작하다시피, 가장 큰 이유는 자동차 유지비다. 그럴 만하다. 할부로 사면 매월 자동차에 들어가는 비용이 월 100만 원 가까이다. 더구나 도쿄처럼 젊은이가 선호하는 대도시 주거 지역은 한 달 주차료만 우리 돈으로 30만 원에 이른다. 2년마다 받아야 하는 차량 검사와 각종 수리비는 연 50만 원. 거기에 고속 도로 통행료까지 붙는다.

시내의 가까운 곳이라면 지하철이 훨씬 낫다. 장거리 여행도 고속 철도를 비롯한 철도 노선이 전국 곳곳을 촘촘히 연결하니 굳이 자동차에 의지할 이유가 없다. 더구나 상대적으로 위 세대에 비해서 소득이 적은 20대는 휴일 외출도 줄이는 형편이다. 일본 20대의 휴일

외출 비율은 1987년 71퍼센트에서 2015년 55퍼센트로 떨어졌다.[2]
그래서 일본 젊은 세대를 '자동차가 싫다!'는 뜻의 "구루마바나레(車
離れ)!" 세대라고 부른다. 이 젊은이들의 자동차와의 결별이 의미심
장하다. 일본의 사정만이 아니기 때문이다.

다가온 현실, 자동차 정점

국내에서는 진지한 논의를 찾아보기 힘들지만, 지금 미국과 유럽
을 중심으로 진행 중인 뜨거운 논쟁 가운데 하나는 '자동차 정점(peak
car)' 이론이다. 눈치 빠른 독자라면 짐작하겠지만, '석유 생산 정점
(peak oil)'에서 따온 것이다. 전 세계 석유 생산량이 정점을 찍고서 지
속적으로 하락할 가능성을 경고하는 '석유 생산 정점' 이론을 자동
차에 적용한 것이다.

자동차 정점 이론을 국내에 소개한 『도시의 로빈후드』(서해문집,
2014년)의 저자 박용남 지속 가능 도시 연구 센터 소장에 따르면, 이 이
론은 "1인당 자동차 주행 거리(1년 동안의 평균 자동차 주행 거리를 인구수로 나
눈 것)가 8개 주요 선진국(승용차가 지배적인 교통 수단 역할을 하는 미국, 영국, 오
스트레일리아, 독일, 프랑스, 아이슬란드, 일본, 스웨덴)에서 정점에 도달했다."라
는 가설이다.

정말로 그럴까? 자동차 정점 이론을 지지하는 이들이 제시하는
여러 증거가 있다. 우선 자동차 문화의 상징과도 같은 미국의 사정부
터 살펴보자.

"미국 내 주행 거리 수치는 2005년 정점을 찍고 나서, 지속적으로 하락해서 2013년 4월까지 (1995년 1월 수치와 비슷한 수준인) 약 9퍼센트 하락했다."

자동차 주행 거리 수치가 줄어든 직접적인 이유 가운데 하나는 2008년 금융 위기다. 경제 위기를 거치면서 미국도 일본처럼 다수의 서민이 새 차 구매를 포기했다. 하지만 2008년 경제 위기가 이유라면 그전인 2005년에 자동차 주행 거리가 정점을 찍고서 줄어든 사정을 설명하지 못한다.

자동차 정점 이론을 지지하는 이들은 자동차 문화 자체에 균열이 생겼음을 주목한다. 우선 미국 자동차 문화의 토대가 되었던 이른바 중산층의 라이프 스타일이 바뀌고 있다. 교외의 쾌적한 주거 공간에서 도심의 직장까지 자동차를 타고 출퇴근을 하는 문화가 도심 재개발 정책에 따라서 바뀌고 있는 것이다.

자동차가 늘어날수록 자동차를 타고 다니는 일도 불편해지고 있다. 굳이 외국으로 눈을 돌리지 않더라도 서울 도심의 차 막힘이나 출퇴근이면 자동차가 거북이걸음으로 답답하게 이동하는 강변북로의 사정을 떠올려 보라. 서울시가 추진하는 광화문 광장 공원화 등으로 도심 보행로가 늘어날수록 자동차로 서울 도심을 이동하는 일은 더욱더 재앙이 될 것이다.

여기에 자동차 문화를 부정하는 디지털 기술의 발전도 가세한다. 인터넷을 통한 쌍방향 소통은 굳이 대면하지 않아도 업무의 상당 부분을 처리할 수 있도록 돕는다. 당장 나만 해도 그렇다. 예를 들어, 예전에는 현장 취재가 필요 없는 학술 행사도 자료를 구하고자 지방까지 찾아가야 했다. 하지만 지금은 인터넷 접속을 통해서 자료를 받기만 하면 된다.

이뿐만이 아니다. 자동차를 공유하는 일이 디지털 기술로 가능해졌다. 이미 자동차 한 대를 여러 사람이 공유하는 '차량 공유(car sharing)' 서비스, 개인 자동차를 택시처럼 활용하는 우버 같은 '승차 공유(ride sharing)' 서비스, 출퇴근 혹은 장거리 여행을 할 때 자동차를 함께 타는 '카풀(carpool)' 서비스 등이 다양한 애플리케이션 덕에 훨씬 쉬워졌다.

요즘 주목받는 자율 주행 자동차까지 등장하면 이런 흐름은 더욱더 가속화할 전망이다. 지금은 상당수 자동차가 출퇴근 때 두세 시간 운행하고서 하루 종일 주차장에 놓여 있다. 만약 이런 자동차가 시내를 운전자 없이 누빌 수 있다면 어떻게 될까? 막대한 비용을 들여가며 자동차를 유지할 사람이 있을까?

자동차 없는 대한민국은 가능할까?

한국의 사정은 어떨까? 2012년 3월 오스트레일리아 정부의 연구를 보면, 잘사는 20개국의 자동차 주행 거리가 포화 상태다. 이 연구는 우리나라도 2018~2020년부터 서서히 자동차 이용 정점 상태에 도달할 것으로 예측하고 있다.[3] 만약 이 예측대로라면 올해(2018년)부터 2~3년 동안 한국의 1인당 자동차 주행 거리는 정점을 찍고서 지속적으로 줄어들 것이다.

더구나 한국은 자동차 소비를 주도했던 베이비부머가 본격적으로 은퇴하고 있다. 노후를 꾸리기도 벅찬 베이비부머가 새로운 자동차를 구매할 리가 만무하다. 여기에다 소비 여력이 부모 세대에 비해서 없는 젊은 세대의 자동차 기피 트렌드까지 가세한다면, 자동차 정점 이후에 급격하게 탈(脫)자동차 현상이 나타날 수 있다.

　고민이 꼬리에 꼬리를 문다. 고도 성장기의 '자동차 드림'에 기반을 두고 전국 곳곳에 이중삼중 깔아 놓은 도로는 어떻게 할 것인가? 그렇지 않아도 왠지 불안해 보이는 현대 자동차 등 자동차 산업의 미래는 어떨까? 자동차 산업까지 몰락하면 한국 경제는 지속 가능할까? 지금이라도 '자동차 없는 도시'를 상상하고 준비하면 최악의 상황은 막을 수 있을까?

자율 주행차 시대의 윤리

구글, 테슬라 같은 외국 기업뿐만 아니라 현대 자동차, 삼성, 네이버, 만도 등 국내 기업도 계속해서 자율 주행 자동차를 내놓고 있다. 4차 산업 혁명을 둘러싼 야단법석 가운데서도 가장 눈에 띄는 자율 주행 자동차는 언제쯤 우리 삶으로 깊숙이 들어올까? 그리고 우리 삶을 어떻게 바꿀까?

　이런 질문을 염두에 두고서 국내의 자율 주행차 전문가 몇몇과 대화를 나눴다. 그리고 충격을 받았다. 다수의 전문가가 2020년 정도면 자율 주행 자동차 기술이 '완성'될 것으로 보고 있었다. 2020년이면 이제 한 달밖에 남지 않았다. 도대체 지금 도로에서 무슨 일이 벌어지고 있는 것일까?

운전자 없는 자동차, 눈앞에 왔다

자율 주행차를 소개할 때 항상 언급하는 추억의 드라마가 있다. 1980년대에 국내에 「전격 Z 작전(Knight Rider)」이라는 제목으로 소개된 미국 드라마 혹시 기억나는가? 이 드라마를 보면 주인공과 대화도 하고, 주인공이 어디에 있는지 알고 달려가는 '키트'라는 인공 지능 자동차가 나온다. 바로 그 '키트' 같은 자동차가 자율 주행차가 지향하는 궁극적인 모습이다.

예를 들어, 전기차 개발에 앞장서고 있는 테슬라 같은 업체는 2년 안에 미국 서부 로스앤젤레스에서 동부 뉴욕에 있는 차를 소환(summon)할 수 있는 수준의 자율 주행 자동차를 개발하겠다고 2017년 공언했다. 그러니까 운전자가 필요 없는 자동차의 등장이 눈앞에 와 있다.

이미 앞차와의 거리를 유지하고, 차선 중앙으로 달리는 정도의 기능을 가진 자동차는 도로 곳곳에서 볼 수 있다. 지금은 더 발전해서 운전자가 거의 개입하지 않고서도 시내나 고속 도로에서 자동차가 자율 주행하는 수준이 되었다. 앞으로 운전은 자동차가 알아서 하고, 탑승자는 업무를 처리하고 영화를 보고 책을 읽는 것이 가능하리라는 전망이 나오는 것도 이 때문이다.

앞에서 언급한 대로, 이런 추세를 염두에 두고 다수의 전문가는 2020년 정도면 자율 주행차의 기술이 완성되리라 전망한다. 그때쯤에는 정말로 집에 주차해 둔 자동차를 회사로 소환하고 또 출퇴근 시간에 책을 읽거나 영화를 보면서 회사와 집을 오가는 것이 기술적으로는 가능해진다는 것이다.

물론 자율 주행차가 기술적으로 가능해졌다고 해서 일상 생활 속으로 곧바로 들어오는 것은 아니다. 자동 변속기도 기술 자체는 1930년대에 등장했지만, 본격적으로 확산된 것은 1990년대다. 안전성 검증에 거의 50년 정도가 걸렸다. 이런 점을 염두에 두면 운전자가 없는 자율 주행차가 도로를 돌아다닐 때까지는 시간이 더 걸릴 것이다.

　다만 운전자의 역할이 최소화된 자율 주행차는 생각보다 훨씬 빨리 도로에서 볼 수도 있다. 전화, 휴대용 뮤직 플레이어, 인터넷 검색이 가능한 소형 컴퓨터 등의 기능이 집약된 스마트폰이 불과 몇 년 안에 우리나라를 포함한 전 세계인의 생활 필수품이 된 걸 보면 생각보다 훨씬 빨리 자율 주행차가 도로의 대세가 될 수도 있다.

자율 주행차의 윤리적 딜레마

자율 주행차를 둘러싼 여러 쟁점 가운데 가장 중요한 것은 안전 문제다. 2016년 5월에 미국에서 테슬라 자동차로 자율 주행을 하면서 영화를 보던 운전자가 교통 사고로 사망했다. 자동차가 트레일러의 하얀색을 인식하지 못하고 질주한 것이다. 실제로 자율 주행차의 인공 지능은 도로 위의 종이 상자와 돌멩이를 구분하는 단순한 일을 어려워한다.

　이 사고가 일어나고 나서 자율 주행차의 안전 문제를 둘러싼 우려가 커지자 미국 교통 당국이 조사에 나섰다. 그런데 결론은 예상과는 정반대였다. 자율 주행차가 일반 자동차보다 오히려 안전하다는 것이다. 에어백이 터질 정도로 치명적인 자동차 사고 발생률이 자율 주행차가 일반 자동차보다 무려 60퍼센트가량 낮게 나타난 것이다.

실제로 구글은 자율 주행차 개발에 나선 7년간 320만 킬로미터, 그러니까 지구 전체를 80바퀴 도는 정도의 거리를 시험 운행했다. 그 사이에 경미한 사고 17건이 났다. 그 가운데 구글 자율 주행차의 과실로 생긴 사고는 딱 1건뿐이었다. 그러니까 데이터만 보면 인간 운전자보다 자율 주행차가 훨씬 더 안전 운행을 한 것이다.

그렇다면 이제 마음 놓고 운전대를 인공 지능에 맡겨도 되는 걸까? 상황은 그렇게 간단치 않다. 우리는 자동차를 운전할 때 다양한 상황에 맞춰서 융통성 있게 대응한다. 하지만 자율 주행차의 인공 지능은 언제나 교통 규칙을 지키도록 설정되어 있다. 만약 도로에서 융통성을 발휘해야 하는 상황이 생길 경우에는 오히려 혼란이 있을 수 있다.

심각한 문제는 또 있다. 자율 주행차 앞에 아이들이 갑자기 뛰어들 때, 그 자동차의 인공 지능은 어떤 결정을 내려야 할까? 아이들을 구하고자 방향을 틀면, 자동차가 망가지면서 탑승자가 위험해질 수 있다. 인간이 운전한다면 평소 자신의 가치관, 윤리관, 운동 신경 등에 따라서 결정을 내리고 그 책임도 자기가 진다.

하지만 자율 주행차의 경우는 복잡하다. 아이 여럿과 탑승자 하나 가운데 누구를 구해야 할까? 또 그런 어려운 결정을 누가 해야 할까? 만약 그런 사고가 일어났을 때, 책임은 자동차 업체와 탑승자 가운데 누가 져야 할까? 만약 특별한 상황에서 탑승자의 안전을 보장하지 않는다면 그런 자동차를 과연 소비자가 구매할까?

'열광'이 아닌 '성찰'이 필요하다

2017년 종영한 드라마 「도깨비」의 가장 안타까운 장면은 여주인공 '은탁'이 미끄러져 내려오는 트럭을 자기 자동차로 막아서 유치원 버스를 타는 아이들을 구하고 죽은 일이었다. 그런데 자율 주행차가 대세가 되면 이렇게 자신을 희생하고 아이를 구하는 일이 가능할까?

우리는 새로운 과학 기술이 등장할 때, 묻고 따지지도 않고 열광하는 경향이 있다. 자율 주행차도 마찬가지다. 쉽게 해결하기 어려운 윤리적 딜레마를 안고 있는 안전 문제를 포함해 자율 주행차가 가져올 사회적 영향을 꼼꼼히 따지는 일이 무엇보다 중요하다. 다시 물어보자. 자율 주행차가 세상을 어떻게 바꿀까?

　자율 주행차 시대의 윤리

'집단 지성'인가, '집단 바보'인가

세계 곳곳에서 '가짜 뉴스(fake news)'와의 전쟁이 벌어지고 있다. 지난 2018년 1월 1일부터 독일 정부는 가짜 뉴스 방치에 책임을 물어서 페이스북과 같은 소셜 미디어 기업에 최고 5000만 유로(약 670억 원) 벌금을 물리기로 했다. 우리나라도 예외가 아니다. 대통령까지 나서서 가짜 뉴스의 폐해를 경고하고 있다.

2016년 미국 대선에서 가짜 뉴스의 온상이라는 오명을 뒤집어쓴 세계 최대의 소셜 미디어 페이스북도 마지못해 여러 대책을 내놓았다. 예를 들어, 2017년 3월 중순부터 페이스북은 일부 지역에서 진위 여부가 파악되지 않은 뉴스를 놓고서 "이의 제기 콘텐트(disputed content)"라는 경고 메시지와 함께 검증 매체의 출처를 표시하기 시작했다. 이런 노력이 얼마나 효과가 있을지 두고 볼 일이다.

그런데 여기서 질문 하나. 한때 소셜 미디어는 집단 지성의 상징처럼 받아들여졌다. 그랬던 소셜 미디어가 가짜 뉴스의 온상으로 전락한 이유는 무엇일까? 혹시 애초 집단 지성은 세간의 찬양과는 다른 심각한 문제를 안고 있었던 것은 아닐까? 진짜 문제는 가짜 뉴스가 아니라 집단 지성이었던 것이다.

집단 지성의 배신

지금 당신은 1등 상금 5000만 원이 걸린 퀴즈 쇼에 출연했다. 이제 한 문제만 맞히면 상금 5000만 원은 당신 것이 된다. 그런데 이게 웬일인가? 사회자가 읽은 문제의 답이 무엇인지 알쏭달쏭하기만 하다. 다행히 당신에게는 지금까지 쓰지 않은 한 번의 힌트를 얻을 기회가 있다. 사회자가 묻는다.

"힌트를 얻을 수 있는 기회를 지금 사용할 수 있습니다. 당신은 전문가 한 사람에게 물을 수도 있고, 관객 전체의 의견을 물을 수도 있습니다."

여러분은 누구에게 답을 구할 건가? 나라면 관객 전체의 의견을 묻겠다. 그래도 평범한 관객보다는 전문가가 낫지 않겠느냐고? 놀라지 마라. 미국의 한 퀴즈 쇼(「퀴즈 쇼 밀리어네어(Who Wants to Be a Millionaire?)」)에서 전문가가 정답을 맞힌 확률은 65퍼센트인 반면, 관객 가운데 다수의 지지를 받은 답이 정답인 확률은 91퍼센트나 된다. 이런 퀴즈 쇼는 흔히 집단 지성이 얼마나 똑똑한지 보여 주는 좋은 사례로 거론된다. 이제 2011년 4월에 발표된 다음 연구 결과를 보자.

얀 로렌츠(Jan Lorenz) 박사 팀은 스위스 취리히에서 144명의 학생 집단에게 금전 보상을 약속하고 다양한 질문의 답을 예측하는 실험을 했다.[1] '2006년 스위스에서 일어난 살인 사건의 수'처럼 답은 모두 세상에 알려진 것이었다. 단, 연구자는 질문을 던질 때마다 집단의 다른 이의 예측 결과를 알려 주거나, 혹은 혼자서 예측하도록 상황을 바꿨다.

결과는 어땠을까? 우선 상황에 따라 답변이 크게 달랐다. 어느 쪽이 좀 더 정답에 근접했을까? 흥미롭게도 다른 이의 예측 결과를 알려 주었을 때(사회적 영향력이 작용할 때) 144명의 집단은 더욱더 정답과는 거리가 먼 엉뚱한 답변을 내놓았다. 사회적 영향력이 집단 지성의 힘을 무력화한 것이다.

이 실험에서 주목해야 할 대목은 세 가지다. 첫째, 다른 이의 판단을 그저 듣는 것만으로도 예측의 다양성이 감소했다. 그러니까 스위스의 2006년 살인 사건 수(198건)를 처음에는 비교적 정확하게 약 200건이라고 예측했던 사람도 다른 사람의 터무니없는 예측(약 800건)을 듣고서 자신의 의견을 바꿨다.

둘째, 이렇게 예측이 한두 가지로 좁혀지면서 집단 전체가 부정확한 결론을 내릴 가능성이 커졌다. 실제로 사회적 영향은 스위스의 2006년 살인 사건 수를 200건이 아니라 800건으로 예측하는 것처럼 틀린 결론으로 이끄는 경우가 종종 있었다. 다수의 틀린 예측이 맞는 예측을 압도해 버린 것이다.

세 번째 대목이 제일 심각하다. 혼자서는 설사 정확하게 예측했더라도 자신의 것을 확신하지 않았다. ("200건 정도 아닌가요?") 그런데 여럿이 비슷한 예측을 하자 그것이 틀렸더라도 확신하는 경향을 보였다. ("맞아요. 800건이 확실해요!") 부풀 대로 부풀어 터지기 직전의 주식 시장이나 부동산 시장에 너도나도 수익을 '확신'하며 뛰어드는 현상이 나타난 것이다.

사회적 영향력이 없을 때, 그러니까 144명이 독립적으로 판단할 때는 어느 정도 집단 지성이 나타날 가능성이 있었다. 하지만 144명이 서로 영향을 주고받는 상황에서는 집단 지성이 나타나기는커녕, 오히려 개인의 판단보다도 못한 잘못된 결론을 내려놓고도 자신이 맞았다고 우기는 심각한 상황이 나타났다.

'초연결 사회'의 '집단 바보'

지금 우리의 모습은 어떤가? 대한민국의 수천만 시민은 딱 2개의 포털 사이트가 편집해서 보여 주는 온갖 국내외 뉴스에 영향을 받는다. 유명한 연예인의 스캔들이 날 때마다 그 뉴스를 본 사람들이 동시에 똑같은 이름을 검색하는 바람에 그 혹은 그녀는 순식간에 실시간 검색어, 즉 동시에 많이 찾아본 단어가 된다.

카카오톡, 페이스북, 인스타그램, 트위터 같은 소셜 미디어의 영향력도 크다. 우리는 가족, 친구, 지인이 소셜 미디어를 통해서 전파하는 갖가지 정보에 노출된 채 살아간다. 우리가 사는 사회를 그냥 '연결 사회'도 아니고 '초(超)연결 사회(hyper-connected society)'라고 부르는 이유도 바로 이 때문이다. 초연결 사회에서 우리는 과연 사회적 영향력으로부터 자유로울 수 있을까?

더구나 이렇게 소셜 미디어로 연결된 사람의 대부분은 성장 배경, 출신 학교, 지적 수준, 소득 수준, 정치 성향 등이 비슷하기 마련이다. 애초 비슷했던 사람이 똑같은 뉴스를 보면서 심각해하고, 똑같은 드라마나 동영상을 보면서 즐거워하면서, 점점 더 모든 것에 똑같이 반응하게 되는 것이다. 이런 사회에서 집단은 똑똑한 지성이 되기보다는 어리석은 바보가 될 가능성이 훨씬 더 크다.

우리는 과연 집단 지성을 구할 수 있을까? 미국의 법학자 캐스 선스타인(Cass R. Sunstein)은 건강한 사회, 또는 건강한 조직을 위해서는 "다른 의견"이 꼭 필요하다고 목소리를 높인다. 다른 의견이야말로 집단이 잘못된 결론으로 폭주하는 불상사를 막을 브레이크라는 것이다. 동화 속의 아이처럼 "임금님은 벌거숭이"라고 외치는 자유를 보장해야 한다.

이제 가짜 뉴스를 탓하기 전에 자신을 돌아볼 때다. 혹시 은연중에 언론 혹은 소셜 미디어를 통해 접하는 정보를 무비판적으로 받아들이지는 않았나? 자신의 주관이나 취향이 아니라 타인의 주관이나 취향에 휘둘리면서 살아오지는 않았나? 듣기 좋은 의견에만 눈과 귀를 열어 놓고 살지는 않았나? 이 모든 것의 결과가 바로 '집단 바보'이고, 그것은 곧 민주주의의 위기다.

한 발 더

이 글은 『수상한 질문, 위험한 생각들』(북트리거, 2019)에서 같은 제목으로 다뤘던 내용의 핵심을 다시 정리한 것이다. 초연결 사회의 현재와 미래를 성찰하는 중요한 내용이라서 조금이라도 더 많은 독자와 나누고 싶었다.

'집단 지성'인가, '집단 바보'인가

위험한 인공 지능 추천 뉴스

2018년 7월 26일 저녁 연세대 강당에서 고(故) 노회찬 의원의 추도식이 열렸다. 같은 시간 문재인 대통령은 광화문의 한 호프집을 찾아가 퇴근길에 한잔하는 시민 여럿과 '호프' 미팅을 가졌다. 그다지 관계가 없어 보이는 이 두 이벤트를 놓고서 페이스북을 비롯한 소셜 미디어에서는 며칠간 갑론을박이 벌어졌다. 이런 갈등이 흔히 그렇듯이 승자는 없었고 상처만 남았다.

격한 갈등을 가만히 지켜보면서 문득 궁금증이 생겼다. 알다시피, 페이스북 같은 소셜 미디어는 이런저런 네트워크로 엮인 사람이 끼리끼리 모여서 즐기는 서비스다. 그런데 이렇게 지인 네트워크로 엮여 있는 사람이 모인 공간에서 도대체 왜 심각한 정치 갈등이 그렇게 빈번하게 일어날까?

먼저 생각해 볼 수 있는 이유는 네트워크의 '강도'다. 우리가 일상 생활의 오프라인 공간에서 밥도 먹고, 차도 마시고, 시원한 맥주도 한잔하는 지인은 네트워크의 연결 강도가 세다. 이런 지인의 경우에는 세상을 보는 시각이 비슷할 가능성이 크다. 애초 세상을 보는 시각이 달라서 사사건건 부딪쳤다면 친해지지도 않았을 테니까.

반면에 페이스북과 같은 소셜 미디어에서 마주치는 이른바 '페친' 같은 사람은 네트워크의 강도가 훨씬 약하다. 어린 시절이나 학창 시절 잠깐 시간을 함께 보냈지만 떨어져 지낸 지 오래된 사람이거나 한두 번 지나친 인연도 페이스북에서는 네트워크로 연결될 수 있다. 이들 사이에는 당연히 같은 점보다 다른 점이 훨씬 많다. 정치적 견해도 마찬가지다.

실제로 2015년 6월 이탄 박시(Eytan Bakshy) 등이 《사이언스》로 발표한 연구 「페이스북을 통한 다양한 이념의 뉴스 및 의견 노출(Exposure to ideologically diverse news and opinion on Facebook)」의 결과를 보면, 보통 사람이 페이스북에서 얻는 많은 정보는 정치적으로 반대 견해를 가진 사람에게서 나온다.[1] 바로 약한 연결 관계로 이어진 지인이 평소라면 거들떠보지도 않았을 (때로는 가짜) 뉴스를 전하거나 주장을 펼친다. 이런 정보에 한쪽이 발끈하면 그때부터 개싸움이 시작된다.

'이성'보다 '감정'이 앞선다

이 대목에서 심각하게 고민해 봐야 할 또 다른 이유도 있다. 도대체 우리는 언제부터 이렇게 다른 의견에 발끈하게 되었을까? 솔직히 말하면, 인간은 원래 그렇게 생겼다. 인간은 생각보다 합리적이지 않다. 대다수 사람은 다른 사람, 사물, 견해를 접하면 우선 '좋고(내 편)'

위험한 인공 지능 추천 뉴스

'싫고(네 편)'를 판단하고 나서 나중에 그 이유를 가져다 붙인다.

뇌를 연구하는 과학자 안토니오 다마지오(Antonio Damasio)의 연구가 그렇다. 다마지오는 '좋다, 싫다.' 같은 정서적으로 유효한 자극을 일으키는 대상을 아주 빠른 속도로 사람에게 보여 주면서 뇌의 상태를 관찰했다. 보여 주는 속도가 너무 빨라서 실험에 참여한 사람은 자기가 무엇을 보았는지 전혀 알지 못했지만, 뇌의 한 부분인 편도는 활성을 띠는 모습을 보였다.

뇌 깊은 곳에 위치한 편도는 공포나 분노의 정서 촉발에 관여하는 곳이다. 그러니까 실험에 참가한 사람은 자신이 본 것이 무엇인지 알지도 못한 채 공포나 분노의 느낌부터 가졌다. 그리고 이들은 바로 그런 공포나 분노의 느낌에 맞춤한 자기만의 이야기를 나중에 덧붙였다. '이성'보다 '감성'이 먼저였다.

앞의 갈등도 마찬가지다. 노회찬 의원의 갑작스런 죽음에 슬퍼하는 이들은 추도식 행사가 열리는 와중에 맥주잔을 부딪치며 웃는 문재인 대통령의 모습에서 혐오감을 느꼈다. 반대로 문재인 대통령의 성공을 자신의 성공만큼 간절하게 바라는 지지자는 대통령을 향한 비판 자체에 거부감을 느꼈다. 일단 감정이 앞서고 나면 그다음의 논리는 그 감정을 합리화할 뿐이다.

우리가 애초 이렇게 진화해 온 데는 이유가 있었다. 호모 사피엔스(Homo sapiens)는 오랫동안 덩치가 큰 다른 동물이 먹다 남긴 찌꺼기조차도 구하기 어려울 정도로 열악한 환경에서 살았다. 당연히 순간순간마다 생존 투쟁의 연속이었다. 이런 상황에서는 눈 깜짝할 새 일어나는 수상한 움직임이나 갑자기 맞닥뜨린 낯선 동물의 첫인상을 포착해 재빠르게 피하는 능력이 필요하다.

뇌의 편도 신경 세포가 유쾌한 자극보다는 불쾌한 자극에 반응하는 비율이 높다는 연구 결과가 의미심장한 것도 이 때문이다. 당장 생존 자체를 위협하는 불쾌한 반응에 예민한 게 호모 사피엔스에게는 유리했다. 우리가 수없이 '좋아요'를 누르는 것보다 단 한 번의 불쾌한 접촉에 '친구 삭제'를 선택하는 것도 이 때문이다.

21세기의 대한민국은 아프리카 사바나가 아니다. 한쪽이 죽어야만 다른 쪽이 사는 그런 세상에서는 서로 다른 이해와 견해를 가진 다양한 사람이 어울려 살 수 없다. 지금 우리에게 필요한 일은 서로 다른 견해가 공존할 수 있음을 인정하는 일이다. 그렇게 차이를 인정한 상태에서 이해, 공감, 조정을 통해서 공적 문제를 해결해야 한다.

사회의 불통 강화하는 AI 기반 뉴스 추천 서비스

전망은 비관적이다. 가장 걱정스러운 대목은 인공 지능 알고리듬이 수행하는 개인에 맞춤한 뉴스 추천 서비스다. 구글, 네이버 등 세상을 좌지우지하는 기업이 앞다퉈 인공 지능 기반 뉴스 서비스를 더욱더 확대할 예정이다. 인공 지능이 보고 싶은 뉴스만 골라서 보여 주는 일이 왜 문제일까?

인공 지능의 학습 능력이 뛰어날수록 사람은 자신이 보고 싶은 뉴스에만 노출이 될 가능성이 크다. 어떤 사람은 연예인 스캔들 같은 선정적인 가십에 집중적으로 노출될 테고, 어떤 사람은 자신의 입맛에 맞는 정치적 견해만 접하게 될 테다. 그 과정에서 사회의 소통 가능성은 더욱더 작아질 게 뻔하다.

더구나 기업의 인공 지능은 한 사람의 정체성을 오직 '소비자'로만 간주한다. 그 사람은 평소에는 연예인 스캔들에 호기심을 갖는 뉴스 소비자지만 때로는 정치인의 횡포나 부당한 사회악에 대항해 촛불을 들고 거리를 나갈 수 있는 공적 시민이다. 하지만 기업의 인공 지능은 결코 그런 복합적이고 변화하는 정체성을 포착할 수 없고 그럴 필요도 없다.

그나저나 지금 이 글을 읽는 독자는 누구일까? 안타깝게도, 이런 사정을 다 알 만한, 그래서 걱정이 가득한 사람이 다시 고개를 끄덕이고 있지 않을까?

The Dark Side of the Moon

그리니치 표준시 1969년 7월 20일 20시 17분 40초, 아폴로 11호의 달 착륙선 이글 호가 달 표면에 착륙했다. 6시간 후, 아폴로 11호의 닐 올던 암스트롱(Neil Alden Armstrong)이 최초로 달을 밟았다. 암스트롱이 달을 밟자마자 했던 말은 언제 들어도 가슴이 뛴다.

"한 사람에게는 작은 한 걸음에 불과하지만, 인류에게는 거대한 도약이다."

그는 달을 밟은 지 만 43년째 되는 2012년 8월 25일, 영원히 지구를 떠났다.

2019년, 암스트롱이 달에 처음으로 발자국을 남긴 지 딱 50년이 지났다. 당연히 세계 곳곳에서는 달 착륙 50주년을 기념하는 갖가지 이벤트가 진행되었다. 하필이면 그때 삐딱한 질문이 떠올랐다. 달을 처음으로 밟은 사람이 암스트롱이라면, 달을 마지막으로 밟은 사람은 누구일까? 진실은 이렇다.

마지막으로 달을 밟은 이들은 1972년 12월 11일 달에 착륙한 아폴로 17호의 우주인이다. 유진 서넌(Eugene Cernan), 해리슨 슈미트(Harrison Schmitt)가 바로 그들이다. 특히 슈미트는 달을 다녀온 최초이자 마지막 과학자다. 지질학자였던 그는 12월 14일 달을 떠날 때까지 달의 이곳저곳을 돌아다니며 과학 활동을 수행했다.

1972년 12월 14일, 아폴로 17호가 달을 떠나고 나서는 인간 가운데 누구도 달을 밟은 적이 없다. 당시 달을 마지막으로 밟은 서넌은 82세를 일기로 2017년 1월 16일 세상을 떴다. 슈미트는 2019년 현재 84세로 생존해 있다. 그렇다면 이 대목에서 이런 질문이 떠오른다. 왜 1972년부터 거의 50년 가깝게 달에 다녀온 인간이 없을까?

우주 개발의 또 다른 얼굴, 냉전

먼저 시곗바늘을 거꾸로 돌려 1957년으로 돌아가 보자.

1957년 10월 4일, 지금은 러시아와 우크라이나 등의 여러 나라로 해체된 소비에트 사회주의 공화국 연방((구)소련)이 세계 최초의 인공 위성 '스푸트니크 1호'를 우주로 발사했다. 사람 몸무게만 한 공 모양의 인공 위성 발사 소식이 세상에 알려지자 말 그대로 난리가 났다. 특히 공황 상태에 빠진 것은 (구)소련과 세계의 주도권을 놓고 경쟁하던 미국이었다.

그때 미국은 제2차 세계 대전 이후 명실상부한 세계 최강대국이었다. 공산주의 국가의 만형이었던 (구)소련이 눈엣가시긴 했지만, 돈과 힘 두 가지 면에서 미국의 상대가 되지 않는다는 게 당시의 일반적인 견해였다. 그런데 그런 소련이 미국보다 먼저 인공 위성을 우주로 발사한 것이다. 미국의 자존심이 구겨지는 순간이었다.

더 큰 걱정은 따로 있었다. 스푸트니크 1호를 우주로 쏘아 올린 로켓은 다름 아닌 (구)소련이 개발한 장거리 미사일을 개량한 것이었다. 핵폭탄을 싣고 대륙을 건널 수 있는 미사일! 그러니까 (구)소련의 인공 위성 발사는 일종의 무력 시위였던 것이다.

"봤지? 마음만 먹으면 로켓에 인공 위성 대신 핵폭탄을 싣고, 각도를 틀어서 미국 대륙을 초토화할 수 있어!"

스푸트니크 1호에 놀란 미국은 재빨리 대응에 나선다. 우선 1958년 2월에 (구)소련과의 핵전쟁을 대비하는 각종 연구를 수행하는 기관인 고등 연구 계획청(Advanced Research Project Agency, ARPA)을 미국 국방부 산하에 만든다. (이 기관은 1972년 DARPA로 이름이 바뀌어 지금까지 존재한다!)

이어서 1958년 7월 29일, 소련과의 우주 개발 경쟁을 수행할 기관도 만든다. 바로 우리가 잘 아는 그 유명한 미국 항공 우주국, NASA다. 그러니 NASA는 애초부터 순수한 과학 연구 기관이라기보다는 (구)소련과의 경쟁, 즉 '냉전(Cold War)'을 위해서 만들어진 곳이다. 이런 맥락을 알아야 1969년 달 착륙의 의미를 정확히 파악할 수 있다.

달 탐사는 한 편의 거대한 쇼!

1958년 NASA가 세워진 뒤의 상황은 어땠을까? 여전히 미국은 고전을 면치 못했다. 서둘러 인류 최초로 우주로 사람을 보내는 계획(머큐리 계획)을 추진했지만, 1961년 4월 12일 (구)소련의 유리 가가린(Yuri A. Gagarin)이 보스토크 1호를 타고 우주로 나가는 바람에 또 한 번 무참히 체면을 구겨야 했다.

결국 당시 미국의 대통령 존 F. 케네디(John F. Kennedy)는 1961년 5월 "달을 향하여(Destination Moon)" 선언을 한다. 최초의 인공 위성도, 최초의 우주인도 (구)소련에게 빼앗겼으니 최초의 달 탐사는 미국이 가져오겠다고 공언한 것이다. 1969년 암스트롱이 달로 갈 수 있었던 '아폴로 계획'은 어찌 보면 아주 유치한 경쟁 속에서 이뤄진 일이었다.

실제로 미국이 1960년대 '미국인'을 달로 보내려고 쏟아부은 노력은 상상을 초월했다. 아폴로 계획에는 그때 돈으로 240억 달러가 들어갔다. 제2차 세계 대전 후반에 미국이 국운을 걸고 추진했던 원자 폭탄 개발 프로그램인 맨해튼 계획에 20억 달러의 돈이 든 것과 비교해 보면 그 얼마나 큰 금액인지 짐작할 수 있다.

결국, 이런 노력 끝에 암스트롱은 1969년 7월 21일 전 인류가 지켜보는 가운데 달에 발자국을 남길 수 있었다. 그러나 앞에서 언급한 대로, 미국은 1969년부터 1972년까지 만 3년 동안 아폴로 11호부터 아폴로 17호까지 여섯 차례 달에 우주선을 보내고 나서 아폴로 계획을 폐지한다. 왜 그랬을까? (아폴로 13호는 달로 가다가 사고로 6일 만에 지구로 되돌아와야 했다.)

정작 달에 사람을 보냈지만 들어간 노력에 비해서 별반 얻을 게 없었기 때문이다. 달에 발자국을 남겼던 열두 명(나머지 여섯 명은 아폴로 17호의 로널드 애번스(Ronald Evans)처럼 달 궤도를 도는 우주선에 탑승해 있어야 했다.) 가운데 암스트롱을 포함한 아홉 명의 행적을 추적해 『문더스트』(사이언스북스, 2008년)를 펴낸 앤드루 스미스(Andrew Smith)는 1960년대 달 탐사 프로그램을 이렇게 평했다.

"결국 내게 떠오른 생각은 달 탐사 자체가 쇼, 유사 이래 가장 감동적인 쇼였다는 것이다."

스미스의 말대로 달 탐사는 한 편의 거대한 쇼였다. 또 충분히 "감동적인 쇼"였다. 하지만 밝은 면뿐만 아니라 어두운 면도 따져봐야 한다. 1960년대 달 탐사 프로그램은 고용, 의료, 교육처럼 삶의 질을 위해 꼭 필요한 곳에 써야 할 돈을 희생하면서 이뤄진 것이기 때문이다. 쇼가 계속되기 위해서 한쪽에서는 많은 이들이 고통 받으며 눈물을 흘려야 했다.

달에 태극기를 꽂으면 행복해질까?

알다시피, 냉전이 끝나고 나서 달에 집착하는 나라 가운데 하나는 '대국굴기(大國崛起)'를 선언한 중국이다. 2019년 1월 3일, 중국의 무인 달 탐사선 창어 4호가 달 뒷면 착륙에 성공해 세계를 놀라게 했다. 중국의 다음 행보는 굳이 따져 보지 않아도 다들 안다. 달에 기어이 '중국인'을 보내서 달 표면에 오성홍기를 꽂는 것이리라.

한국은 어떤가? 비록 러시아 소유즈 우주선을 타고 지구 궤도에 오르긴 했지만, 한국은 적지 않은 돈을 들여 지난 2008년 4월 한국 최초의 우주인을 탄생시켰다. 공공연하게 달 표면에 태극기를 꽂는 계획도 추진 중이다. 한국인이 달에 태극기를 꽂으면 우리가 더 행복해질까? 혹시 우리도 또 다른 쇼를 준비하고 있는 것은 아닐까? 그다지 감동적이지 않은!

시민 과학 센터, 너의 이름을 기억할게!

2017년, 돌아보면 정말로 많은 일이 있었다. 이 가운데 상당수는 시간이 지나면서 그저 그런 삶의 한순간으로 잊히겠지만, 어떤 일은 그 존재감이 갈수록 또렷해질 것이다. 장담컨대, 2017년 11월 10일, 서울 서촌의 어느 곳에서 조용히 20년의 활동을 정리하고 접은 시민 단체의 사연은 갈수록 많은 이들에게 아쉬움을 자아낼 것이다.

그 시민 단체는 보통 사람에게는 이름도 생소한 '시민 과학 센터.' IMF 외환 위기 직전이었던 1997년 11월 22일, '과학 기술 민주화를 위한 모임'으로 시작한 이 단체는 20년을 채우고 자진 해산했다. 이 자리에서 시민 과학 센터가 걸어온 길을 여러 독자와 공유하고 싶다.

왜 민주주의는 과학 기술 앞에서 멈춰야 하는가?

시민 과학 센터의 정체성은 애초의 이름에 고스란히 담겨 있다. '과학 기술 민주화.' 그렇다면 왜 과학 기술 민주화였을까? 거칠게 배경 설명을 해 보자. 1987년 대통령 직선제를 비롯한 절차적 민주화를 획득한 한국 사회는 정치뿐만 아니라 경제, 사회, 문화 등 각 영역에서 민주화를 심화하는 여러 실천을 진행 중이다.

물론 지난 30년간 한국 사회의 민주화가 얼마나 심화되었는지는 그 자체로 중요한 토론 주제다. 한 가지만 주목하자면, 그런 여러 영역의 민주화를 고민하고 실천하는 동안 유독 외면받은 영역이 있다는 것이다. 바로 과학 기술이다. 과학 기술은 1970년대나 21세기나 경제 발전의 수단일 뿐이다. 오죽하면 헌법도 과학 기술을 "국민 경제 발전"의 도구로 규정하고 있을까.[1]

시민 과학 센터는 바로 이런 흐름에 반기를 들면서 등장했다. '정치, 경제, 사회, 문화 등 모든 영역에서 민주화가 심화되어야 한다면 과학 기술은 왜 예외가 되어야 하는가?' 지난 20년간 시민 과학 센터가 걸어온 길은 바로 이 질문에 답하고, 또 실천해 온 과정이었다. 그리고 그 성취는 이 단체의 작은 규모를 염두에 둘 때 결코 적지 않았다.

시민 과학 센터는 과학 기술 민주화를 위해서 크게 세 가지 실천에 힘 쏟았다. 우선 관료, 정치인, 과학 기술자가 독점해 온 과학 기술 분야의 의사 결정 과정에 일반 시민이 직접 참여해서 목소리를 내는 일의 필요성과 다양한 방법을 강조했다. 시민 참여의 정당성을 역설하는 데서 그치는 것이 아니라 곧바로 한국 사회에 적용 가능한 제도까지 디자인하고 실험했다.

알다시피, 문재인 정부가 들어서자마자 신고리 5, 6호기 공사 중단을 놓고서 이른바 '공론 조사' 형태의 숙의 민주주의 모델을 실험했다. 바로 이런 숙의 민주주의에 기반을 둔 과학 기술 영역 시민 참여 모델을 1990년대 후반부터 국내에 소개하고, 합의 회의(consensus conference) 같은 제도를 직접 실험한 곳이 바로 시민 과학 센터였다.

이뿐만이 아니다. 시민 과학 센터는 과학 기술 민주화를 위해서 어쩔 수 없이 또 다른 역할도 맡아야 했다. 과학 기술을 경제 발전의 독립 변수로 놓고서 '돈만 된다면' 정치, 사회, 문화에 미칠 부작용 따위는 아랑곳없이 육성해야 한다는 주류의 논리와도 싸워야 했다. 연장선상에서 이 단체는 1990년대 후반부터 생명 복제 연구에 정부가 '올인(all-in)'할 때 제동을 걸고 나섰다.

이런 브레이크 걸기는 결국 2004년 「생명 윤리 및 안전에 관한 법률」 제정으로 이어졌다. 눈치 빠른 독자는 짐작하겠지만, 이 싸움은 결국 2005년 이른바 '황우석 사태'로 이어졌다. 당시 황우석 박사가 난자를 불법 매매하고 또 《사이언스》에 조작 논문을 실었던 일을 앞장서서 파헤치는 데도 이 책 1부에서 소개한 것처럼 시민 과학 센터가 중요한 역할을 했다.

안타깝게도 과학 기술 민주화를 위한 시민 과학 센터의 실천에 (그 자신의 처지도 열악한) 과학 기술자 다수는 도끼눈을 떴다. 어떤 이들은 "박사 학위도 없는" 심지어 "과학 기술을 전공하지도 않은" 보통 시민이 과학 기술을 놓고서 왈가왈부하는 사실에 분노했다. 또 어떤 이들은 "정답"이 있는 과학 기술에 "민주화가 가당키나 하느냐."라며 냉소했다.

시민 과학 센터는 이런 과학 기술자를 상대로 끊임없이 과학 기술이 사회에 미치는 엄청난 영향을 환기하고, 과학 기술자의 사회적 역할과 책임을 강조했다. 넓게 보면 이런 논쟁 속에서 2016년에 '변화를 꿈꾸는 과학 기술인 네트워크(ESC)' 같은 과학 기술자의 사회적 역할을 치열하게 고민하는 과학 기술자 단체가 탄생했다.

과학 기술 민주화 20년 실험은 계속되어야

그렇다면 시민 과학 센터는 이런 성취에도 왜 자진 해산을 선택했을까? 한국 시민 단체 대다수가 겪는 문제로부터 시민 과학 센터도 자유롭지 못했다. 작은 사무실을 유지하고 상근 직원 하나를 두기도 모자란 열악한 재정 상황, 나이가 들어가는 기존 멤버를 대신할 다음 세대 새로운 멤버의 부재 등.

시민 과학 센터가 지난 20년간 쌓은 성취도 도리어 부담이 되었다. 시민 과학 센터가 논리를 개발하고 제도를 제안했던 과학 기술 영역의 시민 참여는 이제 정부 차원에서 추진할 정도가 되었다. 시민 과학 센터의 입장과는 긴장 관계에 있지만, 과학 기술계 곳곳에서 과학 기술의 사회적 영향을 예민하게 인식하고 그에 따른 과학 기술자의 사회적 역할을 고민하는 목소리도 커졌다.

시민 과학 센터로서는 20년간의 활동을 정리하고 질적 변화를 해야 할 시점이었다. 바로 이런 상황에서 이 단체는 과감하게 자진 해산을 선언했다. 초기의 활력을 잃고 지리멸렬하게 명맥만 잇기보다는 아예 조직을 없애는 게 낫다고 판단한 것이다. 어찌 보면, 20년간 나름대로 축적한 상당한 발언권을 과감히 포기한 것마저도 애초 이 단체의 정체성에 어울렸다.

이렇게 시민 과학 센터는 20년의 활동을 뒤로하고 역사로 남았다. 걱정이다. 왜냐하면, 민주주의의 심화가 정체성이 되어야 할 문재인 정부마저도 허깨비 같은 '4차 산업 혁명' 운운하는 지금 이 단체가 해야 할 역할이 더욱더 커졌으니까. 앞으로 과학 기술이 일상 생활 곳곳에서 예기치 않은 부작용을 일으킬 때마다 이 단체의 부재가 더욱더 아쉬울 것이다.

더 늦기 전에 마치 20년 전 시민 과학 센터의 원래 멤버가 그랬듯이 젊은 세대의 또 다른 이들이 새로운 '시민 과학 센터' 결성을 다시 한번 추진했으면 좋겠다. 앞으로 시민 과학 센터의 재탄생을 알리는 소식을 기대한다. 만약 그런 시민 과학 센터가 재탄생한다면, 1997년 11월 22일 막내로 참여했듯이 다시 시민 과학 센터의 멤버가 기꺼이 될 생각이다.

시민 과학 센터, 너의 이름을 기억할게!

"과학 기자는 과학을 전공해야 하나요?"

17년째 과학 담당 기자로 일하다 보니 종종 고등학교나 대학교에서 강연을 할 때가 있다. 강연이 끝날 때쯤 항상 이런 질문이 나온다.

"과학 기자가 되려면 과학 전공을 해야 하나요?"

그럴 때마다 잠시 망설이고 나서 이렇게 답한다.

"아뇨! 어쩌면 과학을 전공하지 않은 게 더 나을지도 모릅니다."

고등학교, 대학교를 포함해 모두 7년이나 과학자가 되기 위한 훈련을 받고 나서, 기자로 밥벌이를 하는 내 처지를 염두에 두면 참으로 옹색한 답변이다. 국내 상당수 과학 담당 기자들이 이공계 출신이어서인지 대답을 듣는 친구들도 고개를 갸우뚱한다. 그러나 시간이 한정된 터라서 제대로 이유를 설명하지 못하고 강연을 끝내곤 했다.

그러다 한 번은 이런 일이 있었다. 졸업을 코앞에 앞둔 대학생 몇몇과 얘기를 나누다 한 친구가 이렇게 푸념을 했다. "1학년 때 기자님 강연을 듣고서 과학 기자의 꿈을 접었잖아요." 과학도였던 그 친구는 내심 과학자 대신 기자를 꿈꾸고 있었는데, 내 얘기를 듣고서 진로를 바꿨다는 것이다.

따끔했다. 그리고 내가 큰 실수를 했다는 걸 깨달았다. 사실은 이렇게 말해야 했다.

"아뇨! 좋은 과학 기자가 되려면 전공이 무엇이든 상관없어요."

차라리 모르는 게 낫다?

풋내기 기자였을 때, 존경받던 스타 과학자의 논문 조작 사건을 파헤치느라 고생한 적이 있었다. (자세한 이야기는 이 책의 1부를 보라.) 그 과학자의 논문이 생물학 논문이었던 터라서 종종 이런 얘기를 듣곤 했다. "강 기자는 생물학을 전공해서 논문의 문제점을 파악하는 게 훨씬 쉬웠겠지!" 이런 얘기를 들을 때마다 고개를 설레설레 저었다.

우선 낯 뜨거운 고백 하나. 대학에서 4년이나 생물학을 전공했지만 수업을 제대로 들어가 본 적이 거의 없다. 전공 공부는 시험 보기 전에 벼락치기를 한 게 다였다. 그나마 정말로 공부 잘하던 한 학번 선배의 노트와 '빨간 펜' 과외가 없었다면 도대체 대학을 몇 년이나 더 다녀야 했을지 아찔하다. (그 공부 잘하던 선배가 바로 유명한 생물학 저술가 '하리하라' 이은희 선생님이다!)

더구나 당시 그 과학자의 논문 조작 사건을 파헤치는 데 동참했던 공중파 PD는 경영학 전공자였다. 그 논문을 놓고서 전 국민이 두 편으로 나뉘어 격렬하게 논쟁을 벌일 때, 비교적 좋은 기사를 썼던 한 매체의 기자는 인류학 전공자였다. 오히려 대학에서 생물학을 전공했던 기자들이 그 과학자를 옹호하는 기사를 써대는 통에 나중에 망신살이 뻗쳤다.

사정이 이렇게 된 까닭은 무엇일까? 여러 가지 이유가 있겠지만 몇 가지만 살펴보자. 우선 많은 사람의 통념부터 깨야겠다. 기자는 '설명하는 사람'이 아니라 '질문하는 사람'이다. 즉 기자가 아는 것보다 모르는 게 많을수록 독자 입장에서 친절한 기사가 나올 가능성이 커진다. 과학 기사 역시 마찬가지다.

나 역시 이런 경험이 있다. 어쭙잖게 과학 좀 안다고 "다들 물질을 구성하는 기본 단위가 원자인 것은 알고 계시죠?" 이런 표현을 기사에 쓴 적이 있다. 나중에 국내의 내로라하는 지식인이 지청구를 놓았다. 기사 앞머리에서 그 표현을 읽자마자 바로 읽기를 포기했다고. 순간 머리가 띵했다.

물론 근대 과학 혁명 이후에 수백 년 동안 축적된 과학 지식이 대중에게 널리 확산되지 못한 것은 분명히 문제다. 하지만 이런 상황의 한 가지 원인이 바로 '과학 좀 안다고 생각하는 사람'들이 가진 오만하고 불친절한 태도가 아닐까? 대중과 눈높이를 맞추기보다 오히려 과학자와 눈높이를 맞추려고 했던 과학 기자의 잘못도 한 가지 예다.

앞에서 내가 어린 친구들에게 "차라리 과학을 전공하지 않은 게 더 나을지도 모른다."라고 얘기한 것도 이런 사정 탓이다. 과학 기사를 쓰려고 하는 어떤 기자가 과학자를 비롯한 전문가에게 '질문을 던질' 준비만 충분히 되어 있다면, 차라리 머릿속에 어쭙잖은 지식이 들어 있지 않은 게 친절한 기사를 위해서는 더 나을 수도 있다.

과학은 알고, 사회는 모르고!

방금 중요한 전제 하나를 얘기했다. 과학 기자든 누구든 과학자에게 좋은 질문을 던지려면 그전에 무엇인가를 알고 싶은 열망, 즉 호기심이 있어야 한다. 그런데 대다수 보통 사람은 과학을 놓고서 알고 싶은 것이 별로 없다. (그 원인을 따지려면 과학 교육을 포함한 우리나라 과학 문화 전반을 근본적으로 성찰해 봐야 한다.)

한국 언론의 과학 기자 상당수가 이공계 출신인 것도 바로 이런 사정과 무관하지 않다. 아무도 과학에 관심이 없다 보니, 나처럼 이공계를 전공한 이들이 어쭙잖은 과학 지식을 내세우며 과학 기자의 적임자로 행세한다. 주워들은 게 그나마 과학밖에 없는 탓에 과학 기자로 일할 수 있게 된 것이다.

바로 이 지점에서 또 다른 문제가 생긴다. 과학 기자가 할 일은 과학자가 생산한 과학 지식을 세상에 알리는 일만이 아니다. 그것보다도 더 필요한 것은 여러 과학 활동을 놓고서 시민이 궁금해하는 것, 불만스러워하는 것, 심지어 불안해하는 것을 대신 물어보고 경우에 따라서는 비판하고 해명을 듣는 일도 마다하지 않아야 한다.

그런데 대학 심지어 대학원까지 다니면서 과학자가 되기 위해서 훈련을 받았고 또 머릿속에 든 것이 어쭙잖은 과학 지식밖에 없는 이들이 기자가 되면 무슨 일이 생길까? 보통 사람 눈으로 보이면 낯설고 심지어 이상하기까지 한 과학자 공동체의 문화가 이들에게는 당연한 관행처럼 여겨진다. 그 결과, 당연히 질문을 던져야 할 것들이 누락된다.

"과학 기자는 과학을 전공해야 하나요?"

또 이들은 어떤 과학 활동을 놓고서도 그것을 부풀리고 싶어 하는, 그래서 장밋빛 전망만 보고 싶어 하는 과학자의 목소리에 훨씬 더 귀를 열게 된다. 정반대로 그것이 과장된 것은 아닌지, 혹은 애초 공공의 이익보다는 폐해가 더 큰 것은 아닌지를 과학자에게 물어보고 또 해명을 듣는 시도는 거추장스러운 일로 여겨진다.

핵융합 에너지가 좋은 예다. 상당수 과학자, 심지어 핵융합 에너지를 연구하는 과학자조차도 이것이 앞으로 수십 년 안에 인류의 에너지 대안이 될 수 있을지 회의한다. 그런데 국내 대다수 과학 기자는 1990년대부터 엄청난 액수의 국민 세금이 들어간 이 연구를 홍보하는 데만 앞장서 왔다. (심지어, 핵융합 에너지 연구자가 낯 뜨거워할 정도로!)

언젠가 비교적 균형 잡힌 기사를 쓰는 한 과학 기자에게 물어본 적이 있었다. 왜 핵융합 에너지를 놓고서는 그렇게 호의적인 기사만 쓰냐고. 그 기자의 대답은 이랬다.

"핵융합은 10년이 됐든, 30년이 됐든, 50년이 됐든 언젠가는 현실이 되지 않겠어요? 그럼, 지금 당장은 과학자들이 좀 과장해서 얘기해도, 같이 발맞춰 주는 게 우리 역할이죠."

정말로 그런가?

과학 기자의 두 가지 조건

할 말은 많지만, 두 사람을 소개하면서 글을 끝내자.

그는 대학에서 문학과 언어학을 공부했다. 과학에 관심을 가지게 된 것은 기자로 일하면서부터다. 그는 애초 과학 그 자체보다 새로운 것을 창조하는 과학자 개인에게 끌렸다. 그래서인지 그는 수많은 과학자를 만나는 걸 즐겼고, 그때마다 묻고 또 물었다. 그리고 깨달았다. '현대 과학의 변방에서 조용한 혁명이 진행 중이구나!'

바로 현대의 과학 고전으로 꼽히는 『카오스』(동아시아, 2013년)는 이렇게 탄생했다. 이 책의 저자 제임스 글릭(James Gleick)은 평생 단 한 번도 과학자가 되고자 했던 적이 없었다. 하지만 그는 일반인은 물론이고 과학도와 과학자까지 매료시키는 『카오스』와 같은 과학의 경이로움을 보여 주는 멋진 작품을 여럿 써냈다. 그가 물리학을 전공했더라면, 더 훌륭한 과학 기자가 되었을까?

여기 또 다른 그가 있다.

그는 애초 작가가 되고 싶어 문학을 공부했지만, 우연히 들은 생물학 강의가 계기가 되어서 결국 생물학으로 학위를 받았다. 그는 정부 기관에서 15년간 과학자로 일하며 틈틈이 언론에 기고를 하면서 작가로서의 경력을 쌓았다. 그는 만 45세 되던 해에 직장을 그만두었다. 직전에 발표한 책, 『우리를 둘러싼 바다』(에코리브르, 2018년)가 전 세계적으로 주목을 받았기 때문이다.

그는 평생 과학자로서 자신을 매혹시킨 바다의 경이로움을 대중에게 알리고 싶어 했다. 정확한 과학 지식을 시적인 산문으로 표현한 그의 책들은 지금도 해양 생물학의 고전으로 꼽힌다. 하지만 그는 과학자로서 새로운 과학 기술 시대가 얼마나 자연을 병들게 하는지 도저히 외면할 수 없었다.

그는 《뉴요커》에 살충제로 대표되는 화학 물질의 위험을 고발

"과학 기자는 과학을 전공해야 하나요?"

하는 기사를 잇달아 투고한다. 이 기사를 묶은 책이 바로 1962년 출간된 『침묵의 봄(*Silent Spring*)』(에코리브르, 2011년)이다. 20세기의 어떤 고발 기사보다 더 영향력 있는 이 책을 쓴 레이철 카슨(Rachel Louise Carson)은 과학 기술과 사회의 상호 작용을 외면하지 않은 과학자의 모범을 보여 줬을 뿐만 아니라, 그 자체로 훌륭한 과학 기자의 한 본보기였다.

"과학 기자가 되려면 과학 전공을 해야 하나요?"

앞으로 누가 또 이렇게 묻는다면 나는 이렇게 답해 줄 생각이다.

"아니요. 두 가지만 있으면 충분합니다. '자연에 대한 경이'와 '인간에 대한 애정' 말이죠!"

그런데 나를 포함한 지금의 과학 기자들에게 과연 이 두 가지가 있는가? 부끄럽고 또 부끄럽다.

3부 미세 먼지도 해결 못 하는 과학,

기후 변동은?

당황스러움을 넘어 입이 딱 벌어질 정도로 상상하지 못한 현상입니다.

지식과 상식에 대해 다시 생각 중입니다.

— 유희동(2018년 당시 기상청 예보 국장)

우리는 왜 미세 먼지를 해결하지 못할까

2019년 1월 15일 오후 12시 기준 서울시의 미세 먼지(PM2.5) 농도는 101. '매우 나쁨' 수준이다. 해마다 1월만 되면 미세 먼지를 둘러싼 야단법석이 반복된다. '삼한사온(三寒四溫)'에 빗대서 '삼한사미(三寒四微)'라는 신조어도 생겼다. 날씨가 조금 풀린다 싶으면 미세 먼지가 심해지기 때문이다.

　그러고 나서 곧바로 여러 언론에서 이구동성으로 "중국발", "중국 탓" 타령이 시작된다. 서해 상공으로 헬리콥터를 타고 날아가서 발전소나 공장 굴뚝, 자동차가 없는 그곳에서도 미세 먼지 농도가 높다고 강조하는 이벤트성 보도도 식상할 정도로 반복된다. 서해 건너 중국에서 날아온 미세 먼지가 원흉이라는 것이다.

　방송을 비롯한 매체에서 마스크 착용법을 포함해 생활 속에서 미세 먼지를 막는 온갖 방법을 소개하면서도 이런 모습을 보이면 한숨부터 나온다. 왜냐하면, 중국 탓만 해서는 절대로 미세 먼지 문제를 해결하지 못하기 때문이다. 환경부의 한 고위 공무원도 사석에서 이렇게 토로했다.

"처음에 중국 핑계를 대면서 시간을 벌어 보려고 했던 우리의 업보입니다."

여기서 "우리"는 환경부다.

대기 정체와 함께 높아지는 미세 먼지 농도

대기 과학을 염두에 두고서, 가만히 따져 보자. 한반도는 편서풍이 분다. 당연히 대기의 큰 흐름은 서쪽에서 동쪽을 향한다. 하지만 한반도 안에는 편서풍 외에도 다양한 대기의 흐름이 있다. 겨울철에는 시베리아에서 차가운 북서풍이 불지만, 여름철에는 태평양에서 뜨거운 남동풍이 부는 것은 대표적인 예다.

수도권과 같은 특정 지역으로 시야를 좁혀 보면 대기의 흐름은 시시각각 변한다. 풍향계가 계속해서 방향을 바꾸고, 학교나 관공서의 태극기가 수시로 이리저리 펄럭이는 것도 이 때문이다. 수도권과 같은 비교적 좁은 범위에서 하루 이틀 사이의 미세 먼지 농도에 가장 큰 영향을 주는 것은 바로 이런 시시각각 변하는 대기의 흐름이다.

이 대목에서 바로 중요한 용어가 등장한다. 대기 정체. 미세 먼지가 심한 날의 일기 예보에는 어김없이 "대기 정체"라는 표현이 등장한다. 슬쩍 언급하는 이 대기 정체야말로 미세 먼지가 심해지는 결정적인 이유 가운데 하나다. 예를 들어, 2018년 12월과 2019년 1월을 비교해 보면 알 수 있다.

2018년 12월에는 상대적으로 추운 날이 많았다. 추운 날에는 어김없이 시베리아에서 날아온 차가운 북서풍이 한반도를 덮친다. 이 북서풍은 경로만 따져 보면 중국 대륙을 거세게 휩쓸고 날아온 것이다. 하지만 이렇게 북서풍이 심하게 분다고 해서 갑작스럽게 한반도 미세 먼지가 심해지는 경우는 거의 없다. 오히려 날씨는 춥지만 미세 먼지는 '보통' 혹은 '좋음' 수준이다.

왜일까? 그렇다. 미세 먼지 같은 오염 물질이 공기 중에 쌓이지 않고 강한 북서풍에 날아가기 때문이다. 2019년 1월의 상황은 달랐다. 시베리아의 차가운 북서풍이 주춤하면서 날씨가 풀렸다. 그 대신에 한반도에서는 1월 12~15일까지 공기의 이동이 잦아든 대기 정체가 시작되었다. 쉽게 말하면 바람이 불지 않았다.

그 결과, 발전소나 공장 굴뚝, 자동차 배기 가스에서 나온 미세 먼지를 비롯한 오염 물질이 날아가지 않고 쌓이기 시작했다. 대기 정체만 시작되어도 미세 먼지 농도가 높아지는 현상이 나타나는 것은 이 때문이다. 그리고 이렇게 대기 정체와 함께 증가하는 미세 먼지 대부분은 '국내산'이다!

중국 탓이라는 핑계

차가운 북서풍이 잦아드는 효과는 한반도뿐만 아니라 동북아 전체에 영향을 미친다. 시베리아에서 불어오는 찬바람이 대륙을 휩쓸지 않으면 중국도 한반도처럼 대기 정체 현상이 평소보다 심해진다. 겨울철이면 급증하는 중국의 오염 물질이 날아가지 않고 쌓이는 것이다. 이렇게 중국에 쌓인 미세 먼지 같은 오염 물질은 결국 서에서 동으로 이동하는 대기의 큰 흐름을 탄다.

그 가운데 일부가 서해를 건너서 한반도로 이동한다. 이렇게 중국의 미세 먼지 같은 오염 물질이 한반도로 유입하면, 그렇지 않아도 '나쁨' 상태였던 국내의 미세 먼지 농도는 더욱더 높아진다. 지난 1월 13일부터 15일까지 미세 먼지 농도가 '매우 나쁨' 수준을 유지했던 것도 마찬가지 이유다.

그렇다면 한반도를 잿빛으로 만드는 미세 먼지의 원천은 어느 정도나 될까? 특정 지역의 미세 먼지가 어디서 왔는지를 밝히는 일은 생각만큼 쉬운 일이 아니다. 앞에서 언급한 대로 대기의 크고 작은 흐름이 다양하기 때문이다. 예를 들어, 서해 상공의 미세 먼지가 편서풍을 타고 중국에서 날아온 것이라고 100퍼센트 확신할 근거가 없다.

단적으로, 서해안의 화력 발전소 굴뚝에서 나온 오염 물질이 서해로 확산되었을 가능성도 있다. 생각해 보라. 국내외 과학자가 인정하듯이 서해안 화력 발전소 굴뚝에서 나온 오염 물질이 북동쪽으로 확산해서 수도권으로 확산할 가능성이 있다면, 그 가운데 일부가 북서쪽으로 확산해서 서해 상공으로 가지 말라는 보장이 없다. (그러니 서해로 날아가는 헬리콥터 쇼는 그만하자!)

그나마 최근의 공신력 있는 연구는 한국 정부와 미국 항공 우주국(NASA)이 공동으로 진행하는 '한미 협력 국내 대기질 공동 조사(KORUS-AQ)' 연구다. 2017년 7월 19일, 그 연구 결과의 일부가 공개

됐다.[1] 2016년 5월 2일부터 6월 12일까지 연구진이 서울 올림픽 공원에서 측정한 미세 먼지(PM2.5)의 기여율은 국내 52퍼센트, 중국 내륙 34퍼센트, 북한 9퍼센트, 기타 6퍼센트였다.

이 연구 결과에서 특히 의미심장한 대목이 있다. 건강에 심각한 영향을 줄 가능성이 있는 지름 1마이크로미터 이하 미세 먼지의 4분의 3이, 질소 산화물과 같은 오염 물질이 공기 중에서 반응해서 2차 생성된 것이었다. 즉 국내 도로에서 발생한 자동차(경유차) 배기 가스에 포함되어 있는 질소 산화물 같은 오염 물질이 공기 중에서 건강에 치명적인 영향을 주는 미세 먼지로 변하는 것이다.

한국 정부와 NASA의 공동 연구는 2019년까지 계속된다. 이 연구가 마무리되면 우리를 괴롭히는 미세 먼지의 정체에 대해서 훨씬 더 아는 게 많아질 것이다. 조심스럽게 전망컨대, (북한 등을 제외하고) 중국 내륙에서 나온 미세 먼지가 차지하는 비중이 많아야 3분의 1을 넘지 못하리라고 생각한다.

민주주의와 미세 먼지

이 대목에서 답답한 상황이 생긴다. 수년째 미세 먼지가 심할 때마다 중국을 욕해 봤자 현실은 변하는 게 없다. 중국과 한국의 국력 차이를 염두에 두면 한국이 미세 먼지를 비롯한 중국의 오염 물질 양을 줄이도록 강제할 방법은 사실상 없다. 설사 중국이 그렇게 강대국이 아니라고 하더라도 남의 나라 발전소나 공장 가동을 멈추도록 어떻

우리는 왜 미세 먼지를 해결하지 못할까

게 강제한단 말인가?

중국 경제와 한국 경제가 어느 정도 동조화된 현실을 염두에 두면 더욱더 그렇다. 중국의 발전소나 공장 가동이 멈추면 곧바로 한국 경제에 적신호가 온다. 미국과 중국 사이의 무역 전쟁이 한창일 때, 한국 경제가 타격을 입는 모습은 그 방증이다.

이런 상황에서 유일한 해법은 한국의 미세 먼지를 줄이는 것이다. 거의 절반에 가까운 국산 오염 물질의 양이 줄어든다면, 설사 중국을 비롯한 외부에서 미세 먼지가 날아와도 '매우 나쁨'이 아니라 '나쁨' 수준에서 미세 먼지 농도를 조절할 수 있다. 하지만 너도나도 중국 탓만 하면서 정작 이런 노력은 안중에 없다.

예를 들어, 미세 먼지가 심한 날은 강제 차량 2부제 같은 파격적인 조치가 시행되어야 마땅하다. 하지만 이런 정책을 지지할 '민주' 정부의 '시민'은 없다. 당장 내가 미세 먼지를 마시는 게 싫으니 차량 2부제 따위는 생각하지도 않고 경유차를 거리로 몰고 나간다. 경유차가 배출하는 오염 물질과 도로의 비산(飛散) 먼지는 덩달아 미세 먼지 농도를 높이는 역할을 할 텐데.

중국과도 비교되는 대목이다. '민주' 정부라고 할 수 없는 중국은 정부 차원에서 일사불란하게 오염 물질을 줄이는 정책을 시행 중이다. 시진핑 정부가 경제 성장뿐만 아니라 '삶의 질' 개선을 강조하면서 나타난 효과다. 그 결과, 실제로 지난 수년간 중국 내 오염 물질의 개선이 나타났다.

나는 민주주의를 누구보다 지지한다. 하지만 때로는 민주주의, 좀 더 정확히 말하면 현재의 대의 민주주의가 환경 오염 같은 문제를 해결하는 데 아주 무력하다는 걸 인정할 수밖에 없다. 매번 미세 먼지 때문에 고통을 겪으면서도 고작 할 수 있는 일이 "중국 탓" 타령에 불과한 대한민국의 현실은 그 단적인 예다.

'핵핵'거리지 말고 햇빛과 바람에 열광하라!

대한민국 1호 핵발전소 고리 1호기가 2017년 6월 19일 0시부로 가동을 멈췄다. 문재인 대통령은 6월 19일 부산시 기장군에서 열린 고리 1호기 영구 정지 선포식에 참석해 "고리 1호기 영구 정지는 탈핵 국가로 가는 출발"이라고 강조하며 대선 때 약속했던 에너지 전환의 의지를 밝혔다.

하지만 문재인 정부의 에너지 전환 움직임을 놓고서는 처음부터 논란이 거셌다. 공정이 20~30퍼센트 정도 진행된 신고리 5, 6호기 건설 중단을 둘러싼 찬반 논쟁은 그 예였다. 반대 측이 가장 목소리를 높이는 것은 석탄 화력 발전소나 핵발전소를 대신할 마땅한 대안이 없다는 것. 문재인 정부가 강조하는 재생 가능 에너지는 이상일 뿐이라는 주장이다.

정말로 햇빛, 바람, 파도, 심지어 수소로 에너지를 만드는 일은 불가능한 일일까? 앞으로 이어질 몇 편의 글에서 하나하나 자세히 살필 테니, 여기서는 대강의 밑그림만 그려 보자.

대한민국이 햇빛이 안 좋다고?

지금은 서울 시내 곳곳에서 태양광 발전기를 볼 수 있다. 태양광 발전기는 말 그대로 태양광(햇빛)으로 전기를 생산하는 방법을 일컫는다. 태양광 발전기에 다닥다닥 붙은 태양 전지가 햇빛에 반응해 전기를 생산하고, 그 전기를 여기저기서 이용한다. 햇빛 에너지를 전기 에너지로 바꾸는 효율이 계속 높아지고 있어서 앞으로 더욱더 주목받을 발전 방식이다.

그런데 태양 에너지를 얘기하면 대뜸 "우리나라는 햇빛이 안 좋아서……." "우리나라는 국토가 좁아서……." "우리나라는 산이 많아서……." 같은 반론이 나온다. 그런 얘기를 들을 때마다 잠시 심호흡을 하고서 세계 지도를 펼쳐서 보여 준다. 서울을 기준으로 서쪽으로 계속 선을 긋다 보면 유럽과 만난다. 그리고 이렇게 묻는다. "서울과 비슷한 위도의 나라는 어딘가요?"

예상외로 북아프리카 바로 위의 스페인 남부와 서울의 위도가 비슷하다. 전 세계 태양광 발전을 선도하는 독일은 스페인보다 훨씬 더 높은 위도에 위치한 나라다. 중학교 때부터 배운 과학 상식을 확인하자. 위도가 높을수록 태양의 고도가 낮다. 이렇게 태양의 고도가 낮을수록 단위 면적당 태양 에너지의 양은 적다. 그러니 단위 면적당 태양 에너지의 양은 우리나라가 독일보다 훨씬 많다. 독일보다 우리나라가 태양광 발전에 적합한 것이다.

그렇다면 좁고 험한 산지가 많은 땅은 어떨까? 언제부턴가 멀쩡한 산을 깎거나 논밭 위에다 태양광 발전기를 설치하는 일이 많아졌

'핵핵'거리지 말고 햇빛과 바람에 열광하라!

다. 하지만 좁은 국토를 효율적으로 이용하고 또 햇빛으로 만든 전기를 손실 없이 이용하려면 가능한 한 전기를 쓰는 도시와 가까운 곳에다 태양광 발전기를 설치하는 것이 좋다.

대한민국이 바람이 안 좋다고?

강원도 대관령이나 제주도에서 볼 수 있는 풍력 발전기는 바람개비를 돌려서 얻는 힘으로 전기를 생산하는 방식이다. 당연히 바람이 약하면 풍력 발전은 불가능하다. 그렇다고 바람이 세면 무조건 풍력 발전에 좋을까? 아니다. 우리나라 겨울바람처럼 바람이 너무 세면 풍력 발전은 전기를 생산하는 일을 중단하고 바람개비만 헛돈다.

대관령이나 제주도에 풍력 발전 단지가 조성된 것도 이 때문이다. 국내 여러 지역 가운데 연중 풍력 발전에 적합한 바람이 계속 부는 곳이 바로 이곳이다. 그렇다면 우리나라는 세간의 편견처럼 정말 "바람이 좋은 곳이 없기 때문에" 풍력 발전과 인연이 없는 것일까? 아니다. 우리나라는 국토가 좁은 대신 3면이 바다다.

지금 전 세계 풍력 발전 산업은 바다를 주목하고 있다. 바람이 좋은 육지 곳곳에 이미 풍력 발전기가 들어선 데다, 풍력 발전기가 들어설 때마다 지역 주민과 적지 않은 마찰이 있었던 탓이다. 바다는 바람이 좋은 곳이 육지보다 훨씬 더 많다. 그러니 3면이 바다인 우리나라로서는 해상 풍력이 매력적이다. 문재인 대통령이 "해상 풍력"을 언급한 것도 이런 사정 탓이다.

지금은 서로 못 잡아먹어서 안달이지만 남북 협력 시대, 더 나아가 통일 대한민국을 염두에 두면 풍력 발전의 중요성은 더욱더 커진다. 남쪽에는 풍력 발전에 최적의 장소가 몇 곳 없지만 북쪽에는 대관령 같은 곳이 여러 군데 있다. 남쪽에서 풍력 발전기를 생산해서 북쪽에다 설치하면 얼마나 멋진 일인가?

더구나 풍력 에너지는 산업으로서도 경쟁력이 있다. 풍력 발전 산업은 자동차 산업, 조선 산업처럼 고용 유발 효과가 높다. 심지어 조선 산업의 인력과 생산 라인을 그대로 활용할 수도 있다. 우리나라를 비롯한 전 세계가 골치를 썩는 고용 문제를 해결하기 위한 최적의 산업이 바로 풍력 발전 산업인 것이다. 독일 같은 나라가 일찌감치 산업 구조 조정의 한 대안으로 풍력 발전 산업을 육성한 것도 이 때문이다.

똥오줌으로 전기를 만들고, 수소로 저장하고

재생 가능 에너지에 햇빛, 바람만 있는 게 아니다. 독일을 비롯한 유럽의 농촌 마을에서는 소나 돼지를 키울 때 나오는 가축의 똥오줌으로 전기를 생산한다. 방법은 이렇다. 가축의 똥오줌을 버리지 않고서 모아서 썩히면 메테인 기체가 나온다. 메테인 기체의 다른 말이 곧 천연 가스다. 이 메테인 기체를 태워서 물을 끓일 때 나오는 증기로 전기를 생산할 수 있다.

이뿐만이 아니다. 수증기를 발생하고 남은 끓인 물은 어디에 쓸까? 많은 곳에서 이렇게 남은 끓인 물로 마을의 난방을 해결한다. 애물단지였던 가축의 똥오줌을 이용해서 전기도 생산하고 난방까지 하는 것이다. 도시는 어떨까? 도시에서는 음식물 쓰레기를 썩힐 때 나오는 메테인 기체로 전기를 만들고 난방을 할 수 있다.

햇빛, 바람 같은 재생 가능 에너지도 단점이 있다. 석탄 화력 발전소나 핵발전소에서 생산하는 전기는 연중 고르다. 하지만 태양광 발전기에서 생산하는 전기는 햇빛이 좋은 한여름에는 많다가 겨울에는 줄어든다. 풍력 발전기도 마찬가지다. 바람이 좋은 초봄이나 늦가을에는 전기 생산량이 많아졌다가 바람이 잦아드는 여름에는 적어진다.

여기서 수소가 등장한다. 학교 다닐 적에 했던 물의 전기 분해 실험이 기억날 것이다. 물(H_2O)에다 전기를 흘려보내 주면 수소(H_2)와 산소(O_2)로 나뉜다. 이 원리를 응용해 태양광 발전기가 여름에 생산한 전기 가운데 쓰고 남은 것으로 물을 전기 분해해서 수소를 생산한다. 그렇게 생산한 수소를 탱크에 담으면 저장도 가능하고, 이동도 가능하다.

그리고 그 수소를 태양광 발전기로 생산하는 전기가 줄어드는 겨울에 활용하는 것이다. 이때는 수소 연료 전지 발전기를 이용한다. 수소 연료 전지 발전기는 저장한 수소와 공기 중의 산소를 반응시켜서 물을 만드는 과정에서 전기를 생산한다. (물 전기 분해의 역반응이다.) 흔히 얘기하는 '수소 혁명'은 바로 이런 미래 비전을 강조한 것이다.

에너지 혁명, 할 수 있을까?

이렇게 재생 가능 에너지로의 전환을 말하면 꼭 나오는 반응이 경제성이다. 재생 가능 에너지는 석탄 화력 발전이나 핵발전에 비해서 비싸서 경제성이 없다는 것이다. 그런데 전 세계적으로 태양광 발전이나 풍력 발전의 비용이 낮아지면서 재생 가능 에너지와 석탄과 같은 화석 연료의 발전 단가가 같아지는 '그리드 패리티(grid parity)' 달성 지역이 확대되고 있다.

물론 이렇게 그리드 패리티를 달성하려면 정부와 기업의 재생 가능 에너지에 대한 통 큰 지원과 투자가 필수다. 이명박 전 대통령이 4대강 사업에 22조 원을 투자했다. 어떤 정부가 만약 그만한 통 큰 투자를 재생 에너지에 한다면 세상이 어떻게 변할까? 그 대통령은 기후 변화, 자원 고갈, 자원 전쟁 등을 염두에 둔 에너지 혁명을 시작한 지도자로 기록될 것이다.

한 발 더

한국에서 '에너지'는 단순한 과학 이슈가 아니다. 그것은 한국의 정치, 경제, 사회, 문화 등의 여러 문제와 떼려야 뗄 수 없을 정도로 엮여 있다. 그러다 보니 어떤 사람에게 에너지는 곧바로 도덕적 판단을 자극하는 문제가 된다. 심리학자 조너선 하이트(Jonathan Haidt)가 『바른 마음』(웅진지식하우스, 2014년)에서 주장했던 도덕 기반 이론의 '성/

'핵핵'거리지 말고 햇빛과 바람에 열광하라!

속'모듈이 발동하는 것이다.

이런 식이다. '핵발전소' 사진만 보면 자랑스럽고 심지어 경배하고 싶은 감정이 생기고, 반면에 '태양광 발전기'나 '풍력 발전기'만 보면 혐오감이 돋는다. 이런 도덕적 판단이 강화되면 나중에는 '에너지 전환', '태양광', '풍력'을 이야기하는 사람까지도 '적', 더 나아가 세상에서 솎아 버려야 할 존재로 보인다.

물론, 그 역도 가능하다. 그런데 한국에서는 평소 핵발전소만 보면 분노가 치솟고 혐오스러운 감정이 생기는 사람들 가운데 상당수가 태양광 발전기나 풍력 발전기를 보고도 비슷한 반응을 보인다. (허구의) 자연 그대로에 집착하는 사람들은 핵발전소뿐만 아니라 태양광, 풍력 발전기조차도 비슷하게 척결해야 할 것으로 여긴다. 결과적으로 극과 극이 통하는 것이다.

더구나 핵발전소나 석탄 화력 발전소는 에너지를 엄청나게 소비하는 서울을 비롯한 대도시 시민에게는 보이지 않는다. 태양광 발전기처럼 일상 생활로 들어온 에너지 생산 시설은 낯설고 심지어 불편한 마음을 준다. 한국에서 에너지 전환을 놓고서 합리적인 토론이 힘든 중요한 이유다. 혐오감과 불편한 마음부터 유발하는데 어떻게 합리적인 토론이 가능할까. 그래도 포기해서는 안 될 것이다.

태양광 가짜 뉴스

지금 대한민국의 미래를 좀먹는 가장 심각한 가짜 뉴스는 무엇일까? 저마다 할 말이 있겠지만, 나는 태양광 발전을 둘러싼 '괴담' 수준의 온갖 가짜 뉴스를 지목하고 싶다. 이런 가짜 뉴스가 미래를 준비하는 공동체의 시도를 가로막고 있기 때문이다. 기득권을 잃지 않으려는 세력이 과학의 이름으로 가짜 뉴스를 유포하는 모습은 또 어떤가.

독일에서 날아온 소식을 듣고서 마음이 더욱더 심란해졌다. 2019년 6월, 독일에서는 태양광 발전으로 생산한 전기가 전체 전력의 19퍼센트를 차지하며 1위를 기록했다. 역사적인 기록이다. 인류가 100년 넘게 전기를 사용해 오면서, 햇빛으로 만든 전기가 (비록 한 나라 수준이긴 하지만) 처음으로 전력 생산 비중에서 1위를 차지했기 때문이다.

2019년 6월 한 달간 독일의 태양광 발전량은 7.18테라와트시(19퍼센트)였다. 풍력 발전(6.75테라와트시, 18퍼센트)을 포함한 총 재생 에너지 발전량은 19.27테라와트시(52퍼센트)였다. 갈탄 화력 발전(7.02테라와트시, 18.7퍼센트), 핵발전(4.59테라와트시, 12.3퍼센트), 가스 화력 발전(3.67테라와트시, 9.8퍼센트) 등과 비교하면 태양광 발전량 1위의 의미가 더욱더 도드라진다.[1]

알다시피, 독일은 2022년 핵발전소 폐쇄, 2038년 석탄 화력 발전소 폐쇄를 목표로 재생 가능 에너지 확대에 박차를 가하고 있다. 애초 2020년까지 발전량에서 재생 가능 에너지가 차지하는 비중 목표를 35퍼센트로 세웠다. 그런데 6월 기록에서 확인할 수 있듯이 1년 먼저 목표를 초과 달성했다. (2019년 상반기 비중 46퍼센트)

더구나 갈탄, 무연탄과 같은 석탄 화력 발전량이 2019년 상반기에 20퍼센트 가까이 줄어든 대목도 인상적이다. 그동안 독일의 에너지 전환은 핵발전소를 폐쇄한 만큼을 재생 가능 에너지 대신 (온실 기체와 오염 물질을 내놓는) 석탄 화력 발전소로 충당하는 것이라는 비판을 받아 왔다. 그런데 이런 비판을 불식하는 석탄 화력 발전량 감소 추이가 나타난 것이다.

이런 추세대로라면 독일은 2022년 핵발전소 폐쇄는 물론이고 2038년 석탄 화력 발전소 폐쇄 목표도 무난히 도달할 가능성이 크다. 독일의 인상적인 에너지 전환 움직임에 놀란 까닭이다.

국토가 좁아서 한국은 글렀다?

독일 이야기는 지겹다고? 짚을 건 짚고 넘어가자. 바로 앞의 글(「'핵핵'거리지 말고 햇빛에 열광하라!」)에서 언급했듯이, 독일은 북위 45도와 55도 사이에 위치한다. 북위 33도와 38도 사이에 위치한 한국과 비교하면 훨씬 북쪽에 있는 나라다. 중학교 교과서에 나오듯이, 위도가 높아질수록 단위 면적당 도달하는 태양 에너지의 양이 줄어든다. 실제로 독일은 한국보다 단위 면적당 태양 에너지의 양이 30퍼센트 가까이 적다.

이런 사실만 놓고 보면, 태양광 발전에는 독일보다 한국이 훨씬 유리하다. 그런데 왜 한국은 에너지 전환을 선언한 정부가 들어섰는데도 태양광 발전의 성적이 신통치 않을까? 여러 가지 이유가 있을 테다. 그 이유 대다수는 변화를 두려워하는 기득권 세력이 똘똘 뭉쳐서 내세우는 가짜 이유다.

예를 들어, 태양광 발전을 늘리자는 이야기만 나오면 반사적으로 "국토가 좁다."라는 핑계가 나온다. 국토가 좁은 나라에서 주제넘게 태양광 발전을 하려다 보니, 애꿎은 논과 밭을 파헤치고, 산을 깎는다는 이야기다. 핵발전소 옹호 세력 등이 언제부터 자연을 소중하게 아꼈는지 의문이지만, 아무튼 그런 식의 태양광 발전은 분명히 문제가 있다.

그렇다면 이렇게 발상의 전환을 해 보면 어떨까? 2018년 말 기준으로 전 국토에서 아파트, 연립 주택, 빌딩, 공장, 창고, 주차장 등 지붕 있는 건물이 차지하는 면적은 약 1.05퍼센트(2018년 말 기준 건축 면적 10억 5,977만 3000제곱미터) 정도다. 마치 이명박 정부 때 4대강을 파헤쳤듯이, 이 지붕 있는 건물 위에다 남향으로 태양광 발전기를 설치해 보면 어떨까?

엄밀한 계산이 필요하지만, 대한민국 국토의 약 1.05퍼센트에 다 태양광 발전기를 설치하면 1년간 생산하는 전체 전력량의 약 3분의 1(2018년 기준 57만 647기가와트시 중 약 20만 8881기가와트시) 정도를 충당하는 일이 가능하다. (연평균 일조 시간 3.6시간 기준) 논과 밭이나 산을 깎지 않고서도 태양광 발전만으로 핵발전소(약 26.8퍼센트, 13만 3505기가와트시) 전부와 석탄 화력 발전소(약 43.1퍼센트, 23만 8967기가와트시)나 일부를 대체할 수 있다.[2]

중금속 가짜 뉴스, 눈부심 가짜 뉴스, 그리고

아마도 이런 질문이 꼬리를 물 가능성이 크다. "태양광 발전을 많이 하면 수십 년이 지나고서 폐기물은 어떻게 할까?" "심지어 태양광 발전기 안에는 카드뮴, 크롬, 납 같은 중금속 범벅이라면서." 이 자리에서 확실히 밝히자면, "태양광 발전기 안에 중금속이 들어 있다."는 주장은 모조리 가짜 뉴스다.

태양광 발전기 안에는 카드뮴, 크롬, 납 같은 중금속이 전혀 들어 있지 않다. 한국 에너지 기술 연구원에 따르면, 태양광 발전기는 유리(76퍼센트), 폴리머(10퍼센트), 알루미늄(8퍼센트), 실리콘(5퍼센트), 구리(1퍼센트) 등이 구성 성분이다. 그나마 구성 성분 대부분은 재활용

할 수 있는 자원이기 때문에 사용 후에도 회수된다.[3]

상황이 이렇다 보니, 세계에서 보건 환경 규제가 가장 높은 축에 속하는 독일이 태양광 발전 확대에 나서는 것이다. 더구나 독일에서는 태양광 발전기를 20~30년 사용하고 나서, 태양광 발전기에서 발전을 담당하는 핵심 부품 '모듈'을 값싸게 저개발국으로 수출한다. 그렇게 오랫동안 사용한 재사용 모듈도 효율이 처음의 80퍼센트 정도는 되기 때문이다.

이렇게까지 설명을 해도 또 이런 반론이 나온다. 태양광 발전기가 빛을 반사해 눈부심을 유발한다는 둥, 태양광 발전기가 전자파를 유발한다는 둥, 태양광 발전기가 미관상 보기에 좋지 않다는 둥. 실제로 이런 민원 때문에 태양광 발전에 좋은 지붕 있는 건물 위에 설치를 못 하거나, 남향이 아니라 엉뚱한 방향으로 태양광 발전기를 설치해야 하는 상황이 자주 있다.

역시 모조리 가짜 뉴스다.

애초 태양광 발전기는 빛을 흡수해서 전기로 만드는 장치이기 때문에 표면의 빛 반사율이 낮다. 미국 연방 항공국(Federal Aviation Administration, FAA) 지침을 보면, 태양광 발전기 햇빛 반사율은 '물'과 비슷한 수준으로 흰색 페인트, 흙보다도 낮다. 빛 반사에 민감한 공항, 예를 들어 인천 공항 제2 여객 터미널 지붕에 태양광 발전기를 설치할 수 있는 것도 이 때문이다.

그래도 전자파가 문제라고? 정부 기관을 포함한 국내의 여러 기관에서 온갖 민원과 가짜 뉴스에 못 이겨 여러 차례 확인했지만, 태양광 발전기의 전자파는 요즘 유행하는 저주파 안마기, 심지어 노트북 등에서 나오는 전자파보다 못한 수준이다. 태양광 발전기가 자신의 미감과 맞지 않다고? 이 정도면 그냥 "태양광 발전이 싫다."라고 해야 한다.

공동체 미래 안전을 해치는 궁극적 이적 행위

지금 많은 한국 시민이 가장 심각하게 여기는 환경 문제는 미세 먼지다. 전 세계적으로 시야를 넓혀 보면, 온실 기체가 초래하는 지구 온난화(global warming) 아니 지구 가열(global heating)이 인류의 미래를 좌지우지할 심각한 문제다. 미세 먼지, 온실 기체 모두 석탄 화력 발전소가 말 그대로 원흉이다.

핵발전소의 사정도 마찬가지다. 1956년 상업 발전을 시작한 지 반세기가 넘도록 길게는 수십만 년 이상 생태계와 격리해야 할 고준위 방사성 폐기물 처리 방법을 찾지 못했을뿐더러, 치명적인 사고 위험까지 안고 있는 핵발전소 역시 미래 에너지는 아니다.

여기에 더해서 지구 가열을 막고자 전시에 준하는 비상 사태를 선포하고 대응해야 한다는 목소리까지 염두에 둔다면, 태양광 발전을 둘러싼 가짜 뉴스는 말 그대로 인류와 대한민국 공동체의 미래 안전을 해치는 이적 행위다. 언제까지 이런 이적 행위를 용납해야 할까? 독일에서 날아온 뉴스를 곱씹는 뒷맛이 쓰다.

에너지, 슈퍼 히어로는 없다

문재인 대통령의 에너지 전환 움직임을 놓고서 반발이 거세다. 그렇게 저항하는 이들 가운데는 자기 '밥줄'이 끊어지는 것이 두려운 이들도 있고, 정말로 나라의 앞날이 걱정되어서 반대하는 이들도 있다. 특히 후자는 핵발전소가 감당하던 약 30퍼센트의 전력을 도대체 어떻게 대체할지를 놓고서 불안에 떨고 있다.

이해할 만한 일이다. 산업 통상 자원부 - 한국 전력 공사가 일사불란하게 에너지 정책을 짜고, 그에 맞춰서 중앙 집중식으로 에너지를 공급하는 모델에 익숙한 처지라면 핵발전소가 없어진 30퍼센트의 공백을 도대체 무엇으로 채워야 할지 아득할 것이다. 소위 '환경주의자'들이 말하는 태양, 풍력 에너지가 전력 생산에서 차지하는 비중은 고작 3.22퍼센트 수준에 불과하니까. (2017년 기준)

하지만 이런 중앙 집중식 에너지 공급 모델을 머릿속에서 지우고 나면 의외로 다양한 모습의 미래를 상상할 수 있다. 석탄 화력 발전소(약 52퍼센트)와 핵발전소(약 30퍼센트)가 전력 생산의 80퍼센트 이

211

상을 차지하는 모습이 아니라, 여러 가지 에너지원이 섞인 '모자이크 에너지(Mosaic Energy)' 모델이 가능하다.

21세기에 주목받는 오래된 '나무 에너지'

모자이크 에너지 모델에서 가장 반짝반짝 빛날 가능성이 큰 것이 바로 바이오매스(biomass) 에너지다. 낯선 단어라고 부담을 가질 필요가 없다. 석탄, 석유 같은 화석 연료가 일상 생활 속으로 들어오기 전까지 오랫동안 인류는 건초, 나무, 동물의 사체 등을 불에 태워 요리를 하고 난방을 했다. 바로 이런 식물이나 동물 더 나아가 미생물에서 유래한 에너지를 바이오매스라고 통칭한다.

따져 보면, 바이오매스는 생물에 저장된 태양 에너지다. 왜냐하면, 식물이나 (식물성) 미생물이 햇빛으로 광합성을 해서 저장한 에너지가 그 식물이나 미생물을 잡아먹는 다른 동물이나 (동물성) 미생물로 이전된 것이니까.

이쯤 되면 질문이 나올 법하다. '그렇다면 과학 기술 시대에 다시 옛날처럼 건초나 나무를 태워서 에너지를 얻자는 말이야?' 그렇다. 21세기에 세계 곳곳에서 석탄 화력 발전소나 핵발전소의 공백을 메우는 당장의 유용한 수단으로 건초, 나무 등 온갖 종류의 바이오매스 에너지가 주목을 받고 있다. 에너지 전환에 앞장서는 독일, 덴마크 등이 대표적인 예다.

아직 감이 안 온다면 우리나라 숲을 놓고서 설명을 해 보자. 한국 숲의 대부분은 1970년대 이후 조림(造林) 사업을 통해서 만들어 낸 것이다. 비교적 짧은 시간에 민둥산에서 벗어나는 데는 성공했지만 리기다소나무, 아카시아(아까시나무) 등이 상당수를 차지하는 등 종의 다양성이 낮다. 그러다 보니 수시로 병충해가 퍼지면서 죽는 나무가 부지기수다.

지금도 숲에 들어가 보면 병충해로 말라 죽은 나무를 곳곳에서 볼 수 있다. 이런 나무를 방치하면 건강한 숲 환경을 조성하는 데도 장애물인 데다, 자칫하면 산불의 불쏘시개 역할을 한다. 그것이 썩으면서 공기 중으로 내놓는 메테인 기체가 강력한 온실 기체 역할을 하는 것도 문제다.

만약 이렇게 숲 곳곳에 방치된 말라 죽은 나무를 걷어 내서 연료로 사용한다면 어떨까? 벌목 과정에서 나온 자투리, 수시로 걷어 내는 고속 도로 갓길의 웃자란 나무나 철마다 잘라 내는 가로수 가지도 마찬가지다. 이런 폐목을 모아서 말린 다음에 불에 잘 타도록 조각조각 쪼개면 석탄 못지않은 훌륭한 에너지 자원이 된다.

통상 조각난 나무 자투리 1세제곱미터가 생산할 수 있는 에너지는 석유 약 80리터의 에너지에 맞먹는다. (전기로 환산하면 750킬로와트시에 해당한다.) 나무뿐만이 아니다. 덴마크에서는 밀 농사를 짓고 남은 밀짚을 모아서 에너지 자원으로 이용한다. 700킬로그램 무게의 밀짚 한 뭉치는 석유 300~400리터(전기 2,800킬로와트시~3,750킬로와트시)에 버금간다.

물론 석탄, 석유 등 화석 연료에 비하면 나무, 밀짚 혹은 볏짚의 경우에는 에너지 효율이 떨어진다. 즉 같은 양을 태웠을 때 얻을 수 있는 에너지의 양이 적다. 이 문제를 해결하고자 독일, 덴마크 등에서는 열 병합 발전소를 활용한다. 열 병합 발전소에서는 터빈을 돌릴 때 필요한 증기를 얻고자 끓인 물을 그냥 버리지 않고서 지역 난방, 온수 공급에 사용한다.

화력 발전소에서 전기만 생산하면 애초 태우는 자원(석탄 등)의 에너지 약 60~70퍼센트를 잃는다. 하지만 열 병합 발전소에서 전기, 지역 난방, 온수 공급을 동시에 해결하면 에너지의 80~90퍼센트를 버리지 않고서 이용할 수 있다. 열 병합 발전소를 활용하면 나무, 밀짚, 볏짚 등 바이오매스의 에너지 효율을 높일 수 있는 것이다.

에너지 '슈퍼맨'이 아닌 에너지 '어벤져스'

물론 바이오매스 에너지의 단점도 있다. 우선 바이오매스를 태울 때도 석탄과 마찬가지로 이산화탄소 같은 온실 기체가 나온다. 국제 에너지 기구(International Energy Agency, IEA) 등은 나무 같은 바이오매스 에너지의 경우 성장 과정에서 흡수한 이산화탄소를 그대로 내놓는다고 여겨서 이른바 '탄소 중립' 에너지로 간주하고 있다.

가장 심각한 문제는 바로 바이오매스를 태울 때 나오는 미세 먼지 같은 오염 물질이다. 물론 개발 도상국에서 무분별하게 땔감을 태울 때 나오는 심각한 오염 물질에 비교할 바는 아니다. 바이오매스를 이용하는 화력 발전소나 열 병합 발전소는 오염 물질을 거르는 장치가 필수이기 때문이다. 하지만 그렇다고 바이오매스가 오염 물질 배출로부터 자유로운 것은 아니다.

　더구나 화력 발전소나 열 병합 발전소에서 태울 바이오매스를 외국에서 수입하는 상황까지 벌어진다면, 과연 바이오매스가 석탄이나 핵에너지의 대안인지 의구심이 생길 수 있다. 이 대목에서 섣부르게 결론을 내리지 말고, 글머리에서 언급했듯 다양한 에너지가 섞여서 빛을 발하는 모자이크를 떠올리면 좋겠다.

　바이오매스 에너지만으로는 석탄 화력 발전소나 핵발전소를 100퍼센트 대체할 수도 없거니와, 그런 일이 생긴다면 앞에서 언급한 다양한 부작용이 나타날 것이다. 하지만 석탄 화력 발전소나 핵발전소가 사라진 공백을 지역의 여건에 맞는 바이오매스 에너지로 채운다면 그 모자이크는 전보다 훨씬 더 멋진 작품으로 변할 수 있다.

　기억하자. 화석 연료 이후 또 핵에너지 이후 시대에 우리의 에너지 문제를 한 방에 해결하는 '슈퍼맨'을 기대하지 말자. 대신 우리에게는 저마다 장점을 가진 수많은 영웅이 있다. '어벤져스'처럼. 바이오매스도 그 가운데 하나다.

한 발 더

에너지 전환을 둘러싼 토론에서 빠지지 않은 주제가 있다. 햇빛에 의존하는 태양광 발전이나 바람에 의존하는 풍력 발전의 공급 불안정성을 걱정하는 목소리다. 햇빛이 약한 겨울이나, 바람이 불지 않는 여름의 전기 생산 부족분을 어떻게 충당할지 걱정하는 것이다. 이 문제는 반드시 에너지 전환 과정에서 극복해야 한다.

실제로 이런 불안정성을 보완하려는 다양한 대응책이 논의되고 있다. 앞에서 소개한 지역 차원에서 얻을 수 있는 바이오매스를 이용한 열 병합 발전도 전력 공급의 안정성을 보완하는 역할을 할 수 있다. 나무, 밀짚, 볏짚뿐만 아니라 가축의 똥오줌(농촌)이나 음식물 쓰레기(도시)를 썩힐 때 나오는 메테인(천연 가스)도 열 병합 발전의 연료로 쓰일 수 있다.

햇빛이 좋거나 바람이 많이 불 때 생산해서 쓰고 남은 전기를 저장하는 에너지 저장 장치(Energy Storage System, ESS), 남은 전기로 물을 펌프질해서 높은 곳의 저수지에 저장했다가 전기가 필요할 때 낮은 곳으로 흘려보내서 전기를 얻는 양수 발전, 수소로 저장해 뒀다가 수소 연료 전지 발전을 하는 방식(「수소가 햇빛과 바람을 만날 때」 참조)도 대응책 가운데 하나다.

이렇게 에너지를 생산하고, 저장하고, 변환하는 수많은 다양한 방식이 어울려서 다채로운 빛을 내는 모습. 이것이 바로 에너지 전환이 만들어 갈 모습이다.

수소가 햇빛과 바람을 만날 때

잠깐 심호흡을 하고 중학교나 고등학교 과학 시간으로 돌아가 보자. 물이 담긴 작은 수조 한쪽에 전기의 양극(+)을 연결하고 다른 한쪽에는 음극(-)을 연결한 뒤 전기를 흘려 준다. 그러면 신기하게도 양쪽에서 보글보글 기체가 나온다. 음극 쪽 기체는 수소(H_2), 양극 쪽 기체는 산소(O_2)다. 바로 전기 분해 실험이다.

여기서 멈추지 말고 좀 더 머리를 굴려 보자. 전기를 흘렸더니 물이 수소와 산소로 분해됐다. 그렇다면 수소와 산소를 다시 결합하면 어떻게 될까? 1839년 영국의 물리학자 윌리엄 그로브(William Grove)는 수소와 산소를 결합해 물을 만들면 전기가 발생하는 현상을 발견했다. 바로 수소 혁명의 미래가 예고된 순간이었다.

전기 자동차 vs. 수소 자동차

미국 전기 자동차 기업 테슬라의 '모델 S' 같은 자동차가 전 세계적으로 인기를 끌면서 전기 자동차가 금세 일상 속으로 들어올 분위기다. 테슬라의 전기 자동차는 배터리에 충전된 전기로 모터를 돌려 굴러간다. 전기로 움직이기 때문에 질소 산화물, 미세 먼지 같은 오염 물질 배출은 제로다. 여기까지만 보면 참 좋은 자동차다.

그런데 속사정까지 살펴보면 반전이다. 테슬라 전기 자동차를 움직이는 전기는 도대체 어디서 올까? 만약 우리나라에서 테슬라 전기 자동차를 굴린다면 그 전기는 대부분 대기 오염의 주범인 석탄 화력 발전소나 방사성 물질을 내놓는 핵발전소에서 온다. 이런 전기 자동차를 친환경차라 말할 수 있을까?

수소 연료 전지 자동차(수소 자동차)는 이런 전기 자동차와 다르다. 수소 자동차는 내부의 수소 연료 전지를 이용해 수소와 산소를 결합해 전기를 직접 만든다. 즉 수소 자동차는 수소 탱크에서 나오는 수소와 공기 중 산소를 연료 전지 안에서 결합해 전기를 생산하고, 그 전기로 모터를 돌려 자동차를 굴린다. 부산물은 '물'뿐이다.

마침 현대 자동차는 2013년 세계 최초로 수소 자동차 상용화에 성공했다. 만약 수소만 펑펑 만들 수 있다면 수소 자동차야말로 인류의 미래 자동차가 될 수 있다. 그런데 도대체 왜 수소 자동차는 전기 자동차처럼 각광 받지 못하는 것일까? 안타깝게도 세상에 쉬운 일은 없다.

왜 물에서 수소를 만들지 못할까?

앞에서 언급한 대로 수소와 산소를 결합해 전기를 만들려면 수소가 필요하다. 그럼 수소는 어디서 얻을까? 가장 쉬운 답은 '물'이다. 그런데 물에서 수소를 뽑아내려면 다시 전기가 필요하다. 전기를 만들기 위해 수소가 필요한데, 물에서 그 수소를 뽑아내려면 다시 전기가 필요한 역설적 상황이다.

이런 상황 탓에 지금 전 세계에서 소비하는 수소는 대부분 물이 아닌 메테인 같은 천연 가스에서 나온다. 이런 상황도 역설적이긴 마찬가지다. 굳이 메테인에서 수소를 뽑아 쓸 거라면, 그냥 메테인(천연 가스)을 발전소에서 태워 물을 끓일 때 나오는 증기로 전기를 생산하면 되니까.

이 지점에서 수소의 구원 투수로 등장하는 것이 바로 햇빛(태양광)이나 바람(풍력)이다. 태양광 발전기나 풍력 발전기를 이용해 생산한 전기는 두 가지 큰 단점이 있다. 첫째, 연중 고르게 생산되지 않는다. 햇빛이 좋은 여름이나 바람이 좋은 초봄에는 전기를 많이 생산하지만, 햇빛이나 바람이 나쁠 때는 생산량이 적다.

둘째, 저장이나 이동이 어렵다. 전기를 대량 저장하는 것은 금방 닳는 휴대 전화 배터리에서 확인할 수 있듯 쉬운 일이 아니다. 또 고압 송전선을 통해 전기를 이동시키면 그 과정에서 엄청난 손실이 발생한다. 송전탑이 있고 송전선이 지나는 지역 주민이 입어야 할 피해는 두말할 것도 없다.

그렇다면 이런 식은 어떨까? 일단 햇빛이나 바람으로 생산한 전

　　　　　　　　수소가 햇빛과 바람을 만날 때

기 중 쓰고 남은 전기로 물을 전기 분해해 수소를 만들어 놓는다. 이렇게 만든 수소는 마치 석유나 천연 가스처럼 저장, 이동, 충전이 쉽다. 이런 수소를 주유소 등 전국 충전소에서 자동차에 넣고, 또 지역에 전기를 공급할 때 사용한다면 그것이야말로 '수소 혁명' 아닐까.

핵 - 수소동맹 vs. 햇빛 - 수소동맹

기왕 장밋빛 전망을 얘기했으니 한 가지만 더 언급하자. 수소 연료전지 발전기에서 수소, 산소가 화학 반응을 통해 물이 되는 과정에서 전기(50퍼센트)뿐 아니라 열(30퍼센트)도 부산물로 나온다. 이 열은 지역의 온수 공급과 난방에 이용할 수 있다. 전기와 열을 한꺼번에 활용하면 효율이 80퍼센트 가까이 된다. 이보다 더 좋을 수 없다.

물론 이 대목에서 훼방꾼이 있다. 바로 핵발전소다. 물을 분해하는 전기를 꼭 햇빛이나 바람 같은 재생 가능 에너지에서 얻어야 하는 것은 아니다. 국토 넓이를 놓고 볼 때 이미 너무 많다 싶은 핵발전소에서 생산된 전기로도 물을 분해해 수소를 만들 수 있다. 핵발전소 옹호자 가운데 수소를 찬양하는 사람이 많은 것도 이 때문이다.

수소 에너지는 햇빛이나 바람은 물론, 핵과도 손잡을 수 있다. 예를 들어 『수소 혁명』(민음사, 2003년)의 저자 제러미 리프킨(Jeremy Rifkin) 같은 지식인이 전자를 지지한다면, 임기 내내 핵발전소 드라이브를 걸었던 이명박 전 대통령 같은 사람은 후자를 옹호한다. 2012년 5월 똑같이 수소 혁명을 얘기한 두 사람이 만났지만 대화가 엇나가기만

한 것도 이런 사정 탓이었다.

문재인 대통령은 핵 대신 햇빛이나 바람과 손잡는 방향을 선택했다. 과연 대한민국에서 수소 혁명이 가능할까?

수소가 햇빛과 바람을 만날 때

사람의 체열로 난방을 한다고?

생태학자 로버트 페인(Robert Paine)이 바닷가 해안의 물웅덩이에서 야외 실험을 수행했다. 이 웅덩이에는 불가사리를 비롯한 여러 종의 따개비, 홍합, 삿갓조개, 달팽이 등이 살고 있었다. 페인은 이 불가사리가 여러 종의 동물을 모두 잡아먹고 산다는 사실을 발견했다. 그렇다면 절대 포식자 불가사리를 없애 보면 어떨까?

페인은 한 웅덩이에서는 불가사리가 보일 때마다 수시로 제거하고, 다른 웅덩이는 아무런 변화를 주지 않았다. (전자를 실험군이라고 하고, 후자를 대조군이라고 한다.) 결과는 놀라웠다. 불가사리가 사라진 웅덩이에 홍합이 많아지면서, 15종이나 되던 생물이 8종으로 줄어들었다. 불가사리가 홍합을 적당히 견제한 덕분에 유지되던 생태계의 다양성이 파괴된 것이다.

이 실험을 떠올린 까닭은 우리나라 에너지 생태계에서 핵발전소가 차지하던 위상이 무엇인지가 궁금해서이다. 핵발전소는 에너지 생태계의 다양성을 보장하던 불가사리일까, 아니면 그 정반대 상황을 낳은 흉합일까? 결론을 내리기 전에, 일찌감치 에너지 전환에 나선 외국의 인상적인 사례를 『휴먼 에이지』(문학동네, 2017년)를 펴낸 다이앤 애커먼(Diane Ackerman)의 안내를 받아 살펴보자.

사람의 온기로 빌딩 난방을 한다고?

요즘처럼 더운 날 사람이 북적대는 만원 지하철 혹은 버스를 타는 일은 곤욕이다. 그럴 법하다. 한 사람은 시간당 35만 줄(J)의 에너지를 몸 밖으로 배출한다. 1초당 1줄을 다르게 표현하면 1와트(W)다. 그러니 한 사람은 약 100와트(=35만 줄÷3,600초)짜리 전구가 되어서 세상으로 에너지를 내놓는 셈이다.

그렇다면 이렇게 사람이 내놓는 체열(에너지)을 이용해 난방을 할 수는 없을까? 말도 안 되는 소리가 아니다. 스웨덴 스톡홀름 중앙역을 오가는 하루 평균 승객 25만 명의 체열은 실제로 난방에 이용된다. 중앙역의 환기 시스템은 이 25만 명의 체열을 모아서 지하 탱크 속의 물을 데운다. 데워진 물은 관을 통해 중앙역 근처 한 건물의 난방에 이용된다.

이 건물은 연간 연료 수요 가운데 3분의 1을 바로 스톡홀름 중앙역에서 모은 체열을 이용해 대체한다. 사람의 따뜻한 온기를 모아서 난방을 하는 기막힌 일이 현실이 된 것이다. 아직도 믿기지 않는다면, 좀 더 남쪽의 프랑스 파리로 가 보자. 파리 랑뷔토 지하철역은 출퇴근 시간대 수많은 통근자의 열기를 모아서 근처 공공 임대 주택의 난방에 활용하고 있다.

　이런 인상적인 성공에 자극받은 이들은 좀 더 극적인 계획을 추진 중이다. 밤중에 사람이 집 안에서 방출한 열을 관에 실어 아침 일찍 사무용 건물로 운반하고, 낮 동안 사무실에서 방출한 열을 늦은 오후 주택으로 흘려보내는 것이다. 사람의 온기를 주고받으면서 지역 사회 차원의 난방을 해결해 보려는 색다른 시도다.

　지하철역이 난방에 도움을 준다면, 지하철 자체는 전기를 생산하는 좋은 수단이 될 수 있다. 지하철 승강장 스크린도어가 없을 때만 해도, 지하철이 들어올 때마다 먼지 바람을 고스란히 뒤집어써야 했다. 바람? 그렇다. 지하철이 빠른 속도로 휙휙 지나갈 때 부는 바람을 이용해서 전기를 생산하면 어떨까?

　지하철이 지나갈 때마다 휘날리는 바람으로 벽에 설치된 바람개비를 돌려서 풍력 발전을 하는 것이다. 중국은 실제로 이런 계획을 진지하게 검토 중이다. 방대한 국토를 가로지르는 고속 철도 침목에 풍력 발전기 바람개비를 설치해서, 열차가 지나갈 때마다 부는 바람으로 전기를 생산하는 것이다. 이 전기는 고스란히 고속 철도 운영에 이용된다.

　지하철을 이용해서 전기를 생산하는 또 다른 방법도 있다. 전기 자동차를 운전하다 보면 브레이크를 밟을 때마다 생기는 마찰 에너지를 이용해 전기를 충전하는 모습을 볼 수 있다. 미국 필라델피아에서는 열차가 커브를 돌 때나 역에 들어서면서 브레이크를 밟을 때마다 만들어지는 마찰 에너지를 이용해서 대형 배터리에 전기를 충전하는 지하철을 검토 중이다.

바람개비 없는 풍차가 세상에 있다고?

이뿐만이 아니다. 고층 빌딩의 경우는 빌딩 바람(building wind)을 이용해서 전기를 생산할 수 있다. 240미터 높이의 바레인 세계 무역 센터 빌딩은 뾰족한 두 빌딩 사이에 3개의 풍력 발전기가 설치되어 있다. 마천루 사이로 부는 강한 빌딩 바람을 이용해서 바람개비를 돌린다. 이때 생산한 전기는 이 빌딩이 필요로 하는 전력의 15퍼센트 정도를 충당한다.

'풍차의 나라'로 유명한 네덜란드의 델프트 공과 대학교 풍차인 EWICON(Electrostatic Wind energy CONvertor)은 한 걸음 더 나아갔다. 이 풍차는 바람개비가 없다. 이 특별한 풍차는 양전하를 띠는 물방울이 '바람을 타고서' 전기장의 방향(양극에서 나와 음극으로 간다.)을 거슬러 올라가면서 전기를 발생시킨다. 엄청난 소음을 내는 데다, 새들과 충돌하는 등 사고가 끊이지 않는 바람개비 없이도 풍력 발전이 가능한 것이다.

이 특별한 풍차는 작은 물방울만 뿌릴 수 있고 또 그런 물방울을 움직일 정도의 바람이 부는 곳이라면 어디나 설치가 가능하다. 동그라미, 세모, 네모 등 형태도 다양하게 만들 수 있다. 그러니 미래의 어느 시점에는 도심의 고층 건물 옥상마다 바람개비 없는 각양각색의 풍력 발전기가 조형물처럼 서 있을지 모른다.

이제 글머리의 질문에 답해 보자. 알다시피, 핵발전소는 우라늄이 핵분열할 때 나오는 열에너지로 물을 끓여서, 발생하는 '증기'를 이용해 터빈을 돌려서 전기를 생산한다. 물을 끓일 때 쓰는 열을 어떻게 만드는지만 석탄 화력 발전소와 다를 뿐 증기를 이용하는 것만 놓고 보면 산업 혁명 시대 증기 기관의 전통을 따르고 있다.

지금까지 핵발전소는 마치 홍합이 웅덩이 생태계의 다양성을 파괴하는 포식자 역할을 한 것처럼 에너지 생태계의 다양성을 가로막는 역할을 해 왔다. 오래된 증기 기관의 하나인 핵발전소를 포기하면 우리 앞에 어떤 미래가 열릴까? '혁신'은 오래된 것을 포기하면서 시작된다.

평화의 선물, 한반도 에너지 혁명

이 정도면 돗자리라도 깔아야겠다. 2016년 미국 대선에서 도널드 트럼프(Donald Trumph)와 힐러리 클린턴이 경쟁할 때, 나는 공사를 불문 여러 자리에서 (다른 여러 문제는 제쳐 두고) 한반도 긴장 완화만을 위해서는 트럼프가 차라리 클린턴보다 나을지 모른다고 이야기했다. 워싱턴 정치 논리 바깥의 상상력을 보여 주지 못하는 클린턴보다 아웃사이더 트럼프가 운신의 폭이 더 넓을 수 있으리라는 판단에서였다.

심지어 트럼프가 당선되고 나서는 지금은 문재인 정부의 대북 정책에 관여하고 있는 한 인사와 사담으로 이런 이야기도 나눴다.

"장사꾼 트럼프와 서구에서 리더십 교육을 받은 김정은이 빅딜을 할 수도 있어요!"

희망 사항 섞인 책임지지 못할 말이었다. 물론 그 이후 전쟁 직전까지 갈 뻔한 한반도의 긴장 상황 속에서 이런 얘기는 잊혀졌다.

그러다 2018년 초부터 북한에서 다른 신호가 나오기 시작했다. 남북 정상 회담 이야기도 나왔다. 그런 소식을 듣고서 지난 설 연휴

때는 한 방송에서 이렇게 말했다.

"이참에 나르시시스트 트럼프에게 노벨 평화상을 줘서라도 한 반도 긴장 완화의 쐐기를 박자."

문재인 대통령, 트럼프, 김정은 세 사람의 노벨 평화상 공동 수상도 언급했다.

역사학자 오항녕 전주 대학교 교수는 『호모 히스토리쿠스』(개마고원, 2016년)에서 역사는 구조, 주체의 의지 그리고 결코 무시할 수 없는 우연의 3박자가 맞물려서 만들어진다고 강조했다. 정말로 그런 것 같다. 수십 년간 굳을 대로 굳은 구조(분단 체제)의 낡은 타성을 주체의 의지와 몇 가지 우연한 사건이 겹쳐서 허물어뜨릴 것 같으니까. 물론 앞으로 더 두고 봐야겠지만 말이다.

남북한 철도보다 가스 수송관이 힘이 세다

역사적 대격변의 순간을 조마조마하게 지켜보면서, 이 자리에서는 남북한 긴장 완화가 한반도 에너지 문제에 어떤 영향을 줄지를 한 번 따져 보자. 혹시 '에너지가 없는 북한에 엄청나게 퍼 줘야겠지!' 이런 생각을 가지고 있는 독자가 있다면 잠시 편견을 접어 두길 바란다. 남북한 긴장 완화가 한반도 에너지 체계에 줄 충격은 그 정도에서 그치지 않는다.

흔히 남북한 긴장 완화의 변화로 한반도 철도 연결을 꼽는 이들이 많다. 부산이나 서울에서 열차를 타고서 시베리아를 지나서 유럽의 영국 런던이나 포르투갈 리스본까지 가는 일은 생각만 해도 설렌다. 하지만 진짜로 중요한 연결은 철도가 아니라 끊어졌던 남북한의 에너지 네트워크가 연결되는 일이다.

남북한이 휴전선으로 갈라져 있다 보니, 대한민국은 사실 섬과 다를 바 없었다. 에너지 네트워크도 마찬가지였다. 예를 들어, 유럽의 독일 같은 나라는 생산한 전기가 남으면 이웃 나라에 팔기도 하고, 생산한 전기가 부족하면 사 오기도 한다. 러시아의 천연 가스는 동유럽을 지나서 서유럽까지 흘러간다. 고립된 에너지 섬이었던 한국은 이런 일을 상상도 못 했다.

남북한 긴장 완화로 바로 이런 일이 가능해진다. 예를 들어, 시베리아에서 생산한 러시아 천연 가스가 북한을 지나는 수송관을 타고서 한국으로 들어오면 무슨 일이 생길까? 놀라지 마시라! 러시아의 값싼 천연 가스가 한국으로 들어오면 현재 국내의 전력 생산과 겨울 난방을 책임지는 천연 가스의 가격이 4분의 1로 떨어진다!

천연 가스의 발전 단가는 약 100원. 원자력(68원)이나 석탄(74원)보다 약 30퍼센트 정도 비싸다. 러시아 천연 가스가 들어오면 천연 가스의 발전 단가가 이론적으로는 약 25원이 된다. 못 믿을 러시아가 천연 가스를 차단할 가능성을 염두에 두고서, 다른 곳에서 수입한 천연 가스와 러시아 것을 섞어서 쓴다고 하더라도 발전 단가는 최소한 절반(약 50원) 이하로 줄어든다.

이렇게 되면 무슨 일이 생길까? 유럽이나 미국에서 핵발전소나 석탄 화력 발전소가 맥을 못 추는 가장 중요한 이유는 값싼 천연 가스 때문이다. 훨씬 더 전기를 싸게 생산하고, 심지어 겨울에 난방도

평화의 선물, 한반도 에너지 혁명

해결하는 천연 가스가 있는데 굳이 여러 문제가 많은 핵발전소나 미세 먼지 같은 환경 오염을 유발하는 석탄 화력 발전소를 고집할 이유가 없다.

북한이 그런 천연 가스 수송관을 지나가게 하겠느냐고? 북한 입장에서는 마다할 이유가 없다. 수송관이 지나가는 대가로 쏠쏠한 통과료를 챙길 수 있기 때문이다. 수송관 설치의 대가로 북한의 낡은 에너지 시스템 교체에 남쪽의 기업이 나설 수도 있다. 이 경우 남쪽 기업에도 새로운 사업 기회가 될 것이다.

남쪽은 풍력 발전 산업, 북쪽은 풍력 발전 단지

좀 더 큰 그림도 그릴 수 있다. 현재 북한은 송배전망이 엉망인 상태라서 한국처럼 특정 지역의 대형 화력 발전소나 핵발전소에서 생산한 전기를 전국 곳곳으로 이동하는 일이 쉽지 않다. 그렇다면 어떤 대안이 있을까? 바로 지역에 맞춤한 태양광 발전이나 풍력 발전 같은 재생 가능 에너지를 통해서 소규모 전력을 생산하고 공급할 수 있다.

아니나 다를까, 북한은 한국의 대관령 같은 풍력 발전에 최적화한 산지가 많다. 한반도의 남쪽에 풍력 발전 단지를 구축하고, 그곳에서 생산한 풍력 발전기를 북쪽에 설치해서 북한의 에너지 문제를 해결할 수 있다. 한국은 풍력 발전 산업을 육성해서 일자리 문제 등을 해결하고, 북한은 안정적인 에너지원인 풍력 발전 단지를 확보할 수 있는 것이다.

물론 걱정도 있다. 다수의 자원 전문가는 북한에 상당량의 질 좋은 우라늄이 매장되었을 가능성을 점친다. 북한이 그동안 핵발전소에 목을 맸던 중요한 이유에는 핵무기 보유뿐만 아니라 자국의 우라늄을 통해서 에너지 독립을 하려는 의도도 있었다. 앞으로 북한이 보유한 다양한 자원이 연구, 조사되고 나서 그 우라늄의 실체가 드러났을 때 무슨 일이 생길까?

한 가지 다행스러운 일은 오스트레일리아 같은 나라의 예다. 오스트레일리아는 세계 최대의 우라늄 매장량을 자랑한다. 오스트레일리아는 그 우라늄을 수출만 할 뿐 상업용 핵발전소를 운용하진 않는다. 평화가 마련해 준 한국의 에너지 혁명은 가능할까? 또 그 혁명의 모습은 어떨까? 벌써 가슴이 설레는 건 나뿐일까?

인공 태양, 세상에서 가장 뜨거운 '몽상'

에너지 문제에 관해 여러 사람과 대화를 나눌 때마다 이렇게 묻는 이들이 많다. "핵융합 에너지를 이용해서 인공 태양을 벌써 만들었다고 하던데요?" "조만간 핵융합 에너지가 개발되면 모든 에너지 문제가 해결되지 않을까요?" 그럴 만하다. 잊을 만하면 이런 제목의 기사가 눈에 띄니까.

"땅 위의 인공 태양, 핵융합 시대 열린다!"

이렇게 핵융합 에너지에 열광하는 일은 그 자체만 놓고 보면 자연스러운 일이다. 인류는 오랫동안 자연을 모방하면서 과학 기술을 발전시켜 왔다. 하늘을 나는 새를 보면서 라이트 형제가 비행기를 개발했듯이, 과학자는 태양과 같은 별(항성)이 에너지를 만드는 방식을 보면서 핵융합 에너지의 꿈을 키워 왔다. 그렇다면 정말로 인공 태양이 인류의 미래를 환하게 밝힐까?

핵융합 에너지, 10억 도까지 올려라!

태양과 같은 별 속에서 2개의 수소(H) 원자는 융합해서 헬륨(He) 원자가 된다. 이 핵융합 반응 과정에서 에너지가 발생한다. 태양이 표면 온도 섭씨 5,000~6,000도로 달궈지는 것도 이 에너지 때문이고, 그 가운데 일부는 햇빛으로 우주를 가로질러 지구에 도달한다. 태양 에너지가 곧 핵융합 에너지다.

만약 인류가 인공 태양을 만들 수 있다면, 그래서 핵융합 에너지를 이용할 수 있다면 얼마나 멋진 일이겠는가? 이론만 염두에 두면, 핵융합 에너지의 원료인 수소(H)는 지구상에 널리고 널린 물(H₂O)에서 얼마든지 뽑아낼 수 있다. 석탄, 석유 같은 화석 연료나 핵발전소 핵분열 반응에 쓰이는 우라늄처럼 고갈 염려도 없다.

그러나 세상일이 이처럼 쉬울 리가 없다. 수많은 과학자가 반세기가 넘도록 매달렸지만 핵융합 에너지, 즉 인공 태양은 여전히 현실에 존재하지 않는다. 가끔 "인공 태양을 만들었다."라는 언론 보도는 앞뒤 사정을 제대로 알리지 못한 기사다. 도대체 무엇이 문제였을까? 핵융합 에너지를 현실로 만들고자 넘어야 할 장애물이 한두 가지가 아니었기 때문이다.

우선 핵융합 반응이 가능하려면 2개의 수소 원자가 융합되어야 한다. 수소 원자 안에는 양의 전기를 띠는 원자핵이 있다. 과학 시간에 배웠듯이, 양전하가 양전하를 만나면 서로 밀어내는 힘이 작용한다. 똑같이 양전하를 띠는 원자핵을 가진 수소 원자 2개가 하나가 되려면 바로 이 힘을 거슬러야 한다.

인공 태양, 세상에서 가장 뜨거운 '몽상'

원자핵끼리 밀어내는 힘을 거스르려면 두 수소 원자를 상상을 초월할 정도로 에너지가 높은 밀폐 공간에 집어넣어야 한다. 한마디로 말해서 굉장히 높은 온도가 필요하다. 얼마나 높여야 할까? 놀라지 마시라! 2개의 수소 원자가 핵융합 반응을 하려면 섭씨 10억 도까지 온도를 높여야 한다.

그나마 바닷물 1리터(1,000그램)에 0.03그램 정도의 비율로 들어 있는 중수소(보통 수소보다 중성자를 1개 더 가진다.)를 뽑아서 연료로 사용할 때 이 정도다. 공기나 물속에 있는 보통의 수소(중성자 0개)로 핵융합 반응을 일으키기엔 이런 고온마저도 역부족이다. 말이 10억 도지, 이렇게 온도를 올리는 일이 쉬울 리 없다. 현재 1억 도 정도까지 온도를 높였고, 2억~3억 도를 목표로 노력하는 중이다.

10억 도에 턱없이 모자란 약 2억 도에서 핵융합 반응을 일으키려면 방사성 물질인 삼중수소(중성자 2개를 더 가진 수소 동위 원소)가 필요하다. 바닷물에서 뽑아내는 중수소와 달리 삼중수소는 인공적으로 만들어야 한다. 이 삼중수소는 리튬-6(^{6}Li)을 이용해서 얻는데, 1그램의 삼중수소를 얻는 데 약 3만 달러(약 3400만 원)가 든다. 그러니 '핵융합 에너지는 자연 수소가 원료'라는 통념도 틀렸다.

지금 과학자들은 삼중수소를 싸고 안전하게 얻는 방법을 궁리 중이다. 빠른 시간 안에 이런 방법을 발견하지 못하면 핵융합 에너지의 미래는 어두울 것이다. 한 가지 문제가 더 있다. 수소나 중수소와 달리 삼중수소는 방사성 물질이다. 삼중수소를 이용하는 순간 핵융합 에너지 역시 가동 중인 핵발전소처럼 방사선의 위험성이나 폐기물 문제 등에서 자유롭지 못하다.

초고온 물질을 밀폐 공간에 가두기

심각한 문제가 또 있다. '도대체 1억~2억 도까지 올라가는 핵융합 반응에 필요한 밀폐 공간을 무엇으로 만들까?' 이런 궁금증은 당연하다. 자연계에 1억 도, 10억 도를 견디는 물질은 없으니까. 바로 이 대목에서 1950년대 후반의 똑똑한 과학자 몇몇이 마법과 같은 해결책을 개발했다.

고온 상태의 수소는 양전하를 띠는 수소 이온(H^+)과 음전하를 띠는 전자(e^-)로 나뉜다. 수소 기체를 넣고서 온도를 계속해서 높여 주면 나중에는 수많은 수소 이온과 전자가 뒤엉켜 있는 플라스마라는 독특한 상태가 된다. 이 상태에 전류를 흘려 주면 전기를 띤 수소 이온과 전자는 마치 물처럼 흐르게 된다.

자석으로 만든 도넛 모양의 밀폐 공간에 이런 상태의 수소를 가둬 두고 전류를 흘려 주면 도넛 안쪽을 빙빙 돈다. 터널 안을 빙빙 돌뿐 벽에 닿지 않으니, 굳이 수억 도의 고온을 견디는 물질을 찾을 필요가 없다. 지상에서도 태양보다 더 뜨거운 인공 태양을 만드는 게 가능하리라고 과학자들이 자신감을 가진 순간이었다.

하지만 반세기가 지난 지금 과학자의 자신감은 오히려 줄어들었다. 도넛 안을 도는 이 유체 상태를 조정하는 게 생각보다 훨씬 더 어려웠기 때문이다. 이리저리 불규칙하게 움직이면서 에너지가 밖으로 새는 등 문제투성이다. 그래서 지금 이 순간도 전 세계 곳곳에서 과학자 여럿이 머리를 싸매고 이 고에너지 상태의 유체를 좀 더 잘 이해하려고 노력 중이다.

400초 반응에 약 19조 원?

이젠 1950년대부터 시작된 인공 태양의 꿈이 왜 여전히 이루어지지 않았는지 감이 올 것이다. 실제로 우리나라를 포함한 세계 각국이 공동으로 프랑스에 건설 중인 국제 열핵융합 실험로(International Thermalnuclear Experimental Reactor, ITER)는 핵융합 반응을 하는 독특한 유체 상태를 약 400초(!), 그러니까 6~7분 정도 유지하는 걸 목표로 하고 있다.

여전히 핵융합 반응을 할 때 나오는 열에너지로 물을 끓이고, 그 증기로 터빈을 돌려 상업적으로 의미가 있는 만큼의 전기를 생산할 수 있을지는 미지수다. 그러니 최소한 수십 년 안에 '핵융합 에너지가 세상을 구할 것'이라고 믿는 일은 사실과는 거리가 먼 몽상에 가깝다. 참고로, 계속 ITER('이터'라고 읽으면 된다.)의 총 사업비는 150억 유로(약 19조 6000억 원)로 추산되며 지금도 늘어나고 있다.

현대 수소차의 미래가 어두운 이유

요즘 현대 자동차 이야기를 많이 듣는다. 물론 좋은 이야기는 아니다. 2018년 10월 25일 현대차는 3분기 영업 이익이 2889억 원으로 2017년 같은 기간과 비교했을 때 76퍼센트나 줄어든 사실을 공시했다. 국제 회계 기준(IFRS) 적용이 의무화된 2010년 이후 최저치다. 매출이 24조 4337억 원이나 되지만 남는 장사를 못 한 것이다.

현대차 어닝 쇼크(earning shock)는 전기 자동차를 만드는 테슬라의 3분기 영업 이익과 비교하면 더욱더 충격적이다. 현대차와 거의 동시에(10월 24일) 3분기 실적을 발표한 테슬라는 매출 68억 달러(약 7조 7110억 원)에 영업 이익 3억 1100만 달러(약 3525억 원)를 올렸다. 전기 자동차나 만드는 괴짜 기업 테슬라가 영업 이익만 놓고 보면 현대차를 추월한 것이다.

3개월의 영업 이익 실적이긴 하지만 전기차를 만드는 테슬라가 현대차를 앞선 일은 상당히 의미심장하다. 전기 모터로 움직이는 미래의 전기차가 휘발유나 경유 같은 석유로 움직이는 과거의 내연 기관 자동차를 누른 상징적인 일이기 때문이다. 이 대목에서 이렇게 반문할 법하다. '현대차도 전기차(아이오닉, 코나)를 만들고 심지어 수소차(넥쏘)도 만드는데 무슨 소리야?'

수소차, 지금 당장은 대안 아니다

바로 수소차가 문제다. 현대차는 수소차, 정확히 말하면 수소 연료전지 자동차를 성장 동력으로 밀어붙이고 있다. 현대차가 한국 경제와 산업에서 차지하는 비중이 크다 보니 정부도 노골적으로 수소차 홍보에 앞장서고 있다. 대통령까지 나서서 현대차의 수소차를 타는 퍼포먼스를 선보인 것은 대표적인 일이다.

하지만 현재로서는 수소차의 앞날이 그다지 밝지 않다. 그 이유를 차근차근 살펴보자. 앞서 「수소가 햇빛과 바람을 만날 때」에서 설명했듯이, 수소차는 수소 탱크의 수소와 공기 중의 산소가 반응을 하면서 물이 될 때(수소+산소→물) 나오는 전기로 모터를 돌려서 굴러가는 자동차다. 수소차가 성공하려면 수소를 안정적으로 공급할 수 있는 수소 인프라가 마련되어야 한다.

예를 들어, 수소차가 전국 곳곳으로 돌아다니려면 수소를 자동차 탱크에 넣는 충전소가 곳곳에 있어야 한다. 그런데 2019년 8월 현재, 일반 시민이 수소를 넣을 수 있는 수소 충전소는 전국에 단 20곳뿐이다. 서울 시내에도 2곳뿐이니 상황이 얼마나 심각한지 알 만하다. 정부가 나서서 수소 충전소를 확대하겠다고 공언하고 있지만,

말처럼 쉽게 될 리 없다.

상당한 규모의 수소 탱크를 가진 수소 충전소를 서울 시내를 비롯한 전국 곳곳에 세우는 일은 비용과 시간이 많이 드는 일이다. 수소차를 개발 중인 현대차가 정부 지원에 애태우는 것도 이 때문이다. 수소차가 성공하려면 정부가 세금으로 수소 인프라를 깔아야 하기 때문이다. 자칫하면, 현대차를 국민의 엄청난 세금으로 지원하는 자원 왜곡이 나타날 수 있는 대목이다.

이뿐만이 아니다. 값싼 수소를 안정적으로 확보하는 일도 문제다. 지금 수소차에 넣는 수소를 어디서 얻을까? 이 질문에 대다수는 "물을 전기 분해하나요?" 하고 답한다. 틀렸다. 물을 전기 분해하면 수소가 나오긴 한다. (물→수소+산소) 이렇게 수소를 얻으려면 엄청난 양의 전기(에너지)가 필요하다. 당연히 에너지를 투입한 만큼 수소 단가가 높아진다. 경제성이 없다.

경제성이 없을 뿐만 아니라 효율도 떨어진다. 물을 전기 분해해서 수소를 뽑아내서 저장해 뒀다가, 그 수소를 다시 물로 만들 때 나오는 전기를 이용하는 식이니까. (전기→물→수소→물→전기→수소차) 그냥 애초에 물을 전기 분해할 때 쓰이는 전기로 전기차를 굴리는 게 훨씬 더 효율적이다. (전기→전기차)

현실이 이렇다 보니 지금 수소차에 넣는 수소 대부분은 천연 가스, 즉 메테인에서 뽑아낸다. 이런 진실을 알고 나면 고개를 갸우뚱하게 된다. 천연 가스에서 뽑아낸 수소로 굴러가는 수소차는 사실상 화석 연료 자동차가 아닌가? 더구나 천연 가스는 굳이 수소를 뽑아내지 않아도 가스 택시나 가스 버스에서 확인할 수 있듯이 자동차를 굴릴 수 있다.

더구나 이렇게 천연 가스에서 얻은 수소도 가격이 비싸다. 현대차의 수소차 넥쏘의 수소 탱크를 다 채우는 데 들어가는 돈은 5만 원정도다. 약 600킬로미터를 갈 수 있다. 반면에 완전히 배터리를 충전했을 때 약 500킬로미터를 갈 수 있는 현대차 코나의 충전비는 1만원 정도다. 5분의 1! 이 차이가 쉽게 좁혀질까?

한 가지만 더 이야기하자. 수소차에서 수소와 산소가 만나서 전기를 만들어 내는 곳이 연료 전지다. 그런데 연료 전지에서 수소와 산소의 반응을 쉽고 빠르게 하려면 백금 촉매가 필요하다. 백금 가격이 쌀 리가 없다. 설사 대량 생산을 하더라도 수소차의 단가를 낮추는 일이 어렵다는 비관적인 전망이 나오는 것도 이 때문이다.

현대차, 곳곳에 장애물만 가득하다

2018년 11월 6일 정의선 부회장은 다시 한번 "수소 에너지로 에너지 전환을 이끌 것"이라며 수소차에 대한 고집을 내비쳤다.[1] 현대차는 왜 이렇게 수소차에 집착할까?

가장 중요한 이유는 전기차에 들어가는 배터리다. 알다시피, 전기차의 가장 중요한 부품은 배터리다. 테슬라도 일본의 배터리 업체 파나소닉과 협업을 하고, 이익을 나눈다. 현대차가 본격적으로 전기차를 양산한다면 어쩔 수 없이 배터리 업체와 협업하고, 이익을 나눠야 한다. 자동차 부품을 처음부터 끝까지 통제해서 완성차를 만드는 현대차로서는 엄청난 변화다.

현대차가 아직 어느 기업도 주도권을 잡지 못한 수소차 공정을 장악하면 내연 기관 완성차 기업에서 수소차 완성차 기업으로 단번에 도약할 수 있다. 이런 비전이 성공만 한다면, 현대차는 수소차 시장을 이끄는 기업이 될 수 있다. 하지만 과연 수소차가 미래의 대세가 될 수 있을까?

현대차는 이렇게 실타래처럼 얽히고설킨 복잡한 상황에 던져졌다. 아마도 정몽구 회장, 정의선 부회장을 비롯한 현대차 임직원도 지금 노심초사하고 있으리라. 자동차 산업이 국내 경제나 산업에서 차지하는 위상을 염두에 두면 이런 변화는 현대차뿐만 아니라 한국 사회가 적극적으로 고민해야 할 문제다.

어쭙잖게 한마디만 던지자. 아무리 생각해 봐도 현대차가 살길은 수소차 고집을 버리고 전기차 시장에 좀 더 적극적으로 뛰어드는 것이다. 그 과정에서 필요하면 국내 배터리 업체와의 연대도 모색해 봐야 한다. 그 과정은 현대차와 자동차 산업의 체질을 개선하는 엄청난 변화일 테다. 어쩔 수 없다. 바뀌지 않으면 죽는다.

현대 수소차의 미래가 어두운 이유

초고층 빌딩이 친환경이라면?

가끔 세종시를 갈 때마다 한숨을 쉬곤 한다. 한때 행정 수도를 염두에 두고 조성된 도시치고는 특별할 게 없어서다. 부처별 건물이 옹기종기 모여 있고 그 외곽을 아파트가 둘러싸고 있는 모습이 평범하다 못해서 구태의연하다. 상당한 규모의 논밭을 밀어 버리고 만든 도시라는 걸 염두에 두면 더욱더 아쉽다. 이것이 최선이었을까?

지금과는 전혀 다른 모습의 세종시를 꿈꿨던 건축가 황두진의 비전은 남달랐다. 그의 세종시 기본 계획안 중심에는 마치 SF 영화에서 튀어나온 것 같은 초고밀도 고층 건물 복합 단지가 높이 솟아 있다. 그 고층 건물 주위는 광활한 들판이다. 그리고 상상도 전면에는 이제 막 들일을 마친 농부가 논두렁을 따라서 걷고 있다. 자연과 인공의 완벽한 조화다.

황두진의 비전에 코웃음을 치는 사람이라면 통념부터 깨자. 도시와 교외 가운데 어느 쪽이 더 환경을 파괴할까? 겉보기에는 고층 빌딩, 아스팔트, 미세 먼지 등으로 가득한 도시보다 전원 주택, 논밭,

나무 등이 있는 교외가 훨씬 더 환경 친화적인 듯하다. 하지만 사실은 정반대다. 환경에 주는 영향만 놓고 보면 도시가 교외보다 더 낫다.

똑같이 400명이 산다고 가정해 보자. 도시에서는 이 400명이 아파트 한 채에 모여 산다. 높게 지은 아파트가 차지하는 대지 면적도 넓지 않다. 이 400명은 도로, 상하수도, 송전선도 공유한다. 같은 도시에 직장이 있으니 이동하는 동안 자동차를 굴리면서 쓰는 화석 연료도 적다. 덩달아 이산화탄소 같은 온실 기체와 미세 먼지 같은 오염 물질도 적고.

반면에 교외에 사는 400명의 사정은 정반대다. 띄엄띄엄 세운 단독 주택은 1채당 4인 기준으로 무려 100채가 필요하다. 100채를 위한 도로, 상하수도, 송전선도 길어야 한다. 은퇴자가 아니라면 상황은 더 나빠진다. 아침저녁으로 출퇴근을 해야 하는데 그때마다 소비하는 화석 연료와 내뿜는 온실 기체, 오염 물질은 심각하게 환경을 파괴한다.

황두진의 비전은 바로 이런 점을 염두에 둔 것이다. 세종시를 극단적인 밀집 도시로 구성해서 정부 청사(직장)와 주거 공간(집)을 한곳에 몰아넣으면 토지 이용률이 극단적으로 높아진다. 그 대신 환경 파괴를 최소화할 수 있다. 지금은 청사 건물, 아파트, 도로 등으로 훼손된 들판을 보존할 수 있었던 것이다.

　　　　초고층 빌딩이 친환경이라면?

도시에 자연을 심는 실험을

이런 얘기를 해도 선뜻 고개가 끄덕여지지 않는다. 직관에 반한다. 여름이면 뜨거운 아스팔트가 기분 나쁜 열기를 내뿜고, 열섬 현상 때문에 밤에도 열기가 치솟는 도시가 환경 친화적이라니? 아무리 둘러봐도 단조로운 잿빛 풍광에 질릴 대로 질리고, 자신도 모르게 허파 깊숙이 박혀 염증을 유발하는 자동차 미세 먼지가 무서워 마스크를 상시 착용해야 하는데도?

바로 이 대목에서 발상의 전환이 필요하다. 이미 우리의 삶과 떼려야 뗄 수 없는 도시에 생기를 불어넣자. 어차피 도시를 떠나서 사는 것이 불가능하다면, 이곳을 최대한 살 만한 곳으로 만들어 보자는 것이다. 실제로 세계 곳곳에서 도시를 전혀 다른 방식으로 탈바꿈하는 실험이 진행 중이다.

박원순 서울 시장이 '서울로 7017'을 조성하면서 참고했을 법한 미국 뉴욕 맨해튼 웨스트사이드의 '하이라인'도 그 가운데 하나다. 허드슨 강 위의 녹슨 흉물이던 고가 화물 철로가 도시와 전원을 잇는 고가 산책로로 변신했다. 시민이 가꾸는 이런저런 식물과 들꽃이 어울리고 새들이 찾아 둥지를 트는 이곳은 뉴욕 시민이 가장 자주 찾는 산책로가 되었다.

도시 곳곳에 텃밭을 일구는 흐름도 주목할 만하다. 도시 전체가 나서서 공공 텃밭 운동을 전개해 온 캐나다 밴쿠버는 기차가 다니지 않는 철로를 뒤집어엎고 텃밭을 만들었다. 누구든 1년에 20캐나다 달러(약 1만 8000원)를 내면 시로부터 땅을 임대해서 먹을거리를 심을 수 있다. 밴쿠버 곳곳에 이런 식의 텃밭이 있는데, 시민의 절반 정도가 이렇게 농사를 지어 본 적이 있단다.

공중 정원이나 도시 텃밭이 식상하다면 좀 더 참신한 시도도 있다. 혹시 프랑스 파리에 갈 일이 있다면 2006년 개관해 파리의 명소가 된 케브랑리 박물관(Musée du quai Branly)을 꼭 찾아가야 한다. 면적이 1,200제곱미터에 달하는 이 건물의 전면은 말 그대로 '수직 정원'이다. 벽면에 파리의 기후에서 계절마다 생존할 수 있는 다양한 식물을 심어 놓은 것이다.

높이 12미터, 폭 198미터의 수직 정원은 창이 있는 부분을 제외하고는 철 따라 나무, 풀, 꽃 등으로 우거진다. 새가 둥지를 틀고, 나비, 벌새가 노니는 이 건물의 매력에 빠지지 않기는 쉽지 않다. 도시 한가운데 우뚝 서 있는 수직 정원이 24시간 내내 공급하는 신선한 산소는 덤이다.

중요한 것은 발상의 전환!

개인적으로 가 보고 싶은 곳 가운데 하나는 이스라엘 에일라트 해변에 있는 레드 시 스타 레스토랑(Red Sea Star Underwater Restaurant)이다. 이 레스토랑은 수면 아래 5미터에 위치한 수중 레스토랑이다. 손님은 레스토랑 주변의 산호초를 누비는 해양 생물을 보면서 요리를 즐길 수 있다. 산호초 사이에 수중 레스토랑을 만들어 놓은 것이야말로 환경 파괴 아니냐고?

사실은 정반대다. 이 레스토랑은 산호초 복원 과정에서 만들어 졌다. 해양 오염으로 산호초가 파괴된 곳에 강철 구조물을 잠그고, 그 위에 산호 군락을 이식했다. 그렇게 구조물에 복원된 산호초가 다른 해양 생물을 모으면서 자연스럽게 해양 생태계가 조성되었다. 덕분에 그 레스토랑을 찾는 손님은 산호초 생태계를 조망하면서 한 끼를 먹는 호사를 누릴 수 있게 되었다.

도시에 생기를 불어넣는 세계 곳곳의 사례를 찾아보면서 새삼스러운 사실도 깨닫게 되었다. '개발의 아이콘'이었던 이명박 전 대통령이 서울 시장으로 재직하면서 밀어붙인 청계천 복원 사업도 다른 각도에서 보면 도시에 숨통을 틔우는 시도로 재평가할 여지가 있다는 점이다. 비가 오지 않으면 건천(乾川)이었던 청계천에 억지로 물을 흘려 놓은 게 꺼림칙하지만 말이다.

그러고 보니 지금 이 글을 쓰고 있는 상암동 인근의 녹지대도 그런 시도 가운데 하나다. 산업화 과정에서 쌓인 오물을 흙으로 덮고 나서 인공 동산과 정원을 만들어 놓지 않았던가. 비록 땅 밑에서는 끊임없이 썩은 물과 메테인 기체가 나오고 있기는 하지만. 어쨌든 우리도 이렇게 도시에 숨결을 불어넣고 있다.

흰색 페인트로 지구 구하는 법

한국 시간으로 2018년 2월 5일 오전 6시 30분, 어쩌면 인류는 심각한 재앙을 맞을 뻔했다. 바로 그때 지름 1.2킬로미터의 소행성이 지구를 살짝 비켜 지나갔기 때문이다. (지구에 가장 가까이 왔을 때의 거리는 420만 킬로미터였다.) 소행성의 이름은 '2002AJ129.' 2002년 미국 하와이 할레아칼라의 마우이 우주 감시 센터에서 처음 발견한 것이다.

'지름 1.2킬로미터?' 이렇게 우습게 보면 큰코다친다. 지름이 300미터 정도만 되어도 한반도 정도의 나라가 초토화될 수 있다. 이번에 지구를 비켜 간 1.2킬로미터 정도면 유럽 면적에 해당하는 지역이 심각하게 파괴될 수 있다. 이런 소행성이 지각의 얇은 부분을 뚫고 맨틀까지 들어가면 더 치명적이다. 지하에서 나온 화산재와 이산화탄소 등 온실 기체가 지구 표면 전체를 덮어 기후에 심각한 영향을 줄 수 있다.

이 대목에서 1998년 개봉한 할리우드 영화 「딥 임팩트(Deep Impact)」를 떠올리는 독자가 있겠다. 이 영화에서 지구로 날아오던 혜성은 미국 정부 등이 혜성을 파괴하고자 터뜨린 핵폭탄으로 인해 둘로 쪼개진다. 큰 것(지름 4.8킬로미터)은 비켜 가는데, 작은 것(지름 800미터)은 지구로 떨어진다. 영화에서는 800미터의 혜성 조각이 떨어지는 순간 해일이 일어나서 미국 동부가 물에 잠기고 수백만 명이 죽는 것으로 나온다.

NASA가 자문한 영화「딥 임팩트」의 내용은 대부분 과학적 근거가 있다. 그러니 2018년 2월 5일 우리는 어쩌면 할리우드 영화의 재앙이 눈앞에서 펼쳐지는 것을 볼 수도 있었다. '대멸종'을 소개한 2부의 글「여섯 번째 '대멸종'」에서 언급했지만, 공룡 시대를 결딴낸 다섯 번째 대멸종 때 지구를 덮친 소행성의 크기는 7~10킬로미터 크기였다.

인류 문명 결딴낼 소행성만 156개

우리 태양계에는 수성, 금성, 지구, 화성, 목성, 토성, 천왕성, 해왕성, 이렇게 8개의 행성이 있다. (해왕성 바깥에 있는 명왕성은 2006년 8월 24일 과학계의 합의로 행성 자격을 박탈당했다.) 그런데 태양계에는 행성뿐만 아니라 수많은 혜성이나 소행성도 태양을 중심으로 돌고 있다. 이 가운데 어떤 혜성이나 소행성 들은 그 궤도가 지구와 비슷해서 마주치는 일이 생길 수 있다.

바로 이렇게 지구와 마주칠 수 있는 혜성이나 소행성을 가까울 근(近) 자를 붙여서 '근지구 천체(Near-Earth Object)'라고 부른다. 지금까지 확인된 근지구 천체는 2019년 8월 15일 현재 2만 681개다. (근지구 혜성 108개, 근지구 소행성 2만 573개.) 이 가운데 지름이 1킬로미터보다 크면서 지구를 위협할 가능성이 큰 소행성이 155개다.[1]

2018년 2월 5일 지구를 비켜 간 2002AJ129 같은 위험한 소행성이 155개나 더 있다는 것이다. 앞에서 살폈듯이, 1킬로미터보다 큰 소행성은 자칫하면 인류를 결딴낼 정도의 파멸적 결과를 낳을 수 있다. 지금 이 순간에도 유엔을 중심으로 전 세계 곳곳의 과학자가 눈에 불을 켜고 지구로 날아오는 소행성을 주시하는 것도 이 때문이다.

이 대목에서 궁금증이 생길 테다. 만약 지름이 몇 킬로미터 되는 소행성이 몇 년 후 혹은 몇 개월 후에 지구와 충돌할 가능성이 크다는 사실을 확인했다 치자. 지구로 돌진하는 이 소행성을 막을 방법이 있을까? 할리우드 영화에서는 근육질의 영웅이 핵폭탄을 싣고 우주로 날아가서 혜성이나 소행성을 폭발시킨다. 현실은 어떨까?

실제로 이런 일이 닥친다면 상황은 훨씬 비관적이다. 영화에서 흔히 쓰이는 핵폭탄은 해법이 아니다. 웬만한 크기의 소행성은 핵폭탄 몇 개로 폭파할 수 없을 뿐만 아니라, 설사 소행성을 폭파했다고 하더라도 그 파편이 지구 곳곳에 더 큰 재앙을 낳을 수 있기 때문이다. 핵폭탄으로 혜성을 두 쪽으로 쪼갠 영화 「딥 임팩트」의 상황이 반복될 수 있다.

그렇다면 아무것도 할 수 없을까? 그나마 해 볼 방법이 밀거나 끌어서 소행성의 궤도를 바꾸는 것이다. 질문은 꼬리를 문다. 소행성의 궤도는 또 어떻게 바꿀 수 있을까? 얼른 떠오르는 방법은 소행성과 비슷한 질량의 우주선을 보내서 견인하는 것이다. 하지만 소행

　　　　　　　흰색 페인트로 지구 구하는 법

성이 크다면 이조차도 불가능하다.

이럴 때는 일단 다양한 아이디어를 모아 보는 일이 도움이 된다. 실제로 미국의 비정부 조직 SGAC(Space Generation Advisory Council)가 주최하고 유엔이 지원하는 '소행성 움직이기 대회(Move an Asteroid Competition)'가 2008년부터 매년 열리고 있다. 소행성의 진행 방향을 바꿀 수 있는 아이디어를 공모해서 상을 준다.

한 가지만 소개하자. 2012년 우승자는 당시 MIT에 재학 중이던 한국계 대학생 백승욱 씨였다. 백승욱 씨의 아이디어는 기발하다. 흰색 페인트 통을 던져서 소행성을 흰색으로 칠하기만 하면 이동 경로를 바꿀 수 있다는 것이다. 도대체 무슨 소리인가 싶겠지만 흥미로운 아이디어다. 소행성에 묻은 흰색 페인트는 햇빛을 반사한다. 그런데 마찰이 없는 우주 공간에서는 햇빛을 반사하는 것만으로도 소행성이 상당한 힘을 받게 된다.

거칠게 원리를 설명하자면 이렇다. 빛은 '파동'이면서 '입자'의 성질도 띤다. 빛의 입자인 광자는 공기의 흐름인 바람처럼 압력을 가진다. 우주 공간은 마찰이 없기 때문에 그 빛의 힘이 쌓이면 무시할 수 없는 효과를 낸다. 소행성에 묻은 흰색 페인트가 빛을 반사할 때, 그 힘의 반작용으로 궤도에 변화가 생기는 것이다. 흰색 페인트로 지구를 구하다니 생각만 해도 멋지지 않은가?

소행성에서 광물을 채굴하는 일본, 한국은?

물론 진짜 소행성이 지구를 덮친다면 그것을 막는 일이 쉽지 않으리라. 여기서 소행성에 얽힌 또 다른 별천지 같은 이야기를 해야겠다. 박근혜 정부 때, 2020년까지 달에 한국인을 보내겠다는 계획을 내놓은 적이 있다. 그런데 정작 이웃 나라 일본은 달이 아니라 소행성을 주목한다.

2003년 5월 9일, 일본은 '하야부사 1호'를 발사했다. 이 하야부사 1호는 세계 최초로 소행성 이토카와(25143 Itokawa)에 착륙해서 샘플을 채취하고 나서 7년 만인 2010년 지구 귀환에 성공했다. 일본은 2014년 11월 30일, 또 다른 소행성 류구(162173 Ryugu)를 목표로 하야부사 2호를 발사했다. 하야부사 2호는 류구에서 1년간 탐사 활동을 하고 나서 2020년 다시 지구로 돌아올 예정이다.

한국이나 중국이 달에 혹해 있을 때, 왜 일본은 소행성에 눈길을 돌릴까? 다수의 과학자는 일본이 소행성의 지하 자원에 눈독 들이고 있을 가능성을 의심한다. 희귀한 광물 '언옵테이늄(unobtanium)'을 캐고자 나비 족이 사는 행성을 점령하려는 영화 「아바타」의 이야기를 일본은 현실로 만들고 있다. 인류에게 '위협'이자 '기회'인 소행성, 매혹적이지 않은가?

트럼프냐, 개구리냐?

지금 전 세계에서 가장 위험한 인물은 누구일까? 북한의 김정은, 이슬람 수니파 극단주의 무장 단체 이슬람 국가(IS)의 극단주의자 등 저마다 답변이 다를 것이다. 그렇다면 100년 후의 역사학자가 지금 이 시점을 평가한다면 가장 위험한 인물로 누구를 꼽을까? 아마도 2017년 1월 20일 취임한 미국의 대통령 도널드 트럼프가 꼽힐 가능성이 크다.

2019년 현재 한반도 긴장 완화가 트럼프의 의지에 달려 있는 우리의 처지는 잠시 잊자. 그를 둘러싼 문제가 한두 가지가 아니지만, 인류의 운명과 직결된 가장 중요한 문제를 꼽자면 바로 지구 온난화다. 트럼프는 후보 시절부터 지구 온난화는 '사기'라고 공언해 왔다. 그가 지구 온난화를 초래하는 이산화탄소 같은 온실 기체를 내뿜는 석탄 산업의 부활을 주장하는 것도 이런 인식 탓이다. 정말로 지구 온난화는 사기일까?

이미 너무 더운 지구

트럼프뿐만이 아니다. 지구 온난화가 사기라거나 혹은 과장되었다는 기사는 잊을 만하면 국내외 언론에 실린다. 보통 사람도 마찬가지다. 폭염이 찾아온 여름이나 평소보다 기온이 높은 겨울에는 정말로 지구가 더워지나 싶다가도, 무서운 동장군이 차가운 칼날을 거침없이 휘두를 때는 지구 온난화를 놓고서 고개를 갸우뚱거리게 된다.

바로 이 대목이 문제다. 보통 사람이 지구 온난화를 일상 생활에서 체감하기는 대단히 어렵다. 왜냐하면, 지구 온난화는 말 그대로 지구 전체의 기후 변화이기 때문이다. 지구 전체의 표면 온도는 계속 오르는데도, 어떤 지역은 오히려 온도가 떨어질 수도 있다. 그러니까 우리가 일상에서 느끼는 날씨 변화를 놓고서 지구 온난화를 따져서는 안 된다.

이제 지구 온난화에 대한 팩트(fact)를 체크해 보자. 공교롭게도 2017년 1월 트럼프 대통령이 취임하고 NASA 등의 과학자는 충격적인 결과를 공개했다.[1] 2016년 지구 표면 온도(섭씨 14.84도)가 기상 통계를 내기 시작한 1880년 이후 가장 뜨거웠다. 2016년에 이어서 2017년, 2015년, 2018년 순으로 '뜨거운 해'가 이어지고 있다.

사실 이런 뜨거운 해는 어제오늘 일이 아니다. 20세기 지구 평균 기온(섭씨 13.9도)보다 뜨거운 해가 1977년부터 40년째 이어지고 있다. 실제로 지구 기온은 산업화 이전(1880년)과 비교해서 약 1도 상승한 상태다. 즉 트럼프의 주장과는 달리 지구는 진짜로 더워지고 있다.

이 대목에서 '고작 1도가 뭐가 대수지?' 하고 반문하는 이들도

트럼프냐, 개구리냐?

있겠다. 그럴 만하다. 환절기에는 5~6도를 훌쩍 넘는 10도가 넘는 일교차도 다반사니까. 그럼, 지구 표면 온도가 5~6도 낮아지면 무슨 일이 발생할까? 과학자의 추정에 따르면, 얼음이 지구를 가장 넓게 덮고 있었던 최근의 빙하기는 약 2만 년 전이었다. 바로 그때 지구 전체 표면 온도가 지금보다 5~6도 낮았다.

즉 지구 표면 온도가 5~6도만 낮아져도 영화 「설국열차」에서 나오는 지구 전체가 얼음으로 덮이는 최악의 상황이 벌어질 수 있다. 이제 역으로 지구 표면 온도가 약 1도 상승한 게 얼마나 큰일인지 감이 올 것이다. 실제로 과학자의 추정에 따르면 지난 500만 년 동안 지구 표면 온도는 산업화 이전과 비교했을 때 2도 이상(약 16도) 상승한 적이 없다.

그렇다면 산업화 이전과 비교해서 지구 평균 기온이 2도 정도 높아지면 무슨 일이 생길까? 지구 생명체의 20퍼센트 정도가 멸종될 거라는 게 과학자들의 예측이다. 지구 평균 기온이 2도 정도 상승했을 때, 제일 먼저 자취를 감추리라 예상되는 동물은 개구리나 두꺼비 같은 양서류다! 1989년 5월 15일 수컷이 마지막으로 발견되고 나서 자취를 감춘 남아메리카 코스타리카의 황금두꺼비(golden toad)는 지구 온난화로 멸종한(인간이 알고 있는) 첫 번째 동물로 추정되고 있다.

지구 온난화, 과학이 아니라 정치다

지구가 더워진다고 곧바로 할리우드 재난 영화 같은 대재앙이 닥치지는 않는다. 더 정확히 말하면, 앞으로 50년, 100년 후에 더워진 지구의 기후가 어떻게 될지 예측하는 일은 불가능하다. 당연한 얘기다. 툭하면 일기 예보가 틀린다고 투덜대지 않는가? 하루 이틀 뒤 서울 날씨도 예측하기 힘든데 50년, 100년 후 전 지구의 기후를 어떻게 정확히 예측하겠는가?

기후 과학을 연구하는 과학자 사이에서도 상당한 의견 차이가 있다. 극소수 낙관론자는 지구 온난화가 초래할 기후 변화가 인류가 감당할 만한 수준이라고 주장한다. 반면에 다수의 과학자는 지금 이대로라면 (인류가 온실 기체를 줄이려고 노력하더라도) 지구 평균 기온이 산업화 이전과 비교해서 약 3도 정도 올라서 심각한 기후 재앙이 나타나리라고 전망한다.

진짜 무서운 것은 비관론자의 예측이다. 이들에 따르면, 인류는 기후 변화의 '티핑 포인트(tipping point)'로 질주하고 있다. 어느 시점에 지구 온난화가 초래할 작은 변화가 걷잡을 수 없는 심각한 변화를 낳으리라는 것이다. 가만히 들어 보면 상당히 그럴듯하다. 이들이 주목하는 것은 '양의 되먹임(positive feedback)' 현상이다.

예를 들어, 북위 60도 이상은 1년 내내 땅이 얼어 있는 영구 동토층이다. 이런 땅 안에는 동식물의 사체를 비롯한 수많은 유기물이 썩지 않은 채 얼어 있다. 인간이 배출한 온실 기체가 늘어나서 지구가 더워지면 이 영구 동토층이 녹으며 그 안의 유기물이 썩는다. 그때 나오는 메테인은 짧은 시간 동안 강력한 온실 효과로 지구를 더 덥게 만든다. 그 결과는? 대재앙이다.

다시 강조하자면, 산업화 이후 인간이 배출한 온실 기체 때문에

트럼프냐, 개구리냐?

지구가 더워진다는 사실 자체를 부정하는 과학자는 없다. 하지만 그렇게 더워진 지구가 어떤 모습의 기후 변화로 이어질지를 놓고는 이렇게 의견이 다르다. 이것이 바로 지구 온난화를 둘러싼 과학이 안고 있는 근본적인 불확실성이다.

과학자조차도 이렇게 낙관론과 비관론이 엇갈린다면 어쩌란 말인가? 바로 이 대목에서 지구 온난화는 과학의 문제가 아니라 정치의 문제로 바뀐다. 지구 온난화는 과학자의 입만 바라보면서 그들의 처방을 기다릴 일이 아니라, 복지를 확대할지 말지처럼 우리가 함께 고민해서 해결 방향을 선택해야 할 정치적 문제인 것이다.

역설적으로 이런 사실을 정확히 간파하고 있는 인물이 바로 트럼프다. 그는 지구 온난화가 초래할 기후 변화로 피해를 보는 인류 다수, 미래 세대, 개구리를 비롯한 수많은 동식물은 안중에도 없다. 지금 당장 부자들이 돈을 한 푼이라도 더 벌 수 있다면 그만이다. 그런 부자는 어떤 기후 재앙이 닥치더라도 살길을 찾을 가능성이 클 테니 나름대로 합리적인 선택이다.

그렇다면 트럼프처럼 부자 나라의 부유한 정치인, 기업가가 아닌 우리는 어떤 선택을 해야 할까? 우리는 트럼프가 아니라 멸종 위기의 개구리나 두꺼비 편에 서야 하지 않을까?

미국의 배신, 인류의 재앙

결국 사고를 쳤다. 도널드 트럼프 미국 대통령이 2017년 6월 1일 파리 기후 변화 협약 탈퇴를 선언했다. 애초 미국은 2025년까지 온실 기체 배출량을 2005년 대비 26~28퍼센트 줄이고, 개발 도상국의 기후 변화 대응에 도움을 주고자 재정을 지원하기로 했다. 이 모든 약속이 공수표가 된 것이다.

　전 세계 195개국이 참여한 파리 협정은 21세기 말까지 지구의 온도 상승을 섭씨 1.5도에서 2도 안에(지구 평균 온도로는 약 15.5도에서 16도 안에) 잡아 두려는 인류의 최후 방어선으로 여겨졌다. 파리 협정에서 합의한 만큼이라도 세계 각국이 노력하지 않는다면 앞으로 인류의 미래가 불투명해 보였기 때문이다. 하지만 이산화탄소를 두 번째로 많이 배출하는 미국의 대통령이 이 협정을 걷어찼다.

지구 온난화의 치명적 결과, 해수면 상승

1946년생으로 70대 중반인 트럼프 입장에서는 100년 후에 지구가 결딴나든 말든 알 바가 아니다. 그로서는 당장 파리 협정 탈퇴로 이득을 보게 될 석유, 석탄 등 화석 연료 기업의 비위를 맞추는 게 훨씬 더 합리적이다. 이 기업들은 틀림없이 2020년 대통령 선거 때 트럼프의 재선을 위해서 막대한 후원금을 쏟아부을 테니까.

하지만 트럼프의 이런 셈법은 인류 전체에게는 커다란 재앙이다. 지금 이 순간에도 계속해서 대기 중으로 내뿜어지는 이산화탄소 같은 온실 기체가 지구를 데우고 있다. 그렇게 더워진 지구는 이미 산업화 이전(1880년)과 비교해 약 1도 상승한 상태다. 그렇다면 이렇게 더워진 지구는 도대체 어떻게 변할까?

가장 걱정되는 일은 해수면(바닷물의 표면) 상승이다. 흔히 해수면 상승 하면 얼른 떠올리는 장면이 북극의 얼음이 녹아서 오가지도 못하는 북극곰의 처량한 모습이다. 북극의 얼음이 녹아서 서식지가 없어지는 북극곰의 처지가 딱하긴 하다. 하지만 북극의 얼음이 녹는다고 바닷물의 표면이 높아지지는 않는다.

왜냐하면, 북극의 얼음은 바다(북극해) 위에 떠 있기 때문이다. 그렇게 바다 위에 떠 있는 얼음이 녹는 일은 해수면 상승과 관계가 없다. 뜨거운 땡볕에 손이 가는 아이스커피를 생각하면 된다. 컵을 가득 채운 커피 위에 둥둥 떠 있는 얼음이 녹는다고 해서 컵 밖으로 물이 넘치지 않는 것과 같은 원리다.

더워진 지구의 해수면이 상승하는 가장 큰 이유는 바로 육지에 갇혀 있는 얼음이 녹기 때문이다. 수백, 수천 년 동안 쌓인 눈이 얼음 덩어리로 변한 빙하가 바로 그런 얼음이다. 북아메리카 북쪽에 있는 세계에서 제일 큰 섬인 그린란드의 빙상(대륙 빙하), 남극 대륙의 빙상 그리고 히말라야 산맥이나 알프스 산맥의 빙하 등이 예다.

특히 그린란드와 남극 대륙의 빙상이 문제다. 그린란드는 최대 3킬로미터 정도 두께의 얼음이 멕시코만큼 넓은 지역을 덮고 있다. 그린란드의 빙하만 녹아도 대략 해수면이 6미터 이상 상승할 수 있다. 루크 투르셀(Luke Trusel) 등의 과학자가 주도해 2018년 12월 5일 《네이처》에 발표한 연구 결과에 따르면, 지난 20년간 그린란드 대륙 빙하의 녹는 속도는 18세기 초 산업 혁명 이전과 비교했을 때 5배나 빨라졌다.[1]

지구 얼음 전체의 약 90퍼센트를 차지하는 남극 대륙을 2킬로미터 두께로 덮고 있는 빙상의 사정은 어떨까? 남극 빙상이 녹는 속도 역시 2000년대 10년 동안 50퍼센트나 증가했다. 한 가지 예로, 남극에서 빙상이 가장 빨리 녹고 있는 아문센 해역은 크기가 한반도 전체 면적의 3배 정도다.

이 지역의 얼음은 지난 20년간 1년에 평균 830억 톤이 녹았는데, 이것은 무게로 2년마다 에베레스트 산의 빙하가 녹는 것과 같다. 만약 이런 식으로 남극 빙상이 완전히 녹는다면 해수면이 60미터 이상 상승할 것이다. 그린란드와 남극 대륙 양쪽에서 돌이킬 수 없는 해수면 상승이 시작된 것이다.

이뿐만이 아니다. 지구가 더워지면 그 자체로 해수면 상승을 불러온다. 바로 '열팽창' 탓이다. 열팽창은 고체, 액체, 기체가 열을 받으면 팽창하는 현상이다. 지구가 열을 받으면 육지나 대기보다 바다가 영향을 받는다. 왜냐하면, 바다가 육지나 대기보다 열을 저장할 수 있는 능력이 훨씬 크기 때문이다.

실제로 지구 온난화가 진행될수록 바다 온도가 계속해서 높아지고 있다. 700미터 아래의 심해 온도를 측정했더니 2000년대의 온도 상승 속도가 1970년대보다 55퍼센트 이상 빨라졌다. 이렇게 바다 자체가 팽창하면 해수면도 덩달아 오른다. 지난 200년 동안 해수면 상승이 일어나는 데 절반 정도의 영향을 준 것이 바로 이런 바다의 열팽창이었다.

지구 온난화가 핵발전소를 만나면

열팽창에다 육지의 빙하가 녹는 일까지 더해져서 해수면이 상승하면 어떤 일이 생길까? 얼른 떠오르는 장면은 점점 바닷속에 잠기고 있는 태평양 섬나라의 안타까운 사정이다. 하지만 이렇게 태평양 섬나라의 사정만 부각되다 보니, 해수면 상승이 가져올 진짜 재앙은 못 보는 부작용이 생겼다.

뉴욕, 도쿄, 런던, 상하이, 암스테르담, 홍콩 같은 도시의 공통점이 뭔가? 우리나라의 서울, 인천, 부산은? 전 세계의 정치, 경제, 사회, 문화를 쥐락펴락하는 도시 대부분은 바다나 강을 끼고 있다. 만약 해수면이 걷잡을 수 없을 정도로 높아지면 태평양 섬나라만 잠기는 게 아니라 이 도시들 역시 심각한 위협을 받는다.

물론 앞으로 100년간 그린란드나 남극의 빙하가 얼마나 녹을지, 또 그래서 해수면이 얼마나 높아질지는 과학자마다 시뮬레이션 결과가 다르다. 낙관적인 예측도 있고, 비관적인 예측도 있다. 가장 비관적인 예측에 속하는 전망대로라면 21세기 말에 해수면이 2미터 정도 높아질 것이다. 그렇게 되면 앞에서 언급한 도시의 상당수가 심각한 침수 피해를 입는다.

　　"침수?" 하면서 코웃음을 친다면 정말로 큰코다친다. 지금 전 세계 핵발전소 대부분은 바다나 강을 끼고 있다. 만약 해수면이 상승하면 그 핵발전소 대부분이 침수 피해를 입을 것이다. 바다에 잠길 가능성이 큰 부산 해운대 30킬로미터 인근의 핵발전소 단지(고리 핵발전소) 역시 마찬가지다. 그 결과는? 핵발전소에 해일이 덮친 후쿠시마 사고의 재연이다.

　　정치 자금 몇 푼을 위해서 파리 협정에 '깽판'을 놓은 트럼프 행보의 후폭풍이 두렵다. 인류에게 트럼프의 죗값을 치를 기회가 다시 올 수 있을까?

　　　　　　　　　　　　미국의 배신, 인류의 재앙

기상청 일기 예보가 항상 틀리는 이유

"당황스러움을 넘어 입이 딱 벌어질 정도로 상상하지 못한 현상입니다. 지식과 상식에 대해 다시 생각 중입니다."

태풍 '솔릭'이 지나가자마자 2018년 8월 마지막 주 중부 지방을 시작으로 전국에 집중 호우가 강타했다. 한창 서울과 경기도에 엄청난 양의 비가 내려서 여러 시민이 피해와 불편을 겪고 있을 때, 유희동 당시 기상청 예보 국장이 이렇게 기자에게 문자 메시지를 보냈다. 이 대목을 여러 언론이 보도하면서 유 국장은 곤욕을 치렀다.

유희동 국장은 억울했을 테다. 폭우가 내리는 이유에 대한 최선의 설명을 하고 나서 덧붙인 개인적인 고민일 뿐이었는데, 앞은 자르고 저 말만 보도되었으니까. 하지만 폭우 때문에 걱정과 짜증이 머리 끝까지 치솟은 시민에게 분명히 좋은 메시지는 아니었다. 그래도 비에 홀딱 젖었으면서도 나는 유 국장의 메시지에 무릎을 쳤다. 그는 진실을 얘기하고 있었다.

슈퍼컴퓨터 추가 도입으로도 정확한 날씨 예측은 힘들어

2019년 예산을 살펴보면, 지금의 기상청 슈퍼컴퓨터 4호기보다 성능이 7배 좋은 5호기 도입에 39억 원을 투입하기로 되어 있다. 그런데 이렇게 슈퍼컴퓨터 5호기가 가동을 시작하면 2018년 8월 마지막 주처럼 기상청 일기 예보가 틀릴 가능성이 사라질까? 대답은 부정적이다. 일기 예보 불확실성은 슈퍼컴퓨터 5대가 아니라 10대, 100대라도 절대로 교정할 수 없다.

먼저 중요한 돈의 추이부터 살펴보자. 지난 2000년부터 기상청이 일기 예보 정확도를 높이고자 투입한 예산은 약 2000억 원에 달한다. 18년간 해마다 100억 원 정도가 일기 예보 정확도를 높이는 데 투입이 되었으나 이번과 같은 갑작스러운 기상 이변을 예고하는 일에는 실패했다.

물론 기상청 일기 예보의 수준은 1990년대보다 일취월장했다. 평소 날씨를 예측하는 데는 미국, 일본과 같은 선진국 못지않다. 그런데 그렇게 기상청이 날씨를 정확하게 예측한 날은 대다수 시민이 그다지 일기 예보에 관심이 없다. 왜냐하면, 보통 시민도 하늘을 보면 맑을지, 흐릴지 혹은 비가 올지 대충 짐작 가능하기 때문이다.

문제는 8월 마지막 주 같은 경우다. 난데없이 예고에 없었던 물폭탄이 특정 지역을 강타하는 상황에서 모든 시민이 한발 늦은 기상청의 일기 예보를 원망하고 비판한다. 정작 그런 상황에서 기상청 일기 예보는 속수무책이다. 장담컨대, 슈퍼컴퓨터 5호기가 들어와도 상황이 나아질 가능성은 작다. 애초 그런 기상 이변은 정확한 예측이 사실상 불가능하다.

과학적인 근거도 있다. 상당수 과학자는 날씨를 카오스(chaos, 혼돈) 현상으로 본다. 이 대목에서 카오스 현상이 무엇인지 잠깐 살펴보자.

'나비 효과' 만드는 카오스 현상

1961년 겨울 미국 북동부 매사추세츠 주 케임브리지. MIT의 과학자 에드워드 로렌즈(Edward Lorenz)는 당시로서는 상당히 성능이 좋은 컴퓨터로 기상 예측 모형을 시험 중이었다. 마치 만유인력의 법칙으로 지구와 행성의 운동 경로를 예측할 수 있듯이, 정확한 법칙만 발견한다면 날씨를 예측하는 일도 가능하리라고 믿었던 시절이었다.

그러던 어느 날, 로렌즈는 몇 달 전에 한 번 작업했던 기상 예측 시뮬레이션을 다시 검토하기로 한다. 1분 1초가 아까웠던 그는 지름길을 택했다. 이전에 출력한 데이터의 초기 조건을 컴퓨터에 직접 입력한 것이다. 그리고 1시간 뒤, 당시만 하더라도 엄청났던 컴퓨터 소음을 피해서 차를 한 잔 마시고 돌아온 그는 깜짝 놀랐다.

시뮬레이션 결과가 애초와 달라진 것이다. 도대체 무엇이 문제였을까? 컴퓨터에 직접 입력한 숫자가 문제였다. 애초 숫자는 0.506127과 같은 소수점 이하 여섯 자리였는데, 로렌즈는 그중에서 0.506처럼 소수점 이하 세 자리만 입력한 것이다. 1,000분의 1 정도의 차이가 전혀 다른 결과를 낳은 것이다. 바로 카오스 이론이 탄생하는 순간이었다.

초기의 미세한 변화가 결과에 엄청난 차이를 만들어 낸다는 로렌즈의 발견은 흔히 "나비 효과(butterfly effect)"라고 불린다. "베이징에서 나비 한 마리가 날개를 펄럭이면 뉴욕에서 허리케인이 분다." 같은 물린 비유 대신 나비 효과를 보여 주는 수학적인 표현도 있다. 바로 일상 생활에서 사용하는 "기하급수로 증가한다."라는 표현이다.

이 말의 정확한 의미는 이렇다. 어떤 신입 사원이 사장에게 "저는 월급 대신 첫달은 2원, 둘째 달은 4원, 그다음 달은 8원, 이렇게 급여를 받겠다."라고 요청했다. 흔쾌히 이 요청을 받아들인 사장은 얼마 지나지 않아서 후회해야 했다. 3년 후 즉 36개월이 지났을 때 이 직원이 받는 월급은 얼마나 될까? 놀라지 마시라. 약 687억 원이 된다. (정확하게는 68,719,476,736원이다.)

날씨도 마찬가지다. 날씨에 영향을 미치는 변수와 그것의 초기 조건을 비교적 정확하게 파악했다면 짧은 시간의 날씨 예측은 문제가 없다. 그런데 8월 마지막 주처럼 날씨에 영향을 미치는 변수를 정확히 파악하기 어려울 뿐만 아니라, 그것의 초기 조건이 무엇인지 예측하기 어려울 때 정확한 일기 예보는 사실상 불가능하다.

생각해 보라. 카오스 이론에 따르면, 날씨에 영향을 미치는 변수를 정확하게 파악하고 나서도 그 초기 조건이 조금만 틀리면 결과가 달라진다. 그런데 8월 마지막 주의 경우에는 기상청의 날씨 예측 프로그램이 미처 파악하지 못한 변수도 있었다. 바로 이런 상황을 놓고서 산전수전 겪은 기상청의 베테랑 예보관은 "상상하지 못한 현상"이라며 과학의 한계를 숙고한 것이다.

여기서 한 가지 우울한 전망도 해야겠다. 앞으로 기상청이 예측하지 못하는 한반도의 기상 이변이 더욱더 늘어날 가능성이 크다. 왜냐하면, 지구 온난화가 초래하는 전 지구적인 기후 변화가 한반도에서 지금까지 보지 못했던 다양한 기상 이변을 일으킬 테니까. 여름에는 유례를 찾아보기 힘든 폭염, 강력한 태풍, 갑작스러운 집중 호우가 덮칠 테고, 겨울에는 한파나 폭설이 커다란 고통과 피해를 줄 것이다.

그렇다면 어떻게 해야 할까? 극단적인 기상 이변을 정확히 예측하는 일은 사실상 불가능하다는 사실을 받아들여야 한다. 예측이 어렵다면 국가나 개인 차원에서 가장 현명한 대응은 최악의 상황을 염두에 두고서 만반의 준비를 하는 것이다. 이것이 바로 새로운 기후 시대를 살아가는 현명한 자세다.

참고로, 나는 언젠가부터 가방에 우산을 항상 가지고 다닌다. 물론 2018년 8월 마지막 주의 폭우에 우산 따위는 쓸모가 없었지만.

기후 변화, 과학이 정치를 만날 때

2019년 5월 17일, 영국 언론《가디언》은 "기후 변화(climate change)" 대신 "기후 위기(climate crisis)"라는 단어를 쓰기로 했다. "기후 비상 사태(climate emergency)"나 "기후 붕괴(climate breakdown)" 같은 단어도 사용하기로 했다. 지구 온난화가 가져올 재앙을 '정확하게' 보여 주기 위해서란다. 지구 온난화도 "지구 가열(global heating)"로 바꾸기로 했고 "기후 변화 회의론자(climate sceptic)"라는 표현도 "기후 변화 부정론자(climate denier)"로 대체하기로 했다. 이런《가디언》의 결정은 지구 온난화가 초래할 비상 사태가 엄중함을 보여 주는 또 다른 증거다.

가끔 지구 온난화를 놓고서 대화를 나누다 보면 벽에 부딪힐 때가 있다. 미국의 도널드 트럼프 대통령 같은 기후 변화 부정론자는 어쩔 수 없다고 치자. 알다시피, 정유 업계 등의 강력한 후원을 받고 당선된 트럼프는 지구 온난화와 이해 관계가 충돌한다. 지구 온난화를 인정하면 해야 하는 여러 행동이 달가울 리 없다.

당혹스러운 상대는 지구 온난화와 그것이 초래하는 기후 변화를 믿고 싶어 하는 사람이다. 하지만 이 사람 가운데 일부는 지구 온난화나 기후 변화의 과학적 증거가 부실해 보이기 때문에 쉽게 납득 안 간다고 목소리를 높인다. 이들은 그간 몇 차례에 걸쳐서 유엔 기후 변화에 관한 정부 간 패널(Intergovernmental Panel on Climate Change, IPCC)가 내놓은 보고서의 예측이 수정된 사실을 그 부실의 증거로 내놓는다.

일급의 훈련을 받은 과학자 다수가 지구 온난화는 '사실'이고(산업화 이전과 비교했을 때 지구 평균 온도가 섭씨 14도에서 섭씨 15도로 약 1도 상승했다.), 앞으로 지구 온도 상승폭을 1.5도 안에 잡아 두지 못할 경우 심각한 재앙이 생길 가능성이 크다고 경고하는데도 이들의 마음은 요지부동이다. 도대체 어떤 대목에서 소통이 단절된 것일까?

이 질문에 제대로 답하려면, 현대 과학의 성격 변화를 알아야 한다. 왜냐하면, 이 변화에 대한 몰이해야말로 소통 단절의 중요한 원인이기 때문이다. 결론부터 말하자면, 현대 과학의 중요한 특징 가운데 하나는 '확실성(certainty)'이 아니라 '불확실성(uncertainty)'이 되었다. 낯선 이야기일 테니, 심호흡을 한번 하고 계속 읽어 보자.

과학은 확실한 것이었다

가장 최근에 전 인류를 설레게 한 과학 이벤트를 떠올려 보자. 2019년 4월 10일, 사상 최초로 블랙홀의 실제 이미지가 공개되었다. 이 이미지는 지구에서 5500만 광년 떨어져 있는 블랙홀을 촬영한 것이다. 이 대목에서 새삼 강조하자면, 그 블랙홀은 우리가 이미지로 촬영하기 5500만 광년 전에도 존재했다.

이렇게 블랙홀을 촬영하고 관측하는 일은 과학자뿐만이 아니라 대중에게도 아주 익숙한 과학 활동이다. 과학자는 자연을 관측함으로써 그 속에 오래전부터 존재해 온 어떤 원리를 발견해 낸다. 예를 들어, 아이작 뉴턴(Isaac Newton)이 만유인력의 법칙을 발견하기 전에도 물체는 그 법칙에 따라서 움직였다.

알베르트 아인슈타인(Albert Einstein)의 상대성 이론도 마찬가지다. 19세기 말과 20세기 초 사이에 일어난 인류의 사고 체계 변화가 아인슈타인이 상대성 이론을 떠올리는 데 중요한 영향을 미쳤음은 틀림없다. 하지만 아인슈타인이 상대성 이론을 발견하기 전에도 우리 우주의 시공간은 상대성 이론에 따라서 존재했다.

20세기 물리학의 또 다른 혁명적 발견인 양자 역학도 마찬가지다. 지금도 어떤 과학자와 철학자는 양자 역학의 해석 문제를 놓고서 고민 중이다. 하지만 이런 고민과는 별개로 양자 세계의 현상은 수학 방정식으로 깔끔하게 기술할 수 있을 뿐만 아니라, 미시 세계는 양자 역학을 발견하기 전에도 그 논리대로 움직였다.

즉 우리가 익숙한 과학은 세계가 움직이는 방식의 '이해'를 구하는 활동이다. 이런 이해에 성공하기만 하면, 우리는 그 지식을 바탕으로 세계가 어떻게 움직일지 예측하는 것까지 가능했다. 20세기 과학 기술은 바로 이런 이해를 통한 '확실성'에 기반을 두고 자신의 위상을 높여 왔다.

기후 변화, 과학이 정치를 만날 때

기후 과학은 다르다

현대 과학의 성격이 변했다. 예를 들어, 지구 온난화나 기후 변화의 핵심에 위치한 기후 과학의 사정을 살펴보자. 《네이처》나 《사이언스》 같은 세계적인 과학 저널에 실린 기후 과학 논문에서는 "might" 같은 단어를 자주 볼 수 있다. 알다시피, "might"는 앞으로 일어날 일을 추측할 때, 그것도 조심스럽게 추측할 때 쓰는 표현이다.

2019년 5월 20일 공개된 새로운 기후 과학 논문(「전문가 판단에 따른 미래 해수면 상승에 대한 빙상의 기여(Ice sheet contributions to future sea-level rise from structured expert judgment)」)을 살펴보자.[1] 이 논문은 이산화탄소를 비롯한 온실 기체 배출량이 현재 추세대로 이어진다면, 2100년 세계 해수면이 0.62~2.38미터까지 상승하리라 추정했다. (동시에 지구 평균 기온은 섭씨 5도 상승한다.)

이런 추정치는 파격적이다. 그동안 IPCC를 비롯한 일반적인 기후 과학자는 2100년에 1미터 정도 수준으로 해수면이 상승하리라고 전망했기 때문이다. 예를 들어, 불과 5년 전에 나온 2014년 IPCC 5차 보고서는 탄소 배출을 줄이지 못한다면 지구 온난화로 2100년까지 세계 해수면이 0.52~0.98미터까지 상승하리라고 전망했다.

과학자의 추정치에 이렇게 큰 차이가 나는 것은 그간 IPCC를 비롯한 과학계가 가능성(확률)이 작은 영역을 무시하는 전략을 취해 왔기 때문이다. 실제로 2100년 해수면이 2.38미터까지 상승할 가능성은 5퍼센트 정도로 크지 않다. 하지만 이런 낮은 확률의 결과가 나타나지 않으리라는 보장도 없다.

이제 흥미로운 진실을 살펴볼 차례다. 여기 두 그룹의 과학자가 내놓은 두 가지 시나리오가 있다. 한쪽은 지금 온실 기체 배출이 그 대로라면, 2100년에 해수면이 약 1미터 상승하리라고 본다. 다른 한 쪽은 최악의 경우에는 2미터 넘게 상승할 수 있으리라고 본다. 이 두 과학자의 시나리오 가운데 어느 쪽이 사실에 더 부합하는지 알아보 려면 어떻게 해야 할까?

맞다. 2100년까지 인류가 온실 기체 배출을 지금처럼 그대로 하 고서 해수면이 얼마나 상승할지 확인하면 된다. 2미터 넘게 해수면 이 상승했다면, 21세기 초반의 소수 의견 과학자 그룹이 좀 더 사실 에 부합하는 시나리오를 내놓은 승자로 확인될 것이다. 하지만 이런 상황은 얼마나 어처구니없는가.

지금 기후 과학자들이 수많은 시나리오를 내놓는 이유는 자신 들의 연구가 사실로 확증되기를 기대해서가 아니다. 앞에서 언급한 논문을 발표한 과학자가 2100년 해수면이 2미터 이상 상승할 수 있 으리라는 추정치를 내놓은 이유는 인류가 온실 기체를 줄이려는 좀 더 긴박한 노력을 해야 할 필요성을 강조하기 위해서다.

여기서 기후 과학과 20세기까지 주류를 차지했던 과학 일반과 의 차이점이 또렷해진다. 기후 과학은 자연의 변화를 '이해'하는 것 을 목표로 할 뿐만 아니라 자연과 인간의 '상호 작용'에 특별한 관심 을 가진다. 기후 과학이 관심을 가지는 자연의 변화에 인간은 큰 영 향을 미칠 수 있다. 또 그런 긍정적인 영향이야말로 기후 과학의 존 재 이유 가운데 하나다.

기후 과학과 기후 정치의 만남

이 대목에서 기후 과학으로 대표되는 새로운 과학이 갖는 중요한 특징이 나타난다. 바로 '불확실성'이다. 그 자체로 복잡한 기후 현상을 다루는 기후 과학의 불확실성은 자연과 인간의 상호 작용 때문에 더욱더 증폭된다. 즉 기후 과학에서 불확실성은 이전 과학의 확실성만큼이나 중요한 특징이다.

이런 사정은 기후 과학뿐만이 아니다. 20세기 후반부터 과학 활동의 중요한 영역이 되어 가고 있는 '안전, 보건, 환경' 분야 과학 모두 어느 정도는 기후 과학과 비슷한 모습을 가지고 있다. 이 분야들의 연구가 종종 논쟁의 대상이 되고, 또 불확실성을 중요한 특징으로 하는 것도 이 때문이다.

이렇게 불확실성을 특징으로 갖는 새로운 과학 활동의 특징을 강조하면서 제롬 라베츠(Jerome Ravetz) 같은 학자가 "탈(脫) 정상 과학(post-normal science)"을 이야기하고, 또 많은 이들이 기후 과학 같은 과학을 "정책을 위한 과학(science for policy)"이라고 특별히 구별해서 부르는 것도 같은 맥락이다.

기후 과학의 불확실성은 그 과학이 과거의 '정상 과학'과 비교했을 때, 과학적이지 못함을 보여 주는 증거가 아니다. 불확실성은 오히려 그런 과학 활동의 고유한 특성이다. 또 불확실성은 기후 과학의 연구 대상인 기후 변화가 자연과 인간의 상호 작용까지 고려해야 하는 복잡한 대상임을 강조한다.

더구나 이런 불확실성을 통해서 우리는 기후 변화가 단지 과학자만 관심을 가질 것이 아니라 인류 전체가, 즉 너와 내가 관심을 가져야 할 우리의 문제라는 사실을 일깨운다. 기후 과학의 불확실성은 기후가 과학이 아니라 (넓은 의미의) 정치의 대상이 되어야 함을 강조한다. 불확실성을 통해서 기후 과학은 기후 정치와 만난다.

제비뽑기의 힘

"영국인은 자신을 자유롭다고 생각한다. 그러나 이들이 자유로울 수 있는 것은 의회의 구성원을 뽑을 때뿐이다. 일단 구성원이 선출되면 사람들은 다시 노예로 되돌아간다."[1]

대통령 선거 때, 후보 텔레비전 토론을 볼 때마다 장자크 루소(Jean-Jacques Rousseau)가 했던 말이 머릿속을 맴돈다. 지금 한 표를 읍소하는 저들이 과연 지금 약속한 대로 공익을 실천하는 대통령이 될 수 있을까? 좀 더 근본적인 질문도 있다. 저들이 과연 저런 중책을 맡을 만한 자격이 있는 사람일까?

이 대목에서 또 다른 생각이 꼬리를 문다. 선거 때마다 누군가를 뽑고, 몇 달 혹은 몇 년 지나지 않아 실망하는 패턴이 수십 년째 반복되고 있다. 그런데도 우리는 항상 다음 선거를 기다린다. 여기서 발상의 전환을 해 볼 수는 없을까? 혹시 우리가 표를 주는 '정치인'이 아니라 '선거' 제도 자체가 문제가 아닐까?

'직접 민주주의'는 없었다

여기서 상식부터 점검하자. 고대 아테네의 정치 체제는 흔히 현대 민주주의의 원형으로 꼽힌다. 어렸을 때부터 교과서에서 이렇게 배웠다.

"고대 아테네는 애초 직접 민주주의였다. 여성, 노예, 외국인 등은 의사 결정 과정에 낄 수 없었지만 성인 남성은 직접 아테네의 대소사를 결정했다. 하지만 이런 직접 민주주의는 현대에 와서 대의 민주주의로 바뀌었고……."

프랑스 정치학자 베르나르 마넹(Bernard Manin)의 저서 『선거는 민주적인가』(후마니타스, 2004년)는 이런 상식을 깬다. 기원전 4세기 당시 여성, 노예, 외국인 등을 제외한 아테네 전체 시민은 3만 명 정도였다. 그런데 아테네 민주주의의 꽃으로 불리는 민회의 의석은 6,000석뿐이었다. 당시에도 전체 시민의 5분의 1 정도만 모여 정치를 했다. 아테네 민주주의도 직접 민주주의가 아닌 대의 민주주의였던 것.

놀랄 일은 더 있다. 민회는 아테네 시민의 자원으로 꾸려졌다. 그런데 민회에 법안을 제출하는 500인 평의회(입법부), 지금의 법원과 헌법 재판소 기능을 결합한 시민 법정(사법부)의 배심원 6,000명, 약 600명의 행정관(행정부)은 몽땅 제비뽑기로 뽑았다. 군사, 재무 담당 등 소수 전문가 100명 정도만 선거로 선출했다.

아테네 민주주의의 핵심은 직접 민주주의가 아니라 제비뽑기, 즉 '추첨 민주주의'였다. 왜 선거가 아닌 추첨이었을까? 아테네 사람도 알았던 것이다. 선거를 하면 유력 가문 출신의 정치인, 전쟁에서

제비뽑기의 힘

큰 공을 세운 인기인, 돈 많은 사람 등이 대표 자리를 모조리 차지하리라는 사실을!

아테네가 선택했던 제비뽑기 혹은 추첨 민주주의의 아이디어는 간단하다. 선거 대신 제비뽑기로 국회 의원 같은 대표를 뽑자는 것이다. 벌써 반론이 들린다. "그러다 아무나 국회 의원이나 대통령이 되면 나라꼴이 어떻게 되겠어?" 그런데 바로 그 '아무나' 정치를 할 수 있어야 하는 게 민주주의 아니었나.

지금은 제도로 정착된 '국민 참여 재판'을 도입할 때도 같은 이야기가 나왔다. 법을 모르는 일반 시민이 판결에 참여하는 게 문제라는 반론이었다. 하지만 2008년 도입한 국민 참여 재판 제도를 보면 배심원 판결과 판사 판결이 93퍼센트 정도 일치한다. 오히려 1심 파기율은 판사만 결정한 일반 재판이 더 높다.

더구나 지금 선거로 뽑는 각종 대표(지방 자치 단체장, 국회 의원, 대통령 등)가 과연 얼마나 훌륭한 식견과 전문적 능력을 갖추고 있는지도 의문이다. 4년마다 의사, 판사, 검사, 변호사, 연예인, 언론인 등 다양한 경력을 가진 이들이 선거로 국회 의원이 되지만 그들도 (자기 분야를 벗어난) 경제, 복지, 남북 문제 등 한국 사회의 복잡한 현안 앞에서는 그저 '인턴 국회 의원'일 뿐이다.

제비뽑기+스마트폰, 세상이 바뀐다

대한민국에서 추첨 민주주의가 가능할까? 물론 여기는 3만 명 정도가 지지고 볶던 고대 아테네가 아니다. 하지만 우리에게는 고대 아테네 사람에게 없었던 게 있다. 바로 나이, 성별, 소득, 직업을 불문하고 누구나 손에 쥐고 다니는 스마트폰이 그것이다. 이미 스마트폰으로 정치를 바꿔 보려는 시도가 세계 곳곳에서 진행 중이다.

가장 널리 알려진 실험은 2012년 아르헨티나에서 개발된 모바일 애플리케이션(앱) '데모크라시OS(DemocracyOS)'다. 산티아고 시리(Santiago Siri), 피아 만시니(Pia Mancini) 같은 2030세대가 중심이 돼 만든 데모크라시OS는 스마트폰을 이용해 지역구 의원이 제출한 법안에 의견을 개진하고 찬반 투표를 할 수 있도록 만든 앱이다.

기성 정치인의 호응이 없자 이들은 2013년 8월 부에노스아이레스 시 의회 선거에 새로운 정당(Partido de la Red)으로 참여해 1.2퍼센트를 득표했다. 이런 노력이 계속되면서 데모크라시OS는 아르헨티나를 넘어 전 세계 곳곳에서 각종 정책이나 법안을 심사하고 찬반 투표를 진행하는 플랫폼으로 활용되고 있다.

추첨 민주주의와 데모크라시OS 같은 기술이 결합된다면 어떤 일이 벌어질까? 예를 들어 선거로 뽑은 국회 의원 300명에 더해 제비뽑기로 뽑은 시민 의원 600명으로 시민 의회를 구성했다 치자. 그리고 이들에게 데모크라시OS 같은 스마트폰 앱을 이용해 정부나 국회에서 제안한 법안을 심사하고 찬반 투표를 하는 권한을 부여하자.

상상만 해도 즐겁다. 평생 서울 여의도 국회 의사당에 들어갈 일 없는 학생, 교사, 농민, 노동자, 상인, 미화원 등이 각종 법안을 심사하고 찬반 투표를 하는 것만으로도 세상이 들썩거리지 않을까? 당장 돈도 많고 힘도 세서 공무원, 정치인을 주물럭거려 온 일부 권력 집

제비뽑기의 힘

단이 당혹스러워하는 모습이 눈에 선하다.

　꿈같은 얘기라고? 시야를 넓혀 보면 그렇지 않다. 2008년 금융 위기로 경제가 파탄 난 아이슬란드는 2010년 헌법을 개정하고자 시민 의회를 구성했는데, 인구 비례로 의원 950명을 제비뽑기로 뽑았다. 아일랜드에서는 2013년 1년 동안 시민 66명을 제비뽑기로 뽑아 정치인 33명과 함께 헌법 8개 조항을 검토하는 작업도 진행했다.

　한국에서 추첨 민주주의를 알리는 데 앞장선 이지문 박사는 지방 의회부터 제비뽑기 방식으로 구성해 보자고 제안한다. 듣고 보니 솔깃하다. 지역 50대 이상 아저씨의 사랑방이 되기 쉬운 지방 의회에 스마트폰 앱으로 무장한 20대 대학생, 30대 아주머니가 등장한다면 어떤 일이 벌어질까? 상상만 해도 어깨가 들썩인다.

선거 미스터리, 부동층의 속마음

정재승 카이스트 교수를 오랜만에 만났다. 원래 대중의 사랑을 받는 과학자였지만, 한 예능 프로그램으로 얼떨결에 '국민 과학자'가 된 탓에 어렵게 시간을 잡았다. 그가 2017년 대선 즈음에 했던 아주 중요한 연구 결과를 직접 들어 보기 위해서였다. '알아두면 쓸데있는' 정말로 중요한 내용인데도, 정작 모르는 사람이 많은 것 같아서 답답했기 때문이다.

전할 내용이 많으니 거두절미하고 정재승 교수의 연구를 살펴보자. 알다시피, 정 교수는 선택을 할 때 뇌에서 무슨 일이 일어나는지를 연구하는 과학자다. 이런 '선택의 과학'에 관심 있는 과학자가 선거에 주목하지 않을 리 없다. 5년에 한 번씩 전 국민이 참여하는 대통령 선거야말로 가장 중요한 선택의 장이니까.

실제로 정 교수는 지난 두 차례 대선(2007년, 2012년) 때도 독특한 실험을 진행했고, 이번 대선 즈음해서도 과거와는 다른 새로운 실험을 고안했다. 바로 부동층의 속마음을 들여다보기로 한 것. 흔히 선거 때마다 적게는 20퍼센트에서 많게는 40퍼센트에 이르는 부동층이 결과를 좌지우지한다는 게 세간의 속설이다. 그러니 정말로 그 속마음을 들여다볼 수 있다면 얼마나 좋겠는가.

뇌과학이 읽어 낸 부동층의 속마음

실험 과정을 내 식으로 재구성해서 설명하면 이렇다. 우선 자신이 부동층이라고 믿는 참여자 106명을 모집했다. 그러고 나서 그들에게 아주 단순한 게임을 시킨다. 예를 들어, 모니터 왼쪽에는 '문재인', 오른쪽에는 '안철수'라고 쓰인 버튼을 띄운다. 그리고 문재인 얼굴 사진이 나오면 왼쪽 버튼을, 안철수 얼굴 사진이 나오면 오른쪽 버튼을 누르게 한다.

대다수 참여자는 이런 게임을 몇 차례 반복하면 거의 자동적으로 문재인과 안철수의 얼굴 사진에 따라 오른쪽, 왼쪽 버튼을 누르게 된다. 바로 이 대목에서 실험 환경이 살짝 바뀐다. 문재인 사진이 나오면 눌러야 할 왼쪽 버튼에 '좋다.', '싫다.' 혹은 좀 더 극적으로 '쓰레기' 같은 단어가 나온다면 어떨까? 안철수 사진이 나오면 눌러야 할 오른쪽 버튼도 마찬가지다.

여기 자신도 모르게 마음속에 문재인 후보에게 호감을 가지고 있었던 참여자가 있다. 애초 문재인 사진이 나올 때 왼쪽 버튼을 누르는 데 거침이 없었던 그 앞에 '쓰레기'라는 단어가 나온다면 어떻게 될까? 자신도 모르게 머릿속에는 이런 경고가 켜질 테다. '감히 달

님에게 어떻게 쓰레기를!' 실제로 실험 결과 주춤하는 머뭇거림이 있었다.

　　반대도 마찬가지다. 내심 안철수 후보에게 반감이 있었던 참여자는 안철수 사진에 눌러야 할 오른쪽 버튼에 '좋다.'가 표시되면 주춤하게 된다. 문재인 후보가 나왔을 때 '좋다.'가 표시된 왼쪽 버튼을 누를 때는 거침이 없었던 손가락이 자신도 모르게 주저하게 된 것이다. 안철수 후보에 대한 거부감이 심할수록 당연히 그 주저함의 시간도 길어진다.

　　정재승 교수의 실험 결과의 중요한 의미는 이렇다. 자신을 부동층이라고 믿거나 혹은 그렇게 답하는 과반수, 즉 60퍼센트 정도가 사실은 내심 마음속으로 염두에 두고 있는 혹은 호감을 가지고 있는 후보가 있었다. (문재인 48.9퍼센트, 안철수 14.9퍼센트) 실제로 앞의 게임 참여자에게 실제 투표 결과를 알려 달라고 요청했더니, 일치도는 78.6퍼센트였다. 부동층의 속마음을 80퍼센트 가까이 읽어 낸 것이다.

　　더욱더 기막힌 사실도 있다. 나중에는(2017년 4월) 좀 더 욕심을 내서 홍준표 후보까지 추가해서 비슷한 실험을 하고 나서, 실제 선거 결과 예측도 시도했다. 예측값은 문재인 42.7퍼센트, 홍준표 22.8퍼센트, 안철수 19.1퍼센트. 실제 선거 결과는 문재인 41.1퍼센트, 홍준표 24퍼센트, 안철수 21.4퍼센트. 공중파 3사가 엄청난 금액을 들여서 했던 출구 조사 결과와 비교해 보라.

어쩌면 '스윙 보터'는 없다

정재승 교수의 연구 결과는 여러 가지 생각거리를 던진다. 우선 흔히 '스윙 보터(swing voter)'라고 불리며 선거의 승패를 가르는 중요한 이들로 간주되던 부동층의 정체를 다시 탐구할 필요가 있다. 어쩌면 그동안 선거 때마다 부동층이라고 불리던 이들의 상당수는 알게 모르게 지지 후보가 있었던 '숨은' 지지자였을 가능성이 크다.

정당이나 후보가 엄청난 비용을 들이는 선거 캠페인의 효과도 다시 생각할 필요가 있다. 선거 캠페인은 대부분 열성 지지자가 아니라 부동층을 겨냥하는 경우가 많다. 그런데 애초 그 부동층의 존재가 과장되었다면 그런 캠페인의 효과 역시 제한적이다. 실제로 이런 점을 염두에 두고서 선거 경험이 많은 여의도 정치인 몇몇에게 물었더니 흥미로운 대답을 들었다.

한 여의도 정치인은 이렇게 고백했다. "캠페인 기간에 새로운 표를 만든다는 건 환상이다. 물론 아차 하면 표가 떨어져 나갈 수는 있다. 지지자가 투표장에 안 나올 테니까." 그러니까 이런 말이다. 선거 캠페인으로 새로운 표를 확보하기는 굉장히 어렵다. 다만, 악재가 생기거나 패배 가능성이 짙어지면 기존의 호감 표가 기권 등으로 떨어져 나간다.

이제 이 대목에서 머리가 복잡해진다. 선거 캠페인조차도 그 역할이 제한적이라면, 그럴듯하게 포장해서 내놓은 후보의 정책이 투표에 미치는 영향은 더욱더 미미할 것이다. 그렇다면 '민주주의의 꽃'이라 불리는 선거에서 승리하려면 도대체 정치인 또는 정당은 무엇을 해야 할까?

이 질문에 정재승 교수는 "한 정치인의 삶 그 자체가 중요하다." 라고 답변을 내놓았다. 공감한다. 앞에서 소개한 연구 결과는 역설적으로 '이미지 정치'가 아니라 '삶의 정치'의 필요성을 강조한다. 어떤 정치인 또 정당이 선거 때만 일시적으로 그럴듯한 감언이설을 내놓으며 지지를 호소해도 효과는 거의 없다.

반면에 그 정치인 혹은 정당이 평소에도 일상 생활 곳곳으로 파고들어 한 사람의 삶 전체를 흔든다면 어떨까? 그 사람의 이해, 가치 심지어 비전까지 공유하는 정치인과 정당이 삶 한복판에 깊숙이 자리 잡고 있다면, 당연히 마음속에는 그 정치인이나 정당에 대한 강한 호감이 형성될 것이다. 그리고 그런 호감은 그렇게 쉽사리 변하지 않는다.

그리고 보면 한국 정치에서 선거 때마다 반짝 '스타'가 등장해서 판을 정리해 주기를 바라는 것도, 또 지지율에 따라서 후보 간 합종연횡이 나타나는 것도 바로 이런 삶의 정치가 부재한 탓이다. 지금 이 순간에도 앞으로 줄줄이 이어지는 각종 선거를 준비하는 정치인이 여럿 있다. 그들에게 부동층의 속마음을 연구한 정재승 박사의 연구 결과를 숙고하길 권한다.

보통 사람의 이유 있는, 그러나 비합리적인 선택

2017년 10월 9일 노벨 경제학상 수상자로 지명된 리처드 세일러 (Richard Thaler) 미국 시카고 대학교 교수는 이명박 전 대통령과 연이 있다. 이 전 대통령이 그의 책『넛지』(리더스북, 2009년)를 2009년 여름 휴가지로 가져가면서 유례없는 베스트셀러가 됐다.

그때『넛지』를 읽은 많은 국내 독자가 이 책에서 무엇을 배웠을 까? 나의 대답은 부정적이다. 단적인 예로 사람들이 행동 경제학으로부터 배운 바가 조금이라도 있었다면 문재인 정부가 신고리 원전 5, 6호기 공사 중단 여부를 놓고 실시한 공론화 과정이 그런 식으로 진행되지는 않았을 것이다.

극단 기피, 왜 중간 가격 요리가 잘 팔릴까

신고리 5, 6호기 공사를 둘러싼 공론화 과정을 행동 경제학 시각에서 음미해 보자는 아이디어를 처음 준 것은 고학수 서울 대학교 법학 전문 대학원 교수다. 그는 행동 경제학의 통찰 가운데 하나인 '극단 기피(extremeness aversion)'를 언급하며, 공론화 과정의 문제점을 지적한다.

대다수 사람은 의사 결정을 할 때 가급적 극단적인 선택을 피하려는 태도를 보인다. 이것을 '극단 기피'라고 한다. 이런 성향을 가장 효과적으로 이용하는 곳이 바로 식당이다. 예를 들어 2만 원, 4만 원, 6만 원짜리 코스 요리를 파는 식당이 있다면 매출이 가장 많은 요리는 4만 원짜리일 공산이 크다. 고객 10명 가운데 8명은 두 번째를 선택할 테니까.

이런 사정을 염두에 두면 신고리 5, 6호기 공사를 놓고 공론화 위원회가 참여 시민에게 제시한 선택지는 문제가 있다. 공론화 위원회는 참여 시민에게 신고리 5, 6호기 공사 중단 여부(A)만 묻지 않고 문재인 정부의 탈원전 정책에 대한 찬반(B)도 함께 물었다. 본의 아니게 극단 기피를 부추기는 선택지를 제공한 것이다.

이에 대해 마지막까지 남은 시민 471명은 극단(A 찬성/B 찬성 혹은 A 반대/B 반대) 대신 중간(A 반대/B:찬성)을 택했다. 신고리 5, 6호기 공사 재개를 간절히 바라는 원자력 산업계와 (이미 보상금을 받은) 지역 주민의 절박한 호소에 응하면서(A 반대), 문재인 정부의 탈원전 정책에도 지지를 보내는 신호를 보낸 것(B 찬성)이다. 만약 둘 가운데 하나만 물었더라면 471명의 선택이 어땠을까?

손실 기피, 일단 손에 쥐면 잃기 싫다

행동 경제학의 또 다른 통찰 가운데 하나는 '손실 기피(loss aversion)'다. 보통 사람 다수는 미래의 기대 이익이 클지라도 그보다 적은, 당장 손에 쥐고 있는 이익을 취하는 경향을 보인다. 세일러에 따르면 사람은 일단 싸구려라도 자기 손에 쥔 것에 실제보다 2배 이상 가치를 매긴다.

이와 관련한 실험이 있다. 대학 강의실에서 학생 절반에게 대학 상징이 찍힌 머그잔을 나눠준다. 컵을 못 받은 학생에게는 옆 학생이 가진 머그잔을 살펴보라고 요구한다. 그런 다음 머그잔을 가진 학생에게는 머그잔을 팔고, 머그잔이 없는 학생에게는 머그잔을 사라고 지시한다. 그러고 나서 묻는다. "가격이 어느 정도면 기꺼이 머그잔을 판매 혹은 구매할 것인가?"

이때 머그잔을 가진 학생은 머그잔이 없는 학생이 기꺼이 지불하고자 하는 가격의 2배를 원했다. 똑같은 실험을 수십 번 실시해도 결과는 마찬가지였다. 일단 손에 쥔 머그잔을 포기해야 할 때 느끼는 상실감은 똑같은 것을 얻을 때의 만족보다 2배나 큰 것이다.

그렇다면 신고리 5, 6호기 공론화 과정은 어땠을까? 공론화 과정에서 신고리 5, 6호기 공사 중단을 주장하는 측(반핵)은 재생 가능 에너지 산업이 제공할 장밋빛 미래를 시민에게 제시했다. 덴마크, 독일처럼 이 작업에 어느 정도 성공한 외국 사례를 중요한 근거로 제시했다. 참여 시민의 반응은 냉소적이었다. "왜 자꾸 외국 얘기만 하세요?"

반면 신고리 5, 6호기 공사 재개를 주장하는 측(찬핵)은 사람들이 당장 손에 쥐고 있는, 그래서 공사를 중단할 경우 잃게 될 것을 다양한 방식으로 보여 줬다. 핵발전소가 제공하는 전력, (과장이 약간 섞인 걸 감안하더라도) 외국 수출 얘기가 오갈 정도로 상당한 경쟁력을 갖춘 핵발전 관련 기술, 이미 공사가 20퍼센트가량 진행된 신고리 5, 6호기 현황 등.

똑같이 먹고사는 얘기를 하는데 한쪽은 '지금의 손실'을 언급하고, 다른 한쪽은 '미래의 이득'을 말했다. 더구나 시민 471명 가운데 과반수는 어쩔 수 없이 '미래'보다 '오늘'에 관심이 많은 50대 이상이었다. 만약 공사 중단을 주장하는 측이 시민에게 신고리 5, 6호기 건설로 당장 잃을 것을 설득력 있게 보여 줬다면 결과는 사뭇 달랐을 것이다.

재미없는 영화도 참고 보게 만드는 매몰 비용의 오류

마지막으로 한 가지만 더 언급하자. 이미 설명했듯이 신고리 5, 6호기 공사 재개를 주장하는 측은 20퍼센트가량 진행된 건설 현황과 그 과정에 들어간 비용을 끊임없이 강조했다. "매몰 비용이 이렇게 많은데 공사를 중단하다니!"라는 이 주장은 시민들의 선택에 영향을 미쳤다. 바로 '매몰 비용의 오류(sunk cost fallacy)'를 부추긴 것이다.

1만 원을 내고 극장에 가서 30분쯤 관람했는데 영화가 도무지 취향에 맞지도 않고 재미도 없다. 이때 박차고 자리에서 일어나야 할까, 아니면 끝까지 봐야 할까? 끝까지 본다면 그게 바로 매몰 비용의 오류에 빠진 것이다. 선택할 때는 오직 앞으로의 비용과 편익만 따져야 한다. 손실을 메우겠다고 더 큰돈을 쓰지 말아야 한다.

"극단적으로 비유하자면 매몰 비용의 오류는 전사자의 죽음을 헛되이 하지 않겠다며 전쟁을 계속하자고 주장하는 것이다."

심리학자 리처드 니스벳(Richard Nisbett)은 이렇게 경고했다.[1] 그런데 공론화 과정 내내 이런 매몰 비용의 오류를 정부도, 언론도 적극적으로 나서서 교정하려고 하지 않았다.

행동 경제학은 보통 사람의 선택이 항상 이성에 기반을 둔 합리적인 것이 아님을 전제로 한다. 앞에서 살펴봤듯이 보통 사람은 오류(매몰 비용의 오류)와 편견(극단 기피, 손실 기피 등)에서 자유롭지 않다. 당장 2011년 3월, 후쿠시마 핵발전소 사고가 난 다음 똑같은 질문을 같은 시민에게 던진다면 어떤 결론이 나왔을까?

코딩 교육? '스크래치'나 시작하자

10대 때 제일 기뻤던 일을 하나 꼽자면 처음으로 퍼스널 컴퓨터(Personal Computer, PC)를 가졌을 때였다. 1990년 당시만 하더라도 컴퓨터는 상당히 고가였다. 박봉의 월급쟁이였던 아버지도 당연히 여러 차례 망설였을 것이다. 고심 끝에 주머니를 열기로 결심하면서 아버지는 내심 아들이 빌 게이츠(Bill Gates) 같은 유명한 프로그래머가 될 수도 있겠다고 기대했을 수 있다.

짐작하다시피, 그런 아버지의 기대는 금세 깨졌다. 놀기 좋아하는 평범한 10대는 베이직, 파스칼, 코볼, C, 어셈블리 등으로 이어지는 컴퓨터 언어를 습득하는 데 몰두하기보다는 딴 길로 빠졌다. 천리안의 전신인 PC서브(PC-Serve), 하이텔의 전신인 케텔 등 갓 시작한 PC 통신 서비스에 맛을 들인 것이다.

거의 30년이 된 이야기를 새삼 꺼낸 것은 '코딩' 열풍이 낯설지 않아서다. 2018년부터 중학교, 고등학교에서 주 1시간씩 코딩 교육, 즉 컴퓨터 프로그래밍 교육이 의무가 되었다. 2019년부터는 초등학교 5,

6학년도 주 0.5시간 이상씩 코딩 교육을 해야 한다. 사교육 시장에서도 '코딩' 바람이 거세다. 한 세대 만에 다시 유행이 찾아온 것이다.

빌 게이츠가 학교에서 코딩을 배웠나?

먼저 딴죽부터 걸고 가자. 코딩 교육이 학교로 빠른 속도로 진입한 이유는 이 교육을 통해서 정보 기술(IT)의 우수 인력을 조기 양성할 수 있으리라는 기대 때문이다. 10대 혹은 그 이전부터 컴퓨터 프로그램을 다루다 보면 제2의 스티브 잡스(Steve Jobs)나 빌 게이츠가 탄생할 수 있으리라는 것이다.

당장 반론이 가능하다. IT 우수 인력 양성을 위해서 왜 모든 어린이, 청소년이 코딩 교육을 배워야 할까? 결과적으로 새로운 사교육 시장만 키우는 꼴이 되지 않을까? 벌써 월 수십만 원대 고가의 코딩 사교육 시장이 형성되었다는 뉴스가 들린다. 스티브 잡스나 빌 게이츠가 학교에서 코딩 교육을 받아서 프로그래머가 된 것도 아닌데 이 무슨 난리인가.

이런 반론을 의식한 탓인지 코딩 교육이 논리력이나 사고력 증진에 도움이 된다고도 한다. 그런데 논리력이나 사고력 증진에 도움이 되는 교육은 코딩 교육 말고도 널렸다. 당장 수학 교육도 제대로만 하면 논리력이나 사고력 증진에 도움이 되고, 책읽기나 글쓰기의 효과는 굳이 강조할 필요도 없다.

평소 컴퓨터 프로그래머와 교류하면서도 느끼는 점이다. 코딩 능력이 탁월한 프로그래머도 논리력이나 사고력은 개인마다 천차만별이다. 어떤 프로그래머는 코딩 능력만큼이나 논리력이나 사고력이 돋보이는 반면, 다른 프로그래머는 걱정이 될 정도로 답답하다. 더구나 논리력이나 사고력이 돋보이는 전자는 평소 책읽기나 글쓰기에 신경을 썼던 경우가 대부분이다.

장담컨대, 현재의 코딩 교육 열풍은 금세 식을 가능성이 크다. 갑작스럽게 정규 교육 과정에 코딩 교육을 편성한 일도 득보다 실이 클 전망이다. 이미 현장의 프로그래머 사이에서는 마치 수학이 암기 과목이 되었듯이 코딩도 주입식 암기 과목이 되어서, '수포자(수학 포기자)'처럼 '코포자(코딩 포기자)'만 양성하리라는 비아냥거림이 나온다.

그래도 코딩 교육이 필요한 이유

그렇다면 코딩 교육은 프로그래머를 양성하는 직업 학교나 혹은 컴퓨터 공학과 같은 대학 전공으로 미뤄둬야 할까? 아니다. 코딩 교육의 중요성을 강조하는 이들은 오히려 8세 정도, 그러니까 초등학교 입학할 때부터 조기 교육이 필요하다고 여긴다. 이들이 코딩 조기 교육을 강조하는 이유는 두 가지다.

첫째, 8세 정도부터 대다수 아이가 각종 애플리케이션, 특히 게임에 노출된다. 곁에 아이가 있다면 3~4세 혹은 그 이전부터 스마트폰이나 태블릿 PC를 자연스럽게 손가락으로 조작하고 심지어 게임을 하는 모습을 목격했을 것이다. 8세 정도가 되면 이미 아이는 완벽하게 '수동적인' 사용자(user)가 된다.

바로 그 시점에 아이에게 게임 대신 코딩을 경험하게 하면 어떨까? 여러 몰입 요소를 넣은 게임을 소비하기보다 자신이 직접 무엇인가 창조하는 일은 분명히 긍정적인 효과를 낳을 테다. 이 과정에서 아이는 디지털 문화의 '능동적인' 사용자가 될 수 있을 뿐만 아니라, 그 가운데 소질이 있는 몇몇은 정말로 프로그래머의 꿈을 키울 수도 있다.

둘째, 코딩 교육에서 다뤄지는 컴퓨터 언어는 말 그대로 새로운 '언어'다. 주입식 암기 교육이 아닌 제대로 된 코딩 교육을 통해서 아이는 자신의 아이디어를 표현할 수 있는 또 다른 논리와 능력을 습득할 수 있다. 비유하자면, 코딩은 그 새로운 언어로 글을 쓰는 일이다. 미국에서 조기 코딩 교육 캠페인을 벌이고 있는 미치 레스닉(Mitch Resnick)은 이렇게 말한다.[1]

"우리가 아이들에게 글쓰기를 가르치는 게 꼭 저널리스트나 소설가가 되기를 바라서는 아니잖아요. 우리가 글쓰기를 가르치는 건 글쓰기를 통해 배울 수 있기 때문이죠. 글쓰기를 이용해서 생각을 표현하는 것처럼, 코딩을 이용해서 아이디어를 표현할 수 있습니다. 이건 사람들에게 생각하는 법을 가르치는 문제예요."

이 대목에서 여러 독자가 곧바로 반문할 것이다. 8세부터 코딩을 위한 사교육을 하라는 얘긴가? 아니다. 멋진 대안이 있다. 앞에서 언급한 레스닉 등이 중심이 되어서 8세부터 16세까지의 어린이, 청소년이 쉽게 코딩의 기본을 습득할 수 있도록 새로운 컴퓨터 언어 '스크래치(Scratch)'를 2007년 개발했다.

그림 블록 맞추기처럼 코딩을 할 수 있도록 설계된 스크래치는 전 세계 누구나 인터넷을 통해서 무료로 받아서 쓸 수 있다. 굳이 비싼 돈을 들여서 학원을 가지 않아도 스크래치를 가르치는 수많은 학습 자료도 인터넷에 널렸다. (물론 한글 자료도 많다!) 만약 아이가 이 스크래치로 자유롭게 놀 수 있는 기회를 가질 수 있다면 그것이야말로 진짜 코딩 교육이다.

그러니 아이가 게임만 한다고, 게임 중계 동영상만 본다고 도끼눈부터 뜰 게 아니라 스크래치를 권해 보면 어떨까? 기왕에 학교에서 코딩 교육을 한다면 사교육 시장만 키우는 평가에 집중할 게 아니라 아이가 스크래치로 놀 수 있는 환경을 만드는 데 집중하자. 덧붙이자면, 스크래치는 아이뿐만 아니라 어른에게도 흥미롭다. 이제 함께 스크래치하자!

3D 프린팅이 뒤집는 세상

최근 몇 년간 과학 기술 분야의 뜨거운 열쇳말 가운데 하나는 '3D 프린팅'이다. 굳이 신기술에 관심이 있는 이가 아니더라도 한두 번쯤은 이 용어를 들어 본 적이 있을 것이다. 이 때문인지 신기술을 놓고 대화를 나눌 때마다 3D 프린팅, 혹은 그것을 가능케 하는 '3D 프린터'가 무엇인지 질문이 꼭 나온다.

그때마다 나는 휴대 전화로 3D 프린터를 이용해서 찍어낸 예술품을 방불케 하는 갖가지 디자인의 시제품을 보여 준다. 반신반의하던 눈빛은 3D 프린터로 금속 부품 33개를 찍어서 조립한 권총을 보여 주면 놀라움으로 바뀐다. 마지막으로 3D 프린터로 피자를 요리하는 동영상까지 보여 주면 여기저기서 탄성이 나온다. 그러고 묻는다. "3D 프린팅은 세상을 어떻게 바꿀까요?"

'깎던' 시대에서 '쌓는' 시대로

3D 프린팅의 원리를 살펴보기 전에 2,000년도 더 전에 만들어진 고대 그리스 시대 조각상「밀로의 비너스」를 생각해 보자. 아마도 처음에는 예술가와 갖가지 공구를 든 노예들 앞에 커다란 대리석 덩어리가 있었을 것이다. 몇 날 며칠을 깨고, 깎고, 긁고, 새기는 과정을 거치고 나서야 2미터가 넘는 정교한 조각상이 세상에 등장했을 테다.

대량 생산 시대라 일컬어지는 20세기 이후의 상황도 마찬가지다. 강철판과 같은 금속을 깨고, 깎고, 긁고, 새겨 공작 기계로 다양한 모양의 거푸집을 만든다. 그것에 여러 재질의 금속이나 플라스틱을 녹여서 똑같은 모양으로 찍어낸 제품을 우리는 일상 생활에서 사용한다. 컵, 칫솔 같은 생활용품부터 자동차, 지하철 같은 교통 수단까지.

3D 프린팅은 이런 '깎는' 시대에 종언을 고한다. 3D 프린터는 깎는 대신 쌓고 더한다. 우선 노즐이 2D 프린트처럼 앞뒤(x축), 좌우(y축)로 움직이면서 만들고자 하는 물건의 모양대로 한 층을 쌓는다. 맨 아래층을 그리고 나면 노즐은 위로(z축) 살짝 움직여서 바로 위층을 쌓는다. 이렇게 차곡차곡 쌓다 보면, 나중에는 애초 원하던 물건의 형상이 드러난다.

이론상으로는 물건의 재료가 무엇이든 가능하다. 열을 가하면 금세 노즐로 짜낼 수 있는 액체 상태로 변하는 초콜릿, 플라스틱은 말할 것도 없고 알루미늄 같은 금속도 가능하다. 금속은 조금 힘들지 않겠냐고? 분명히 앞에서 3D 프린터로 찍어낸 부품 33개로 조립한 금속 권총이 등장한 사실을 언급했다.

3D 프린팅이 뒤집는 세상

이 대목에서 레이저가 등장한다. 굳는 성질을 가진 금속 분말의 표면에 프린팅하고 싶은 모양대로 레이저를 쏴 주자. 레이저를 먼저 쐰 층이 원하는 모양대로 굳을 것이다. 굳은 부분을 서서히 내리면서 한 층, 한 층 레이저를 쏘는 일을 반복하면 결국에는 원하는 물건의 형상이 드러난다. 제일 먼저 굳은 부분은 아랫면, 나중에 굳은 부분은 윗면이 된다.

당연히 3D 프린터가 앞뒤, 좌우, 위아래로 움직여서 물건을 만들 때 따르는 청사진도 있다. 여기서는 물건의 형태를 3차원으로 디자인하는 '캐드(CAD)' 프로그램이 동원된다. 이 캐드 프로그램은 다양한 3차원 디자인을 컴퓨터가 이해할 수 있는 기계어 'G코드'로 변환한다. 3D 프린터는 바로 이 G코드를 읽어서 쌓는 방식으로 찍어 내는 것이다.

3D 프린팅이 낳은 제조업 혁명

이렇게 깎는 시대에서 쌓는 시대로 바뀌면 무슨 일이 생길까? 우선 깎는 시대에 만연했던 낭비가 사라진다. 「밀로의 비너스」를 만들고자 버려진 대리석을 생각해 보라. 깎는 시대에는 어쩔 수 없이 쓸모없이 버려지는 찌꺼기가 많았다. 하지만 쌓는 시대에는 재료를 꼭 필요한 곳에만 효율적으로 쓸 수 있다.

제조 현장에서 3D 프린팅의 도입이 가져올 가장 큰 변화는 거푸집(금형)의 퇴출이다. 지금은 칫솔 하나, 볼펜 하나, 고무 오리 하나를 찍어내려고 해도 많은 돈을 들여서 금형을 만들어야 한다. 하지만 3D 프린팅 시대에는 이런 금형이 필요 없다. 원하는 물건의 G코드만 알면 1개든, 2개든 원하는 만큼 물건을 만들 수 있다.

구체적으로 살펴보자. 만약 고무 오리를 찍어낼 금형 비용이 약 1000만 원이고, 고무 오리 1개당 비용이 2만 원이라면 어떨까? 지금은 똑같은 고무 오리를 많이 찍을수록 제조 원가가 계속 낮아진다. 100만 개를 만들 때쯤에는 원재료 비용만 들 것이다. 그러니 지금은 군이 쓸모가 없더라도 고무 오리를 100만 개 이상 만드는 게 훨씬 유리하다.

3D 프린팅을 도입하면 정반대 상황이 된다. 일단 금형을 제작하는 1000만 원을 아낄 수 있다. 그러고 나면, 그다음부터는 1개를 만들든 100만 개를 만들든 낱개에 들어가는 원가가 똑같다. 그러니까 똑같은 고무 오리 100만 개를 찍는다면 엄청난 비용이 든다. 대신에 서로 다른 모양의 고무 오리 수백 종을 수백 개씩 생산하는 일이 가능해진다.

이런 특성 때문에 이미 3D 프린팅이 가장 먼저 도입된 분야가 있다. 치아 교정이 그 한 예다. 치아의 모양은 개인마다 다르기 때문에 틀니, 인공 치아, 치아 교정기는 세상에서 딱 하나만 필요하다. 3D 프린터로 이런 틀니, 인공 치아, 치아 교정기를 만든다면 비용이 크게 절감될 것이다. 실제로 이 분야는 발 빠르게 3D 프린팅을 적극적으로 수용하고 있다.

이뿐만이 아니다. 3D 프린팅은 새로운 디자인의 제품을 개발하는 과정에서 수없이 제작하고 폐기되는 시제품 생산에도 변화를 주었다. 이탈리아 밀라노의 디자이너가 새롭게 디자인한 제품(예를 들어 구두)의 G코드를 이메일로 보내 주면, 서울의 3D 프린터가 곧바로 시제품을 찍어내는 것이 가능해졌다.

물론 3D 프린터가 앞으로 어떤 방식으로 제조업에 충격을 줄지는 좀 더 두고 봐야 한다. 다양한 물성의 재료를 더욱더 정교하게 찍어낼 수 있는 3D 프린터가 값싸게 보급된다면 무슨 일이 생길까? 어떤 이는 심각한 지적 재산권 침해를 우려한다. 일상 생활 속 다양한 디자인의 물건을 스캔해서 3차원 이미지로 변환한 다음에 3D 프린터로 찍어내는 일이 가능해질 테니까.

한편, 대량 생산 대량 소비의 시대가 막을 내릴 것이라는 과감한 전망도 나온다. 저마다 필요한 물건을 조금씩 찍어 쓰는 시대가 오리라는 것이다. 전자레인지처럼 3D 프린터가 아침마다 즉석 식사를 준비하는 SF 영화 같은 미래를 예고하는 사람도 있다. 조금 냉소적인 사람은 '섹스 토이' 같은 성 산업의 팽창 같은 엉뚱한 결과를 낳으리라고 예상하기도 하고.

하긴 인터넷이 처음 등장했을 때, 수십 년 후에 인터넷에 기반을 둔 디지털 시대가 이런 모습이 되리라고 누가 상상이나 했던가? 3D 프린팅은 또 어떻게 세상을 뒤집어 놓을까? 일자리를 비롯한 우리의 삶에는 어떤 영향을 줄까?

비트코인, 화폐 혁명의 시작

2010년 5월 18일 미국 플로리다 주 잭슨빌에 사는 한 '비트코인 (Bitcoin, BTC)' 이용자(아이디 laszlo)는 인터넷 게시판에 피자 2판을 자신에게 배달해 주면 1만 비트코인을 주겠다고 올렸다. 이 이용자는 비트코인으로 어떤 일을 할 수 있을지 실험해 보기로 한 것이다. 그때까지만 해도 비트코인을 받는 피자 가게는커녕 비트코인의 존재를 아는 사람도 극소수였다.

놀랍게도 나흘 뒤 그의 집으로 피자가 배달됐다. 인터넷 게시판에서 그의 글을 본 누군가(아이디 jercos)가 잭슨빌의 한 피자 가게로 전화해 배달시킨 것. 약속대로 1만 비트코인이 인터넷을 통해 피자 구매자의 계정으로 입금됐다. 지금 그 피자는 세상에서 가장 비싼 피자가 됐다.

피자 두 판 값으로 지불한 1만 비트코인은 현재(2019년 8월 20일) 가치로 약 1100억 원. 게시판 글을 보고 장난으로 약 3만 원에 피자 두 판을 사서 보낸 jercos가 1만 비트코인을 지금까지 갖고 있었다면 아마도 엄청난 부자가 됐을 것이다. 도대체 비트코인이 뭐기에 이런 기막힌 일이 가능한 것일까?

비트코인의 대담한 실험

2009년 1월 3일, 당시에는 개인인지 집단인지 정체가 알려지지 않은 나카모토 사토시(中本哲史, Satoshi Nakamoto)가 새로운 화폐 비트코인을 처음 사용했다. 나카모토는 발행 주체 없이 누구나 자유롭게 사용할 수 있는 새로운 화폐를 꿈꿨다. 거래는 철저히 익명으로 이뤄지되 그 거래 내용은 전부 기록으로 남아 모두가 확인할 수 있는 상황을 이상적이라 믿었다.

이렇게 고안된 비트코인은 원화나 달러처럼 중앙 은행 같은 특정 기관에서 발행하지 않는다. 비트코인의 모든 거래는 철저히 익명으로 이뤄지지만 누가, 언제, 얼마의 비트코인을 거래했는지는 단 한 건도 예외 없이 암호화되어 기록된다. 우리가 9년 전 피자를 둘러싼 익명의 거래(laszlo와 jercos의 거래)를 확인할 수 있는 것도 이 때문이다.

특정 기관에서 발행하는 게 아니라면 비트코인은 어떻게 만들어질까? 또 수많은 비트코인의 거래 내용을 정리하고 기록하는 데 엄청난 자원이 들어갈 텐데 그 일은 도대체 누가 담당할까? 바로 이 질문에 답하는 과정에서 암호 화폐 비트코인의 혁신적 면모를 확인할 수 있다.

비트코인을 발행하려면 '채굴(mining)'을 해야 한다. 채굴이라는 표현을 썼다고 비트코인을 금처럼 땅에서 캐내야 하는 것은 아니다. 비트코인 채굴이란 고용량 컴퓨터로도 상당한 시간이 걸리는 복잡한 연산을 수행하는 일이다. 이런 연산을 성공적으로 하면 보상으로 소량의 비트코인이 지급된다. 이 과정을 금을 캐는 일에 비유해 채굴이라고 부른다.

불특정 다수가 자신의 고용량 컴퓨터로 비트코인을 채굴하는 과정이 바로 일대일로 이뤄지는 비트코인의 거래 내용을 정리하는 일이다. 이렇게 비트코인 시스템 유지에 이바지한 대가로 그들에게 새로운 비트코인이 주어진다. 수많은 컴퓨터를 동원한 다수의 참여로 거래 내용이 기록되다 보니 비트코인은 해킹으로부터도 안전하다.

예를 들어 보자. 해커가 은행 거래 기록을 해킹하려면 은행의 중앙 서버에 침투해야 한다. 하지만 비트코인은 거래 정보의 사본이 여러 곳에 저장돼 있는 데다, 그 정보를 정리하는 과정에서 복잡한 연산 처리(채굴)가 필수다. 그러니 해커가 비트코인 거래 내용을 조작하는 일은 사실상 불가능하다. 이것이 바로 안전한 금융 혁신을 가능케 하는 '블록 체인(block chain)' 기술이다.

이런 비트코인은 우리의 상상력을 자극한다. 개인은 자신의 이익을 위해, 즉 비트코인을 얻을 목적으로 고용량 컴퓨터를 비롯한 자원을 투자한다. 이런 개인의 투자가 비트코인 시스템이 원활하게 돌아가도록 하는 요소로 작용한다. 이기심에 기반을 둔 개인의 행동이 공동체의 이익으로 귀결되는 모습을 비트코인 시스템이 구현하는 것이다.

투기 상품인가, 대안 화폐인가

2019년 8월 20일 현재, 1비트코인의 가치는 약 1300만 원. 비트코인을 얻을 목적으로 너도나도 채굴에 나서면 어떻게 될까? 그럼 비트코인 양이 늘어나 나중에는 가치가 폭락할 것이다. 미국 정부가 필요할 때마다 달러를 계속 찍어 돈 가치가 떨어지는 인플레이션 현상이 나타나는 것처럼 말이다.

이런 문제점에 대비해 비트코인은 애초부터 발행량을 2100만 비트코인으로 제한했다. 즉 2100만 비트코인이 모두 발행되면 그 이상 발행은 없다. 2019년 8월 기준 약 1780만 비트코인이 채굴됐다. 또 비트코인 시스템은 채굴량이 늘어날수록 연산 난도(難度)가 높아져 채굴을 더욱더 어렵게 할 뿐 아니라, 똑같은 기여에 대한 보상도 계속해서 줄어들도록 설정돼 있다.

그렇다면 비트코인이 과연 원화나 달러 같은 기존 화폐를 대체할 수 있을까? 이 질문에 답하기는 쉽지 않다. 가장 큰 문제는 비트코인 가치의 불안정성이다. 비트코인은 2016년 1월 1일 약 50만 원에서 2017년 12월 15일 2000만 원이 넘었다. 그러다 2018년 12월 다시 약 360만 원 정도로 폭락했다가, 2019년 들어 다시 1000만 원대로 폭등했다.

나카모토 등은 비트코인이 일상 생활에서 원화나 달러화 등을 대체하길 꿈꿨다. 하지만 현재 비트코인은 오히려 금 같은 안전 자산 혹은 투기 상품으로 여겨진다. 거래가 익명으로 이뤄진다는 특징 때문에 뇌물 수수, 마약 거래 등 국경을 넘나드는 범죄에 비트코인이

악용될 여지도 있다.

그런데도 나는 비트코인과 뒤이어 나온 이더리움(Ethereum, ETH)을 비롯한 수많은 암호 화폐의 미래를 밝게 본다. 2008년 세계 금융 위기를 통해 우리는 정부가 발행한 화폐와 그것에 기반을 둔 금융의 폐해가 심각한 상태임을 확인했다. 비트코인은 바로 그런 문제를 해결할 대안 화폐의 새로운 가능성을 보여 주는 도발적인 실천으로 볼 수 있다. 어쩌면 지금 우리는 화폐 혁명의 현장에 서 있다.

거품 이후, 블록 체인 혁명

딱 6년 전의 일이다. 2013년 12월 5일이었다. 한 매체에서 당시만 해도 생소하던 비트코인의 이모저모를 살피는 기사를 냈다. 그해는 비트코인이 1차 폭등할 때였다. 2013년 1월에 13달러(약 1만 5000원)도 안했던 비트코인은 1,100달러(약 130만 원)를 찍고 있었다. 1년 만에 90배 이상 상승한 것이다. 그 기사는 가상 인터뷰 형식을 빌려서 이렇게 전망했다.

"두고 봐! 등락은 있겠지만 1비트코인이 수천 달러, 그러니까 수백만 원까지 오를 테니까."

이런 전망은 곧바로 웃음거리가 되었다. 기사가 나오자마자 비트코인은 약 1,147달러(약 140만 원)로 정점을 찍더니 하락을 거듭한다. 약 1년간 계속 떨어지던 비트코인은 2015년 1월 14일에는 177.28달러(약 30만 원)까지 떨어진다. 85퍼센트 하락한 것이다. 2017년 1월 2일 비트코인이 다시 1,000달러(약 120만 원)를 넘기까지는 무려 3년이나 걸렸다.

그러고 나서는 아는 바다. 2017년 1년간 광풍이 불어서 비트코인, 이더리움 등을 비롯한 다양한 암호 화폐는 엄청나게 가격이 폭등했다. 2017년 12월 원화로 약 2000만 원이 넘던 비트코인은 폭락했다 2019년 들어서 다시 상승하고 있다. 그런데 4년 전 그 기사를 쓴 기자는 비트코인을 샀을까?

비트코인이 아닌 블록 체인을 보라!

폭등하는 암호 화폐를 놓고서 정부는 사실상 신규 거래를 금지하는 강력한 규제를 시행했다. 이해는 간다. 무서울 정도로 등락폭이 큰데다, 금처럼 실물도 없어 보이는 것에 엄청난 돈이 묶여 있기 때문이다. 법무부 같은 규제 당국이 암호 화폐를 '화폐'나 금 같은 '상품'처럼 보기보다는 게임을 할 때 주고받는 '사이버머니' 수준으로 생각하는 것도 무리가 아니다.

하지만 항상 낯선 것은 두려운 법이다. 알다시피, 암호 화폐는 블록 체인 기술에 기반을 두고 있다. 알쏭달쏭한 개념이지만, 거칠게 설명해 보자. 우리는 어떤 거래를 할 때 항상 그 거래를 보증하는 제3의 기관을 상정한다. 예를 들어, A가 B에게 돈을 송금할 때는 그 가운데 은행이 있다. A와 B가 땅을 거래할 때는 그 가운데 등기소가 있다.

이런 식의 거래는 항상 위험이 따른다. A에게 B가 은행을 통해 1000만 원을 송금했다. 그런데 천재 해커가 은행의 전산망을 뚫은 다음에 A에게 B가 1000만 원 송금한 내역을 감쪽같이 삭제하거나 혹은 500만 원만 송금했다고 조작하는 일이 이론적으로는 가능하다. 물론, 현실적으로는 은행의 이중삼중 방화벽을 뚫기도 어렵고, 거래 내역도 따로 저장되어 있지만 말이다.

블록 체인 기술은 이런 위험으로부터 자유롭다. 왜냐하면, A와 B가 거래한 내역을 A와 B뿐만 아니라 C, D, E 등 같은 블록 체인 네트워크에 참여하는 이들 모두가 사본으로 나눠서 보관하기 때문이다. 이런 거래 내역이 빼곡히 채워지는 영역이 블록(block)이고, 이런 블록이 사슬(chain)처럼 연결되어 있다고 해서 이름도 '블록 체인'이다.

이렇게 거래 내역을 블록 체인 네트워크에 참여한 모두가 공유하면 두 가지 장점이 있다. 첫째, 앞에서 언급한 거래 정보의 조작 위험으로부터 자유롭다. A, B, C, D, E 등 블록 체인 네트워크에 참여한 모두의 정보를 모조리 수정해야 조작이 가능한데, 그런 일은 사실상 불가능하다.

둘째, 중간에서 거래를 보증하는 제3의 기관이 필요 없다. 당연하다. 거래 정보를 모두가 나눠서 공유하고 있으니 굳이 그런 거래 정보를 보증하는 기관이 따로 필요할 리 없다. 자연스럽게 그런 거래를 보증하는 기관이 가졌던 막대한 권력도, 그런 권력을 유지하는 데 필요한 엄청난 자원도 필요 없다. 비트코인 같은 암호 화폐 발행 기관이 없는 것도 이 때문이다.

블록 체인 기술, 세상을 바꾼다

이제 상상력을 발휘해 보자. 블록 체인 기술이 앞으로 무슨 일을 할 수 있을까?

쉽게 생각할 수 있는 일은 부동산 거래의 혁신이다. 블록 체인 기술을 응용하면 굳이 등기소에서 엄청난 비용을 들이며 온갖 부동산 거래를 보증하고, 또 그 기록을 엄청난 자원을 들여서 보관할 이유가 없다. 거래를 할 때마다 블록 체인에 정보가 기록될 테고, 그 기록의 조작 가능성은 없다.

투표 시스템의 혁신도 가능하다. 투표 블록 체인 네트워크에 전 국민의 휴대 전화를 연결한 다음에 어떤 선택을 하게 한다. 그 선택은 암호화되어서 블록에 기록된다. 이 블록 체인 투표를 조작하는 일은 불가능하다. 반복하자면, 전 국민의 휴대 전화를 동시에 조작하는 일은 엄청난 자원을 들여도 불가능한 일이니까.

블록 체인 기술은 에너지 전환과도 떼려야 뗄 수 없는 기술이다. 문재인 정부가 확대하려는 태양광 에너지 같은 재생 가능 에너지를 활용하면 비교적 적은 비용으로 집집마다 전기를 생산할 수 있다. 그런데 저마다 필요한 전기는 다르다. 만약 자신이 생산한 전기 가운데 쓰고 남은 전기를 자유롭게 사고팔 수 있다면 어떨까?

블록 체인 기술은 바로 개인 간 전기를 사고파는 일을 가능하게 한다. A가 지붕의 태양광 발전소에서 생산한 전기 가운데 쓰고 남은 전기를 B가 사간다면 그 기록은 고스란히 에너지 블록 체인 네트워크에 남는다. 이런 거래를 보증하는 별도의 기관도 필요도 없다. 중간에 이문을 남기는 거간꾼이 없으니 효율적일 뿐만 아니라, 공급자와 소비자가 가져가는 몫도 크다.

어떤가? 이렇게 블록 체인 기술의 응용 분야는 무궁무진하다. 그러니 실체도 모호한 4차 산업 혁명 타령을 하면서 정작 인터넷만큼이나 커다란 변화를 가져올 블록 체인 기술을 놓고서 규제에만 초점을 맞추는 일은 잘못되어도 한창 잘못되었다. 비트코인 등 암호 화폐를 둘러싼 소동은 블록 체인 기술이 가져올 변화를 염두에 두면 해프닝일 뿐이다.

실제로 2018년 한 차례 거품이 빠지면서 암호 화폐를 둘러싼 광풍은 자연스럽게 잦아들었다. 마지막으로 질문에 답하자. 4년 전 비트코인이 수천 달러까지 오를 것이라 예상했던 기사를 쓴 그 기자는 정작 비트코인을 하나도 안 샀다. 어떻게 아냐고? 그 기자가 바로 나니까.

4부 과학이라고, 안전할까?

우리가 가진 유일한 희망은 방심하지 않으면서,

때가 오기를 기다리는 흉악한 괴물을 신중한 눈으로 감시하는 것뿐이다.

― 지나 콜라타(Gina Kolata), 『독감(*Flu*)』에서

모유 미스터리

그다지 기골이 장대하지 않음에도 잔병치레가 적은 편이다. 지난 몇 년간 감기몸살도 또 독감도 피해 갔다. 가끔 산을 탈 일이 있으면 부실한 하체에도 불구하고 평소 다부진 몸매의 근육질 동료 못지않게 근성을 자랑한다. 오죽하면, 산을 오르내리는 데 이골이 난 한 등산가가 이렇게 감탄하기도 했다.

"강 기자, 어렸을 때 촌에서 자랐어?"

촌이라니! 지방 중소 도시이긴 하지만 엄연히 도시에서 나고 자랐다. 그러면서 가만히 생각해 본다. 나름대로 괜찮은 것 같은 기초체력의 근원은 도대체 무엇일까? 그때마다 어머니가 가끔 푸념처럼 하던 말이 기억난다. "그래도, 내가 한 살이라도 젊어서 널 낳아서 동생보다 젖은 더 오래 먹였어." 그렇다. 어쩌면 나는 모유 수유의 수혜자가 아닐까?

모유의 신비, 슈퍼 푸드가 여기 있다

모유가 아기의 몸에 좋은 건 모두 다 안다. 하지만 정작 왜 좋은지 물어보면 딱 부러지게 대답해 주는 사람이 없었다. 그럴 만한 사정이 있었다. 지금까지 모유 연구가 제대로 이뤄지지 않았기 때문이다. 모유 연구에 앞장서는 과학자 브루스 저먼(Bruce German)에 따르면, "모유에 관한 연구 논문 수가 혈액, 타액 심지어 소변보다도 적다."

그럴 만한 사정이 있었다. 저먼의 계속되는 독설에 따르면,[1] "연구비를 지원하는 단체는 중년의 백인 남성이 앓는 질병과 아무런 관련이 없는" 모유 연구를 "부질없는 것으로 간주했다." 영양학자는 "모유를 지방과 당분의 단순한 칵테일로 여겨, 쉽게 복제하거나 유동식으로 대체할 수 있다고 생각했다."

하지만 모유는 알면 알수록 신비한 먹을거리다. 약 2억 년에 걸쳐서 진화를 거듭해 온 모유에는 젖당, 지방 그리고 다당류의 일종인 '올리고당' 등이 포함되어 있다. 특히 과학자들은 모유 속에서 200가지가 넘는 다양한 형태의 '인간 모유 올리고당'을 찾아냈다. 한창 자랄 아기의 몸에 에너지원을 공급해야 할 모유의 구성으로는 최상으로 보인다.

여기서 반전이 있다. 정작 아기는 모유 속에 세 번째로 많이 포함되어 있는 올리고당을 소화할 수 없다. 도대체 아기가 소화를 시키지도 못할 올리고당이 모유 속에는 왜 저렇게 많이 포함되어 있을까? 아기가 모유를 통해서 섭취한 올리고당은 소화가 안 된 채 대장까지 내려간다. 1950년대 중반에야 과학자들은 올리고당이 대장에

서식하는 미생물의 식량임을 알아챘다.

아기의 대장에서 모유에 담긴 올리고당을 먹어치우는 미생물은 왠지 귀에 익은 이름의 '비피더스균'이다. 저면 같은 과학자들은 수많은 종류의 비피더스균 가운데 비피도박테리움 인판티스(*Bifidobacterium infantis*, B. 인판티스)라는 특정한 세균이 올리고당의 포식자임을 알았다. 이 세균은 올리고당을 소화시키면서 단순한 형태의 지방산을 배출한다. 아기의 소화관 세포는 바로 이 지방산을 흡수한다.

그러니까 아기는 장내 세균(B. 인판티스)이 모유의 올리고당을 흡수하면서 배출한 지방산을 섭취하는 것이다. 여기서 의문이 생긴다. 왜 아기는 모유의 올리고당을 흡수할 때 장내 세균 단계를 한 단계 거치도록 진화했을까? 그냥 아기가 모유를 흡수하는 게 훨씬 더 효율적인 과정 아닌가?

이 대목에서 모유의 신비가 한 꺼풀 더 모습을 드러낸다. B. 인판티스는 모유의 올리고당을 흡수할 뿐만 아니라 접착성 단백질과 항염증 물질의 생성을 돕는다. 접착성 단백질은 진흙처럼 소화관 세포 사이의 틈을 메워서 아기의 소화관을 강화한다. 항염증 물질은 약하기 짝이 없는 아기의 면역계를 강화하는 역할을 한다.

이뿐만이 아니다. 이 착한 세균이 올리고당을 먹으면서 내놓는 또 다른 물질 시알산(Sialic Acid)은 뇌가 신속하게 자라는 데 도움을 준다. 이 물질이 얼마나 중요한지 확인하려면 아기가 돌잔치 때까지 1년간 몸에 비해서 머리가 얼마나 빨리 크는지만 지켜보면 된다. 빨리 크는 머리와 덩달아서 커지는 뇌의 발달에 이처럼 모유와 착한 세균의 상호 작용이 중요한 역할을 한다.

모유 미스터리

기왕에 모유의 신비를 탐색하기로 했으니 한 가지만 더 언급하자. 살모넬라균(Salmonella), 콜레라균(Vibrio cholerae)처럼 이름만 들어도 무시무시한 병원균은 우리 몸속에 들어오면 가장 먼저 소화관에 자리를 잡는다. 그때 이 병원균이 달라붙는 곳이 바로 장 세포 표면에 있는 특정한 모양의 당 분자인 글리칸(glycan)이다. 병원균 블록이 글리칸 블록과 만나서 결합하는 것이다.

그런데 올리고당의 생김새가 바로 글리칸과 비슷하게 생겼다. 병원균 블록이 글리칸 블록 대신 올리고당 블록에 붙으면 세균 감염이 차단된다. 놀랍게도 올리고당은 후천성 면역 결핍증(AIDS)을 일으키는 바이러스(HIV)도 차단할 수 있다. HIV에 감염된 엄마의 젖을 빠는 아기가 바이러스에 감염된 모유를 몇 달이나 먹으면서도 안전한 것도 이런 사정 탓이다.

6개월 모유 수유 비중 약 18퍼센트

여기까지 읽은 독자는 모유가 말 그대로 '슈퍼푸드'임을 확실히 깨달았으리라. 이 때문에 WHO를 비롯한 각국 정부는 모든 아기에게 생후 6개월까지 모유만 먹이고, 그 이후에도 만 2세가 될 때까지 모유 수유를 지속할 것을 권장한다. (아기에게 모유를 수유하는 동안 엄마는 자연 피임 효과까지 누릴 수 있다.)

그런데 수많은 엄마가 여러 사정 때문에 아기에게 모유를 먹이지 못한다. 생후 6개월 동안 모유만 먹이는 비중은 국제 평균이 38퍼센트 정도인 데 반해서, 국내 평균은 18.3퍼센트(2016년 기준)에 불과하다. 일터에서 일하는 '직장맘'이 어떻게 모유를 먹이냐고? 2016년 OECD 통계를 보면, 스웨덴은 여성의 경제 활동 참가율이 80.2퍼센트(한국은 58.4퍼센트)나 되지만 6개월 이후에도 모유를 수유하는 비중이 72퍼센트나 된다.

짐작하다시피, 한국은 일하는 여성이 모유 수유를 할 수 있는 인프라가 조성되어 있지 않다. 근로 기준법은 생후 1년 미만의 아기를 가진 여성에게 하루 두 번씩 각각 30분 이상의 유급 수유 시간을 주도록 명시돼 있으나 지켜지는 경우가 거의 없다. 아기에게 직접 수유를 못 할 때 필요한 유축기, 모유 저장팩, 냉장고 등의 용품이 직장에 구비되어 있을 리도 없다.

반면에 스웨덴은 출산 후 16개월의 유급 휴직을 제공해 엄마와 아기가 같이 생활하며 모유 수유를 비롯한 보살핌을 받도록 뒷받침한다. 하루 1시간 이상의 단축 근무를 통해서 모유를 짜는 시간 등도 보장받는다. 한국에서는 꿈같은 얘기일까? 스웨덴도 1970년대는 모유를 먹이는 비중이 고작 30퍼센트 수준이었다. 스웨덴이 변했듯이 우리도 변해야 한다.

모유 미스터리

매실주 발암 물질 vs. 탈취제 화학 물질

얼마 전에 있었던 일이다. 오랜만에 지인 몇몇과 저녁 식사를 할 일이 있었다. 한 선배가 주섬주섬 술병을 꺼낸다. 보니까 매실에다 소주를 부어서 담근 매실주다. 반가운 지인과 함께하는 저녁 식사 자리에 3년간 고이 간직해 둔 매실주를 챙겨 온 것이다. 달착지근한 매실주가 그날 저녁 식사 자리와 그럴싸하게 어울렸다.

식자우환(識字憂患). 일상 생활 속 화학 물질에 관심이 많은 나로서는 매실주를 마실 때마다 뜬금없이 한 가지 생활 속 과학 상식이 떠올랐다. 매실 씨에는 아미그달린(amygdalin)이 들어 있다. 이 아미그달린에 포함된 사이안화 이온(CN^-)이 떨어져 나오면 사이안화수소(HCN)가 된다. 바로 맹독성의 청산이다. 즉 아주 적은 양이지만 매실 씨에서는 청산이 나온다.

사실 매실차를 먹을 때는 걱정할 필요가 없다. 매실 씨 수십 개를 정제해서 청산을 뽑아내지 않는 한 그 양이 무시해도 좋을 정도로 적기 때문이다. 그런데 매실주는 사정이 다르다. 매실 씨에서 나온

청산이 소주 속의 에탄올과 만나면 발암 (가능) 물질인 에틸카바메이트(ethyl carbamate)가 생기니까. 식품 의약품 안전처는 매실주를 담그는 시간이 길수록 이 발암 물질이 많아진다고 경고한다.

그래서 매실주는 아예 씨를 제거하고 담그든지 아니면 숙성 기간 100일을 넘지 않도록 주의해야 한다. 술은 오래 묵힐수록 좋다는 통념과는 어긋난다. 더구나 차, 술 또는 음료로 먹는 매실 씨에서 극미량이지만 맹독성 화학 물질이 나오다니! 왠지 생명의 기운이 들어 있어서 몸에 좋을 것 같은 씨앗에 대한 통념도 깨지는 순간이다.

이처럼 일상 생활 속 곳곳에서 우리는 예상치 못한 순간에 화학 물질을 맞닥뜨린다. 환경부가 '피죤' 같은 잘 알려진 기업에서 파는 탈취제에서 가습기 살균제에 쓰인 화학 물질(PHMG) 등이 나왔다고 야단법석을 떤 것도 비슷한 일이다. 그렇다면 우리 옆의 화학 물질을 어떻게 대해야 할까?

화학 물질 위험 파악하는 '절대 공식'

학교에 몸을 담지 않은 재야 화학 고수 가운데 김병민 씨가 있다. (『사이언스 빌리지』(동아시아, 2016년)의 저자이다.) 그는 대학에서 화학 공학을 연구하다 요즘은 시민에게 과학 지식을 전달하는 일에 앞장서고 있다. 몇 주 전, 우연히 그의 강연을 들었다. 짧은 강연을 듣다가 무릎을 쳤다. 평소 내가 주저리주저리 말글로 떠들던 이야기를 한 줄짜리 공식으로 요약했기 때문이다.

매실주 발암 물질 vs. 탈취제 화학 물질

$$위해성 = 유해성 \times 노출량.$$

공식만 보고는 감이 안 올 테니 설명을 덧붙이자. 위해성은 '위험(risk)'과 똑같은 말이다. 유해성은 말 그대로 '해롭다(hazard).'는 의미다. 우리는 흔히 '해롭다.'를 '위험'과 똑같이 생각한다. 그런데 그런 접근은 틀렸다. 위험을 일으키는 가장 중요한 요인 가운데 하나는 바로 노출량이다. 맹독성 화학 물질 청산이 들어 있는 매실차를 먹어도 괜찮은 이유는 그 노출량이 적기 때문이다.

이 공식을 염두에 두면, 잊을 만하면 야단법석을 떨게 하는 일상생활 속 화학 물질 보도도 좀 더 객관적으로 볼 수 있다. 한참 전에는 메탄올이 물티슈에 들어 있다는 보도에 소비자 여럿이 놀랐다. 특히 아기에게 물티슈를 많이 사용했던 엄마 아빠가 불안에 떨었다. 하지만 괜한 걱정이었다.

여기서도 노출량이 중요하다. 물티슈 안에 들어 있었던 메탄올은 우리 몸속에서 실명을 일으키는 유독 물질 폼알데하이드로 바뀌기 때문에 분명한 유해 물질이다. 하지만 물티슈 안에 들어 있는 메탄올의 양은 비유하자면 1리터짜리 물병 안에 아주 작은 티스푼에 살짝 묻어 있는 소량이 들어 있는 정도였다. 이 정도면 100퍼센트 몸에 흡수가 되더라도 위험하다고 보기는 힘들다.

더구나 물티슈는 피부를 닦는 데 쓰는 것이지 먹는 것이 아니다. 물티슈로 피부를 닦는 순간 그 안에 포함된 메탄올은 금세 증발해 공기 중으로 날아갈 가능성이 크다. 만에 하나 철없는 아기가 물티슈를 입에 물고 빨 수는 있겠다. 그래도 그 양은 정말로 미미할 정도니 걱정할 필요가 없다. 그런데 이런 정확한 정보를 제대로 전하는 곳이 거의 없었다.

탈취제 속 화학 물질은 정말로 위험한가?

탈취제를 둘러싼 해프닝도 마찬가지다. 사용이 금지된 가습기 살균제 성분에 들어 있는 해로운 화학 물질이 생활용품 속에 포함돼 있었던 것은 명백히 잘못이다. 곧바로 판매사는 소비자에게 사과하고, 환불 조치를 했다. 또 제조사에 법적 책임도 물을 예정이란다. 일단 잘못부터 인정했으니 잘한 일이다.

하지만 직장 동료가 집에 있는 그 탈취제 사용 여부를 물었을 때, 나는 고개를 끄덕였다. 여기서도 노출량이 중요하다. 탈취제에 들어 있는 해로운 화학 물질의 양은 아주 적다. 더구나 탈취제는 코에다 대고 흡입하는 용도가 아니라 냄새나는 옷에다 뿌리는 것이다. 옷에 뿌린 탈취제의 일부가 코로도 들어갈 것이다. 하지만 그 속의 화학 물질의 양은 훨씬 더 적다.

결정적으로 한 가지가 더 있다. 가습기 살균제의 화학 물질이 수많은 희생자를 낳은 이유는 그것이 가습기 안에서 아주 작은 크기로 쪼개져서 호흡기 깊숙이 흡수되었기 때문이다. 분무기를 통해서 뿌리는 탈취제는 가습기에서 나오는 에어로졸보다 화학 물질의 알맹이 크기가 크기 때문에 그렇게 호흡기 깊숙이 흡수될 가능성이 거의 없다.

미세 먼지의 위험과 똑같다. 우리 주변에는 엄청나게 많은 먼지가 있다. 하지만 우리는 그런 먼지를 무서워하지 않는다. 하지만 자동차, 발전소, 공장에서 나오는 미세 먼지는 그 크기가 아주 작아서 호흡만 해도 우리 몸속 깊숙이 들어와서 허파를 망가뜨릴 수 있기 때문에 우리가 무서워하는 것이다.

그러니 앞으로 화학 물질의 위험을 따질 때는 꼭 '노출량'을 기억하자. 그렇지 않아도 스트레스 받을 일이 많은데, 괜한 걱정으로 몸과 마음을 상하게 할 이유는 없으니까. 이 대목에서 환경부에 쓴소리도 해야겠다. 이런 해로운 화학 물질 정보를 세상에 알릴 때, 환경부가 조금만 더 세심하게 과학적인 고려를 한다면 혼란이 크게 줄어들 것이다.

그나저나 소량이지만 발암 물질이 들었을 가능성이 큰 매실주는 그 자리에서 바닥이 났다. 그러고 나서도 일행은 소주를 몇 병이나 비웠다. 아마도 매실주 속 발암 물질보다 알코올이 내 몸에 훨씬 더 안 좋은 영향을 줬으리라 확신한다.

유기농의 배신

유기농 쿠키로 인기를 끌어 온 한 가게의 쿠키가 외국계 대형 할인 매장에서 구매해 판매한 것이라는 사실이 알려져 충격을 준 일이 있다. 아토피 피부염을 앓는 아이의 간식을 위해 비싼 돈을 들여 이 가게에서 쿠키를 사 온 소비자는 엄청난 배신감을 느꼈으리라. 이 황당한 소식을 접하면서 나는 뜬금없이 무위당(无爲堂) 장일순을 떠올렸다.

무위당 장일순은 한국의 유기 농업 운동을 시작한 선각자이자 생산자와 소비자 간 직거래의 상징과도 같은 생활 협동 조합 '한살림'의 창시자다. 한살림 초기에 이런 일이 있었다. 질 낮은 달걀을 생산하는 농민을 놓고 도시 소비자가 불만을 제기했고, 그 농민을 내치자는 목소리까지 나왔다. 그때 무위당은 이렇게 말했다.[1]

"덮어놓고 자꾸 차원을 높이는 것은 안 됩니다. …… 유기 농업을 하는 농민뿐 아니라 농약을 쓰고 화학 비료를 쓰고 그러는 농민까지 안고 가야 합니다."

평생 생명을 살리는 유기 농업의 가치를 지키고자 노력해 온 무위당이 이렇게 말한 이유는 무엇일까? 어쩌면 그에게 정말 중요한 것은 유기농 그 자체가 아니었다.

'유기농' 먹을거리도 위험하다

바야흐로 유기농 전성 시대다. 한국 정부는 최소한 3년간 화학 비료나 농약 없이 농사를 지은 땅에서 재배한 먹을거리에 '유기농' 인증을 주고 있다. 농약을 치지 않은 대신에 화학 비료만 적정량의 3분의 1 이하 수준으로 사용한 먹을거리에는 유기농 대신 '무농약' 인증을 부여한다. 그렇다면 이렇게 유기농 인증을 받은 먹을거리는 안전할까?

아니다. 상식적으로 따져 보자. 흔히 먹을거리에는 세 가지 위험이 존재한다. 화학적 위험, 물리적 위험, 생물학적 위험. 알다시피, 농약은 화학 물질이다. 농약 없이 재배한 유기농 먹을거리는 화학 물질이 초래하는 화학적 위험으로부터는 상대적으로 안전하다. 하지만 물리적 위험이나 생물학적 위험까지 제거되지는 않는다.

예를 들어, 유기 농업으로 재배한 채소가 들어 있는 배달 상자에 죽어서 반쯤 썩은 쥐가 들어 있다면 어떨까? 또 유기농 샐러드를 사서 먹었는데 채소 사이에 죽은 파리나 바퀴벌레가 가득 들어 있었다면? 아무리 유기농 채소라도 그것을 그대로 먹는 소비자는 없을 것이다. 이런 위험이 바로 물리적 위험이다.

그렇다면 생물학적 위험은 어떨까? 흔히 유기농 먹을거리를

'생명의 먹을거리'라고 부른다. 몸에 좋은 세균도 생명이지만 치명적인 질병을 일으키는 몸에 나쁜 세균이나 인체에 해를 주는 기생충도 생명이다. 즉 유기농 먹을거리는 생명의 먹을거리이기 때문에 좋은 세균뿐만 아니라 나쁜 세균이나 기생충도 살아남아 있을 가능성이 크다.

가끔 유기농 먹을거리는 안전하기 때문에 대충 씻거나 그냥 먹어도 된다고 믿고 또 그렇게 권하는 사람을 보았다. 위험하다. 유기농 먹을거리는 농약을 뿌려서 키운 '관행 농업' 먹을거리보다 훨씬 더 깨끗이 씻어 먹어야 한다. 그래야 혹시 묻어 있을지 모르는 나쁜 세균이나 기생충을 제거할 수 있다.

햄버거에서 장출혈성 대장균이 나올 가능성 때문에 소동이 벌어진 적이 있다. 실제로 미국에서 햄버거 패티가 이 대장균에 오염되어서 사망자까지 나왔다. 그래서 장출혈성 대장균이 일으키는 '용혈성 요독 증후군(HUS)'은 '햄버거병'이라는 별명까지 얻었다. 그런데 2011년 독일에서 뜻밖의 일이 있었다.

장출혈성 대장균에 3,000명 이상이 감염되었고 최소한 30명 정도가 목숨을 잃는 사건이 발생했다. 그때도 잘 익지 않은 햄버거 패티가 장출혈성 대장균에 오염된 것이 문제였을까? 진짜 원인은 충격적이었다. 한 먹을거리 업체에서 공급한 유기농 채소가 오염되면서 끔찍한 사고가 발생했다. 장출혈성 대장균도 생명이기 때문에 유기농 채소 안에 똬리를 틀고 있었던 것이다.

이뿐만이 아니다. 유기농 먹을거리가 중금속 같은 화학적 오염으로부터도 안전하지 않을 수 있다. 예를 들어, 철수네 밭에서는 농약도 뿌리지 않고 화학 비료도 없이 농사를 짓는다. 그런데 바로 옆 영희네 밭에서는 농약도 뿌리고 화학 비료도 사용한다. 만약 두 밭이 달라붙어 있고, 같은 지하수를 끌어다 농사를 짓는다면 어떨까?

땅에다 장벽을 치지 않는 한 철수네 밭에서 재배한 먹을거리에 도 영희네 밭에서 뿌린 농약이나 화학 비료에서 흘러나온 성분 등이 영향을 끼칠 수밖에 없다. 마을 전체의 농업 방식 자체가 유기농으로 바뀌지 않는 한 이런 한계가 있기 마련이다. 유기농 재배가 마음먹은 것처럼 쉽지 않은 것도 이 때문이다.

차라리 '유기농'을 대량 수입하자고?

바로 이 대목에서 무위당의 혜안이 있었다. 무위당이 유기 농업의 가치를 지키고자 평생 노력한 까닭은 그것이 '건강 기능 식품'처럼 몸에 좋아서가 아니다. 또 도시 소비자의 관점에서 보기에 다른 먹을거리보다 특별히 안전하고 깨끗해서도 아니다. 만약 무위당이 그런 관점을 가졌다면 질 낮은 달걀을 공급한 농민을 두 번 생각하지 않고 내쳤을 것이다.

농약은 좋은 곤충이나 세균뿐만 아니라 나쁜 세균이나 기생충을 포함한 뭇 생명을 파괴한다. 화학 비료는 토양, 하천을 비롯한 생태계의 균형을 깨뜨린다. 이런 과정이 반복되면 생명의 질서가 깨지고 결국 그 질서 안에서 살아갈 수밖에 없는 인류의 지속 가능성까지 위협을 받는다. 무위당이 다급한 심정으로 유기 농업의 가치를 목소리 높였던 이유다.

무위당은 당장 도시 소비자가 좀 더 많은 유기농 먹을거리를 소비하는 데는 관심이 없었다. 도시 소비자에게 유기농 먹을거리를 공급하는 것에만 관심을 쏟는다면 만주나 중앙아시아에 대규모 농장을 만들어 놓고 유기농 먹을거리를 대량 생산해 수입하는 편이 더 효율적이다. 무위당은 농민과 시민이 소통하면서 함께 유기농의 가치를 깨닫고 세상을 바꿔 가길 바랐다.

이런 무위당의 정신이 어느 순간에 왜곡되고 있다. 생태 운동가를 자처하는 이들이 유기농 먹을거리를 놓고 "면역력을 높여 주는" 만병통치약이라고 홍보한다. 그 과정에서 유기농 먹을거리는 무결점의 건강 기능 식품이 된다. 상황이 이러니, 외국산 밀로 만든 쿠키가 유기농 쿠키로 둔갑하는 일까지 생겼다. 지하의 무위당이 이 꼴을 보면 가슴을 칠 테다.

태풍의 공식

호들갑 떨다가 이렇게 될 줄 알았다. 더위에 정신을 놓은 나머지 너도나도 태풍은 왜 오지 않느냐고 입방정을 떨었다. 난센스다. 정말로 태풍이 오면 폭염 스트레스와는 비교할 수 없을 정도로 큰 피해를 낳는다. 조마조마했는데 결국 태풍 '솔릭'이 2018년 8월 21일 오후 현재 한반도를 향해서 질주하고 있다. (태풍 '솔릭'은 2018년 8월 23일 전라남도 해남으로 상륙해서 2012년 '산바' 이후 6년 만에 한반도를 관통했다. 하지만 육지에 상륙하고 나서 세력이 빠르게 약화해서 다행히 피해는 작았다. 글의 현장감을 살리고자 당시 시점을 그대로 뒀다.)

솔릭은 2012년 9월 태풍 '산바' 이후 6년 만에 한반도에 상륙하는 것이라서 더욱더 긴장된다. 현재로서는 솔릭은 서해를 따라 올라가다가 충청남도 태안반도로 상륙해 수도권을 포함한 중부 지방을 관통한 다음에 동해로 빠져나갈 가능성이 크다. 2012년 8월 산바 이전에 한반도를 덮친 태풍 '볼라벤'이 비슷한 경로로 이동하면서 큰 피해를 낳았다.

태풍 피해가 최소화하기를 바라면서 이 자리에서는 태풍의 경로를 둘러싼 궁금증을 해소해 보자. 당장 지난 6년간 태풍은 왜 한반도를 비껴갔을까?

7월 태풍은 중국, 8월 태풍은 한국, 9월 태풍은 일본

태풍은 적도 근처에서 대기가 불안정할 때 생기는 작은 소용돌이에서 시작한다. 이 소용돌이가 열대 지방의 고온 다습한 공기를 잔뜩 머금고 발전하면 태풍이 된다. 일단 세상에 나온 태풍은 북태평양 고기압을 따라서 이동한다. 그러니까 북태평양 서쪽에 고기압이 길게 자리를 잡고 있으면 태풍은 그 고기압의 경계를 따라서 움직인다.

북태평양 고기압과 태풍의 관계를 머릿속에 담고 나면, 태풍의 경로에 대한 의문을 어느 정도 해소할 수 있다. 혹시 이런 궁금증을 가져 본 적이 있는가? 왜 6월 태풍은 타이완을 공격하고, 7월 태풍은 중국을 강타하고, 8월 태풍은 한반도를 때릴까? 그러고 보니, 9월 태풍은 일본을 지난다. 똑같이 북태평양에서 생긴 태풍인데 왜 달마다 경로가 다를까?

바로 북태평양 고기압의 세력(모양) 때문이다. 6월에는 북태평양 고기압이 동서로 길게 이어져 있다. 북태평양 고기압의 경계를 따라서 이동하는 태풍은 무역풍(저위도에서 동쪽에서 서쪽으로 부는 바람)을 따라서 서쪽으로 이동하다가 타이완 등을 지나면서 피해를 준다. 북태평양 고기압이 태평양 쪽으로 약간 물러난 7월에는 양상이 달라진다.

북태평양 고기압을 따라서 서쪽으로 이동하며 북상하던 태풍은 편서풍(한반도가 있는 중위도에서 서쪽에서 동쪽으로 부는 바람)을 만나면 북동쪽으로 방향을 튼다. 7월 태풍이 중국의 동해안을 따라서 북상하면서 큰 피해를 주는 이유가 여기에 있다. 솔릭 같은 8월 태풍은 세력이 좀 더 약해져서 한반도에 걸쳐 있는 북태평양 고기압의 경계를 따라간다.

그러니 8월 태풍의 이동 경로도 이전의 태풍보다 좀 더 동쪽으로 치우쳐 한반도를 지나간다. 아니나 다를까. 이번에 우리나라는 운이 좋지 않았다. 말복이 지나가고 열대야가 사라지자마자, 다시 말하면 폭염의 원인이던 북태평양 고기압이 태평양 쪽으로 한 발짝 물러나자마자 그 틈에 태풍이 북상한 것이다. 약해진 북태평양 고기압이 태풍에게 길을 열어 준 꼴이라고나 할까?

이제 설명하지 않아도 뒤늦게 발생한 9월 태풍이 일본 열도에 피해를 주는 이유를 알 것이다. 9월쯤 되면 북태평양 고기압은 완전히 세력이 약해져 태평양 쪽으로 물러난 상태다. 그 경계는 일본 열도에 걸쳐 있다. 당연히 북태평양 고기압의 경계를 따라서 이동하는 늦둥이 태풍의 경로도 중국이나 한반도가 아닌 일본 열도 행이다.

물론, 7월이나 9월에도 태풍이 한반도를 덮치는 경우가 종종 있다. 한반도에 2012년 9월에 상륙했던 산바가 그랬다. 이유는 빤하다. 북태평양 고기압이 7월에도 약할 때가 있고, 9월에도 셀 때가 있기 때문이다. 북태평양 고기압이 일찌감치 약해지면 7월에, 늦게까지 힘이 있으면 9월에 한반도가 태풍 길이 된다.

2012년부터 2018년까지 6년간 한반도가 태풍을 피할 수 있었던 것은 운이 좋았기 때문이다. 한반도가 태풍의 피해를 가장 많이 입는 8월에 북태평양 고기압이 세거나 약하면 태풍 길은 중국 동해안(서해)이나 일본 열도에 생긴다. 이런 운 좋은 일이 6년이나 계속되면서 한반도가 태풍 무풍 지대가 되었다.

지구가 더워지면 태풍은 어떻게 될까?

솔릭보다 이틀 늦게 발생한 20호 태풍 '시마론'은 일본 열도에 피해를 줄 전망이다. 북태평양 고기압이 약해지면서 시마론은 8월인데도 좀 더 동쪽(태평양)으로 치우쳐서 북상하면서 일본 열도로 방향을 정했다. 그런데 솔릭과 시마론을 놓고서 '후지와라 효과'를 걱정하는 과학자들이 있다.

후지와라 효과는 두 태풍의 거리가 대략 1,000~1,500킬로미터로 가까워졌을 때, 서로 영향을 주면서 이동 경로 등을 바꾸는 현상을 일컫는다. 1921년 이런 현상을 학계에 처음 보고한 일본 기상학자 후지와라 사쿠헤이(藤原咲平)의 이름에서 따왔다. 그렇다면 가까워진 두 태풍은 후지와라 효과로 어떻게 될까? 솔릭과 시마론은 1,000킬로미터 정도 거리가 된다.

결론부터 말하자면, 아무도 모른다. 보통 규모가 큰 쪽이 작은 쪽을 잡아먹는 현상이 많지만, 의외의 결과도 낳는다. 솔릭과 규모가 비슷했던 2012년의 볼라벤은 직전에 북상하던 태풍 '덴빈'과의 후지와라 효과로 애초 진행 방향이던 남중국해가 아니라 한반도로 직행했다. 1994년에는 초대형 태풍 '더그'가 뒤따른 '엘리'와의 후지 와라 효과로 세력이 약해졌다.

기왕에 태풍 이야기가 나왔으니, 한 가지만 더 짚어 보자. 지구 가 더워지면 태풍의 양상은 어떻게 될까? 여러 가설이 있지만, 과학 자 대부분은 태풍의 발생 빈도가 낮아지리라고 예상한다. 태풍은 저 위도의 열기를 고위도로 옮기는 자연 현상이다. 지구가 데워져 저위 도와 고위도에 축적된 열기의 차이가 작아지면 태풍의 필요성이 줄 어들 수 있다.

그렇다고 안심하기는 이르다. 태풍의 평균 발생 빈도가 적어진 대신에 한 번 발생한 태풍은 훨씬 강할 수 있다. 데워진 바닷물이 태 풍에 예전보다 더 많은 열기(에너지)를 공급할 수 있기 때문이다. 실제 로 지구 온난화 이후에 태풍이나 허리케인 등의 강도가 커지는 불길 한 현상이 나타나고 있다.

아무튼 독자가 이 글을 만날 때 즈음에는 솔릭이 한반도를 할퀴 고 지나간 후일 것이다. 부디, 솔릭 피해가 작기를 또 다른 태풍 역시 한반도를 피해 가기를 다시 한번 간절히 바란다. 제발!

왜 강변북로는 항상 막힐까

2018년 평창 동계 올림픽 개막식의 하이라이트는 반짝반짝 빛나는 드론의 집단 군무였다. 하늘로 올라간 1,218대의 드론이 일사불란하게 스노보드 선수의 형상을 만들더니, 곧바로 오륜기를 그리는 모습은 말 그대로 장관이었다.

알고 보니 1,218대 드론의 조종사는 딱 한 명이었다. 각각의 드론은 지상의 기준점에 대해 항상 똑같은 상대 거리 비율을 유지함으로써 서로 충돌하지 않고 일정한 간격으로 날 수 있었다. 그런데 이런 드론의 모습이 어쩌면 고질적인 도로의 자동차 정체를 해결하는 돌파구가 될 수도 있다. 이유는 이렇다.

짜증 유발하는 유령 정체

명절 때마다 반복되는 고속 도로 정체나 출퇴근길 서울 강변북로, 올림픽대로의 정체는 언급하기도 지겨울 정도다. 도로 정체는 수많은 이들의 시간을 잡아먹고 스트레스를 유발한다. 이런 도로 정체에 지불하는 사회 비용(교통 혼잡 비용)은 약 30조 원(한국 교통 연구원)으로 우리나라 1년 예산의 8퍼센트나 된다.[1]

이 짜증 나는 도로 정체를 들여다보면 이해할 수 없는 현상이 있다. 교통 사고, 교차로 신호등 등으로 차가 막히는 일이야 어쩔 수 없다. 그렇다면 자동차가 장애물 없이 한 방향으로 움직이는 데도 정체가 발생하는 이유는 무엇일까? 자동차가 조금만 많아진다 싶으면 발생하는 이런 이유를 알 수 없는 차 막힘을 '유령 정체(ghost traffic jam)'라고 부른다.

세상에 이유 없는 일은 드물다. 그리고 어떤 현상의 숨겨진 이유를 찾는 역할이 바로 과학자다. 당연히 이 유령 정체가 생기는 이유를 해명하고자 세계 곳곳의 과학자가 나섰다. 일본의 니시나리 가쓰히로(西成活裕) 같은 과학자는 이런 시도에 '정체학(渋滞學)'이라는 근사한 이름까지 붙였다. 그 내용은 니시나리가 쓴 책『정체학』(사이언스북스, 2014년)에서 확인할 수 있다.

이제 그동안 과학자들이 찾은 유령 정체의 이유를 살펴보자. 가장 먼저 꼽아야 할 이유는 경사가 낮은 도로의 오르막길이나 내리막길이다. 구체적으로 100미터 나아갈 때 1미터 상승하거나 하강하는 정도의 길이다. 대다수 운전자는 이 정도 오르막길이나 내리막길은 알아채지 못한 채 왔던 대로 주행을 한다.

예를 들어, 경사가 낮은 오르막길의 경우라면 자동차가 속도가 느려지면 비로소 액셀러레이터를 밟는다. 하지만 이렇게 운전자가 액셀러레이터를 밟았을 때는 이미 늦었다. 뒤따라오던 자동차는 좁혀진 차간 거리 때문에 속도를 줄이고자 브레이크를 약하게 밟는다. 그 뒤의 자동차도 마찬가지로 브레이크를 밟고, 이런 행동은 계속 뒤로 전파된다.

바로 이 대목이 문제다. 바로 뒤차는 약하게 브레이크를 밟아도 충분하지만, 뒤따르는 자동차는 좀 더 세게 브레이크를 밟아야 차간 거리를 유지할 수 있다. 한 대, 두 대 속도가 느려지다 보면 결국 수십 대 뒤의 자동차는 영문도 모른 채 멈출 수밖에 없다. 겉보기에는 이유를 알 수 없는, 말 그대로 유령 정체다.

만약 도로를 달리는 자동차의 간격이 충분하다면 이런 식의 유령 정체는 생기지 않는다. 맨 앞의 차의 속도가 갑자기 느려져서 그 뒤차가 브레이크를 밟더라도 충분한 거리를 두고 뒤따르는 자동차는 영향을 받지 않을 테니까. 보통 차간 거리가 40미터보다 가까울 때 그러니까 1킬로미터당 약 25대 이상의 자동차가 있을 때부터 이런 유령 정체가 생긴다.

강변북로와 올림픽대로, 더 많이 막히는 도로는?

고속 도로나 강변 도로에서 유령 정체가 발생하는 이유는 또 있다. 바로 자동차의 잦은 차선 변경이다. 누구나 자기가 탄 자동차의 차선만 유난히 막히는 것 같은 경험을 한 적이 있으리라. 하지만 결론부터 말하자면, 인간 심리의 장난이다. 사실은 모든 차의 속도가 느려

왜 강변북로는 항상 막힐까

지고 있는데도 자기 차선만 느리다는 착각이다.

착각의 결과는 최악이다. 과학자는 고속 도로의 주행 차선과 추월 차선의 교통량을 조사했다. 당연히 차가 안 막힐 때는 추월 차선의 속도가 빨랐다. 하지만 차가 막힐 때는 추월 차선의 속도가 오히려 느렸다. 주행 차선에서 달리던 자동차가 너도나도 추월 차선으로 변경하다 보니, 결과적으로 추월 차선의 속도가 느려진 것이다.

이렇게 유령 정체를 알고 나면 이런 질문에도 답할 수 있다. 한강을 따라서 서울시를 동서로 가로지르는 강변북로와 올림픽대로 가운데 어느 쪽의 상습 정체가 심할까? 정답은 강변북로다. 비교적 직선으로 뚫려 있는 올림픽대로(1986년)와 달리 강변북로(1969년)는 경사와 굴곡이 많다. 이런 경사와 굴곡은 앞에서 설명한 유령 정체의 중요한 원인이다.

더구나 강변북로는 진출입로도 안쪽 차선과 바깥 차선으로 뒤죽박죽이다. 도로 설계 자체가 자동차의 잦은 차선 변경을 유도한다. 이 글을 읽고서 강변북로에서 유령 정체가 일어나는 곳을 한번 살펴보라. 안타깝게도 애초 정체가 심할 수밖에 없는 강변북로는 운행 차량 수도 올림픽대로보다 많다.

이제 도대체 평창의 일사불란한 드론 군무가 유령 정체를 어떻게 해결할 수 있는지 답할 차례다. 만약 평창의 드론처럼 도로의 자동차를 모조리 똑같은 차간 간격으로 일사불란하게 움직일 수 있다면 어떻게 될까? 나날이 발달하는 자동차의 자율 주행 기술을 염두에 두면 공상만도 아니다.

자동차의 자율 주행과 상호 통신 기능을 고도화하면 애초 도로 설계가 엉망인 강변북로에서는 불가능하겠지만 비교적 시원하게 뚫려 있는 고속 도로에서는 자동차가 액셀러레이터와 브레이크를 동시에 밟으며 똑같은 간격으로 이동하는 일이 가능할 수 있다. 과학자들이 '플래툰 주행(platoon driving, 군집 주행)'이라고 부르는 이런 일이 과연 가능할까?

2050년 정도에는 명절 귀성 고속 도로에서도 평창 드론의 군무 같은 자동차의 군집 주행을 볼 수 있을까? 그리고 보니 그때는 귀성 자체가 드문 일이 되려나?

내 안에 너 있다

인류의 기원? 학교 다닐 적에 이렇게 대충 정리했다. 오스트랄로피테쿠스, 호모 에렉투스, 네안데르탈인, 크로마뇽인, ……. 이런 순서로 진화해서 오늘날의 인간이 되었다고. 나중에 식견이 조금 쌓이면서 부끄러웠다. 이 가운데 네안데르탈인은 인류의 조상이 아니었다. 오늘의 이야기는 바로 여기서 시작한다.

때는 1856년으로 거슬러 올라간다. 독일 북쪽의 뒤셀도르프에서 30킬로미터쯤 떨어진 작은 마을 근처 계곡의 한 동굴에서 아주 오래전에 살았던 사람의 것으로 추정되는 뼈가 여러 개 발견된다. 열띤 논란 끝에 이 뼈는 현생 인류와는 다른 새로운 종의 것으로 받아들여진다. 뼈가 발견된 계곡(네안더)의 이름을 딴 네안데르탈인이 세상에 등장한 순간이었다.

네안데르탈인은 한동안 야만인의 상징처럼 여겨졌다. 남성 165~167센티미터, 여성 158센티미터 정도로 키는 작았다. 하지만 넓은 어깨에 온몸은 우락부락한 근육으로 가득했다. 주로 동굴에서 살았다. 당연히 생존을 위한 수단은 사냥이었다. 때로는 배가 고프면 (어떤 사정인지 정확히 파악할 수 없지만) 동료를 죽여서 먹기도 했다. 심지어 식인종이라니!

하지만 유럽과 서남아시아 곳곳에서 발견된 네안데르탈인의 '뼈'는 의외의 다른 모습도 보여 준다. 네안데르탈인은 돌로 상당히 정교한 도구를 만들었다. 그런 도구(창)를 이용해서 사냥도 하고, 잡은 동물의 가죽도 벗겼다. 정교한 바느질은 못했겠지만 그 가죽을 몸에 걸쳐서 추위도 피했을 것이다.

이뿐만이 아니다. 식인의 흔적과 어울리지 않는 모습도 눈에 띈다. 무리의 늙고 병든 네안데르탈인은 다른 동료의 보살핌을 받았다. 병든 사람은 보살펴서 치료하려고 노력했다. 심지어 망자를 매장하는 풍습도 있었다. 무덤 주변에는 꽃도 놓았다. 상투적인 표현을 쓰자면 지극히 인간적이다.

네안데르탈인과 호모 사피엔스의 공존

더구나 이렇게 인간적인 네안데르탈인은 현생 인류의 조상 호모 사피엔스와 수만 년간 공존했다. 호모 사피엔스는 10만~5만 년 전에 아프리카를 떠나서 유럽과 아시아로 퍼져 가기 시작했다. 그때 서남아시아, 유럽에는 이미 네안데르탈인이 오랫동안 추운 기후에 적응하면서 자리를 잡고서 살고 있었다.

이 대목에서 누구나 이런 질문을 떠올릴 것이다. 호모 사피엔스

내 안에 너 있다

와 네안데르탈인이 마주쳤을 때 무슨 일이 있었을까? '다름'을 '틀림'으로 보고서 어떻게든 배척하고 심지어 박멸하려는 인류의 모습을 염두에 두면 조상도 크게 달랐을 것 같지 않다. 공교롭게도 네안데르탈인은 인류와 만나자마자 약 3만 년 전에 자취를 감췄다.

정말로 호모 사피엔스가 네안데르탈인을 몰살시켰을까? 한동안 우세했던 이런 견해는 최근 10년 새 커다란 도전을 받고 있다. 돌파구는 독일의 과학자 스반테 페보(Svante Pääbo)가 마련했다. 페보는 현생 인류의 유전체(genome)를 해독했듯이, 2003년 네안데르탈인의 뼛속에 남아 있는 유전체 해독에 도전했다. 2010년 이 불가능할 것 같았던 도전이 성공하면서 뜻밖의 사실이 밝혀진다.

놀랍게도, 인간의 유전체와 네안데르탈인의 유전체를 비교했더니 2퍼센트 정도가 겹쳤다. 2퍼센트의 함의가 만만치 않다. 과거의 어느 시점에 호모 사피엔스와 네안데르탈인이 서로 관계를 맺어서 그 후손을 낳았고, 그 흔적이 바로 지금도 우리의 몸속에 남아 있다. 심지어 아시아 인의 경우는 유럽 인보다 네안데르탈인 유전자의 흔적이 더 짙단다.

도대체 호모 사피엔스와 네안데르탈인 사이에 무슨 일이 있었을까? 서남아시아 같은 곳에서 이 둘은 서로 교류하면서 때로는 사랑하고 때로는 싸우면서 상당히 긴밀한 상호 작용을 했다. 그리고 그 과정에서 눈이 맞은 호모 사피엔스-네안데르탈인 커플 사이에서 이종 교배의 신인류가 태어났다. 그 가운데 상당수가 살아남아서 호모 사피엔스에 자연스럽게 섞였다.

과학자의 추적 연구 결과를 들어 보면 더욱더 고개가 끄덕여진다. 네안데르탈인 유전자를 몸속에 새긴 호모 사피엔스는 어쩔 수 없이 네안데르탈인의 몇몇 특성을 가지게 되었다. 그 가운데는 아프리카와는 다른 혹독한 유라시아의 추위를 견디는 데 도움이 되는 것도 있고, 사냥 고기의 지방을 더 잘 흡수할 수 있도록 돕는 것도 있었다.

이런 과정이 반복되면서, 어쩌다 네안데르탈인 유전자를 전달받은 호모 사피엔스는 생존할 수 있었고, 그렇지 못한 호모 사피엔스는 사라졌다. 그 결과 몸속에 2퍼센트 정도 네안데르탈인 유전자를 가진 현생 인류가 최종적으로 살아남은 것이다. 결국, 호모 사피엔스-네안데르탈인 이종 교배의 신인류가 최종 승자였다.

아이러니다. 네안데르탈인이든 호모 사피엔스든 '다름'을 배척하고 '순수'에 집착하던 이들은 결국 도태되었다. 반면에 (그 과정이야 어떻든 간에) '다름'을 받아들이고 기꺼이 '잡종'이 되었던 이들은 마지막에 살아남았다. 네안데르탈인의 이야기는 이렇게 앞으로 현생 인류가 어떻게 해야 살아남을 수 있을지를 놓고도 묵직한 교훈을 준다.

네안데르탈인 비밀 파헤친 한국인 '닥터 본즈'

그나저나 이렇게 흥미진진한 네안데르탈인 이야기를 연구하는 과학자는 어떤 이들일까? 2005년 시작해서 2017년까지 12년간 방송된 미국 인기 드라마 「본즈」가 있다. 이 드라마에서는 뼈만 남은 시신을 분석해서 과거의 살인 사건을 해결하는 '닥터 본즈'가 등장한다. 드물지만 한국인 가운데도 뼈만 보고서 온갖 과거의 비밀을 파헤

내 안에 너 있다

치는 닥터 본즈가 몇몇 있다.

우은진(세종 대학교 역사학과), 정충원(독일 막스 플랑크 연구소), 조혜란(미국 노스캐롤라이나 주 데이비드슨 대학) 세 과학자도 바로 닥터 본즈다. 이들이 의기투합해서 네안데르탈인의 뼈를 추적해서 밝힌 과거의 비밀을 『우리는 모두 2% 네안데르탈인이다』(뿌리와이파리, 2018년)라는 멋진 제목의 책으로 펴냈다.

이상희 교수(캘리포니아 대학교 리버사이드 캠퍼스)와 윤신영 기자(동아사이언스)의 『인류의 기원』(사이언스북스, 2015년)이 한국어로 나온 다음에 영어로 번역되어서 세계를 놀라게 하더니, 이제는 한국인 닥터 본즈 셋이 네안데르탈인의 비밀을 파헤치는 한국어 책을 펴냈다. 대한민국의 격이 이렇게 날이 갈수록 높아지는 것 같아서 괜히 도움 하나 준 것 없이 으쓱하다.

폭풍 다이어트, 왜 항상 실패할까?

꽃이 피는 봄은 다이어트의 계절이다. 겨울철 추위에 웅크리고 있었던 심신의 기를 펴고 싶어서, 또 여름철 피서지에서 날씬한 몸매를 자랑하고 싶어서 3월부터 100일간의 고행에 들어가는 이들이 많다. 게다가 건강이나 취업 같은 사회 생활에 도움이 되고자 살을 빼려는 사람도 항상 많다. 다이어트 산업이 계속 호황인 이유다.

그런데 이렇게 수많은 사람이 다이어트에 나서지만 정작 살을 빼는 데 성공한 사람은 거의 보지 못했다. 1986년부터 미국의 토크쇼 「오프라 윈프리 쇼」를 진행한 오프라 윈프리(Oprah G. Winfrey)가 좋은 예다. 세계에서 가장 유명하고 부유한 이들 가운데 한 사람인 오프라 윈프리도 다이어트에는 성공하지 못했다.

한때 107.5킬로그램에 육박할 정도로 살이 찐 오프라 윈프리는 개인 트레이너, 개인 요리사와 최고의 다이어트 전문가라는 영양사, 의사 등의 도움을 받아 다이어트를 시작했다. 2005년에 윈프리는 약 30킬로그램의 살을 빼는 데 성공했다. 윈프리의 살 빠진 모습은 '다이어트의 신화'처럼 세상에 알려졌다.

4년이 지나고 나서, 윈프리는 자신의 몸무게가 도로 100킬로그램에 가까운 상태가 되었음을 대중 앞에 고백했다. 천하의 윈프리도 '요요 현상'을 막지는 못했다. 윈프리는 실패의 원인을 "의지력 고갈의 결과"로 설명했다.

"수많은 다이어트 실패자처럼 저도 설탕 가득 묻힌 도넛의 유혹에 넘어갔어요."

그런데 정말 윈프리가 다이어트에 실패한 원인이 의지력의 문제였을까? 남다른 의지력을 발휘해 불우한 환경을 딛고 성공한 윈프리조차도 다이어트에 실패했다면 의지력이 아니라 다른 이유가 있었던 건 아닐까? 더구나 윈프리는 당대 최고 전문가 여럿의 도움까지 받지 않았던가? 사실 다이어트가 실패하는 이유는 따로 있다.

똑같이 먹어도 왜 살찌는 사람은 따로 있나?

미국의 과학자 이선 심스(Ethan Sims)는 역발상의 실험을 시도했다. 한 번도 뚱뚱한 적이 없었던 사람을 상대로 강제로 몸무게를 불리는 게 가능한지 실험했다. 실험에 참여한 이들은 칼로리가 높은 온갖 먹을거리에 둘러싸여서 여러 달을 보냈다. 결과는 실패였다. 뚱뚱한 사람을 날씬하게 만드는 일만큼이나 날씬한 사람을 뚱뚱하게 만드는 일도 쉽지 않았다.[1]

물론 살이 아예 안 찌지는 않았다. 20~25퍼센트 정도 몸무게가 불긴 했다. 하지만 겨우 몇 달 만에 애초의 정상 몸무게로 돌아갔다. 이들은 특별히 다이어트를 할 필요도 없었다. 일시적으로 살을 찌운 이들은 똑같은 몸무게의 뚱뚱한 사람과 비교할 때 신진 대사에 훨씬 더 많은 에너지를 소비했다.

이런 실험 결과는 의미심장하다. 비만이든 아니든, 사람의 몸은 원래 몸무게를 꾸준히 유지하려는 경향이 있다. 사람이 자신의 애초 몸무게 범위를 크게 벗어나기란 쉬운 일이 아니다. 다이어트를 시도한 사람 10명 가운데 8명이 몸무게를 감량하더라도 도로 원래 몸무게로 돌아가거나 다이어트 이전보다 더 살이 찐다. 단기간 감량한 몸무게를 2년간 유지할 확률은 3퍼센트에 지나지 않는다.

일란성 쌍둥이 연구도 이런 주장에 힘을 싣는다. 미국의 과학자 앨버트 스턴카드(Albert Stunkard)는 미국으로 입양된 쌍둥이의 비만 상태를 추적 조사했다. 쌍둥이, 특히 일란성 쌍둥이는 몸속 유전 정보가 똑같다. 환경이 서로 다른 집에 입양된 일란성 쌍둥이의 비만 정도를 확인하면, 비만이 유전 탓인지 환경 탓인지 확인할 수 있다.[2]

결과는 어땠을까? 의문의 여지가 없었다. 자란 환경, 양부모 체형과는 무관하게 일란성 쌍둥이의 뚱뚱한 정도는 친부모와 비슷했다. 운동을 열심히 하고, 채식 같은 건강 식단을 강조하는 집으로 입양된 아이와 패스트푸드, 탄산 음료를 주식으로 삼는 쌍둥이 형제의 뚱뚱한 정도는 전혀 다르지 않았다.

그래도 다이어트를 해야 하는 이유

다이어트가 매번 실패하는 이유는 의지력 부족이나 게으름이 아니다. 똑같이 먹고(식단 조절) 비슷하게 움직여도(운동 요법) 어떤 사람은 날씬하고 어떤 사람은 뚱뚱하다. 심지어 덜 먹고 더 움직여도 살이 빠지지 않는다. 왜냐하면, 어떤 이에게 살을 빼는 다이어트는 자기 본성(유전)과의 싸움이기 때문이다.

그렇다면 다이어트는 절대로 시도해서는 안 될 허망한 일일까? 아니다! 나이든, 스트레스든 여러 이유로 애초 자기 몸무게보다 훨씬 더 살이 찌는 일이 많다. 이 경우에는 예외 없이 건강도 좋지 않다. 근육량도 형편없이 적고, 지방간으로 간 기능이 망가진 경우도 많다. 만약 이런 상태라면 애초 자신의 몸무게를 찾는 일이 필요하다.

국내 최고의 '비만 명의'로 꼽히는 박용우 강북 삼성 병원 교수는 이런 상태를 "몸무게 조절 시스템이 망가진" 상황으로 진단한다. 예를 들어, 몸속의 체지방이 증가하면 렙틴 호르몬이 나와서 식욕을 떨어뜨린다. 그런데 몸무게 조절 시스템이 망가지면 렙틴 호르몬이 나와도 뇌가 그런 신호를 인식하지 못한다.

몸속에 혈당이 높으면 나오는 인슐린도 마찬가지다. 인슐린이 나오면 혈액 속 포도당이 에너지원으로 사용된다. 그러다 혈당이 떨어져서 인슐린 분비가 멈추면 그때는 비축해 둔 지방도 에너지원으로 쓰인다. 혈당이 떨어지지 않고 항상 높은 상태로 유지된다면 굳이 비축해 둔 지방까지 에너지원으로 쓸 일이 없다. 이런 현상이 반복되면 몸 구석구석에 지방이 축적된다.

박용우 교수는 "망가진 몸무게 조절 시스템을 다시 복구할 수 있다면 애초 자신의 몸무게를 찾는 다이어트가 가능하다."라고 조언한다. 그 구체적인 방법을 여기서 열거하기에는 지면이 모자라다. 다만, 박 교수뿐만 아니라 그간 비만을 연구한 세계의 과학자 여럿이 공통으로 합의한 세 가지 팁만 공개하자. 나도 당장 실천해 볼 생각이다.

첫째, 탄수화물 섭취량을 줄여야 한다. 단, 무조건 굶어서는 안 된다. 단백질을 섭취해야 근육의 양을 유지할 수 있다.

둘째, 밤에 7시간 이상 잠을 깊이 자라. 똑같이 먹어도 수면 시간이 부족하면 체지방 감소 효과가 없었다.

셋째, 숨이 차고 땀이 날 정도의 강도 높은 운동을 30분씩 몇 번이라도 해 보라.

도전하는 이들의 성공을 빈다.

왜 '간헐적 단식'에 열광하는가?

가끔 아침 식사를 꼭 먹어야 한다고 목소리를 높이는 건강 전도사를 만날 때마다 당혹스럽다. 고등학교를 기숙사 학교로 진학하고 나서부터 지난 30년간 아침을 걸러 왔다. 고등학교 때 한숨이라도 더 자려고 아침을 안 먹기 시작한 것이 어느새 습관이 되었다. 다행히 지금까지 건강에 큰 문제가 없었다.

뜻밖의 이점도 있다. 오전의 공복감이 머리를 맑게 하는 느낌을 주기 때문이다. 약간의 허기를 참으며 오전에 이런저런 업무를 처리하고 나서, 맛있는 점심을 먹을 때의 쾌감은 일상의 소소한 행복이다. 일본 작가 무라카미 하루키(村上春樹)가 처음 썼다는 '소소하지만 확실한 행복(소확행)'의 또 다른 예다.

그런데 이렇게 아침을 안 먹다 보니 난감할 때가 있다. 어쩌다 점심을 거르게 되면 온종일(24시간) 의도하지 않은 금식을 하게 된다. 드물게 점심, 저녁을 모두 거르면 36시간 동안 금식을 한다. 이런 나를 보고서 직장 동료가 한마디 던졌다. "그게 간헐적 단식이에요!"

그렇다. 정말 나는 간헐적 단식을 실천하는 중이었다.

일주일에 이틀만 굶어라!

오래전부터 금식은 기독교, 불교 등 다양한 종교에서 수행 방법으로 권장되었다. 언제부턴가 종교의 영향권 밖에서도 건강이나 몸매 관리의 수단으로 단식이 유행을 타기도 했다. 가끔, 공중파 프로그램에서도 그 존재감을 과시하는 '단식원'은 대표적인 예이다. 그런데 최근에는 과학자도 단식의 효과에 진지한 관심을 기울이기 시작했다.

특히 최근 들어 주목을 받는 금식 방법은 '간헐적 단식'이다. 대표적인 간헐적 단식법은 일주일 가운데 5일은 평소 식사량대로 먹고, 나머지 2일은 섭취량을 최대한 줄이는 것이다. 일요일부터 토요일까지 7일 가운데 월요일, 토요일 이틀간의 음식 섭취를 줄이는 프로그램이 한 예이다.

또 다른 간헐적 단식법은 격일로 열량 섭취를 줄이는 것이다. 일요일은 먹고, 월요일은 굶고, 다시 화요일은 먹고, 수요일은 굶고……. 하루 24시간 가운데 오전 9시부터 오후 6시까지 딱 8시간만 열량을 섭취하고 나머지 16시간(오후 6시부터 다음 날 오전 9시까지)은 열량 섭취를 제한하는 간헐적 단식법도 있다.

짐작하다시피, 이런 간헐적 단식법에 가장 열광하는 사람은 짧은 시간에 효과적으로 살을 빼려는 이들이다. 간헐적 단식은 규칙이 단순해서 따르기 쉽다. 다이어트에 필요한 특별한 음식, 예를 들어 단백질은 많고 지방이 적은 닭가슴살이나 단백질 보충제 같은 것을 준비할 필요도 없다. 심지어 음식을 준비하고 먹는 데 들어가는 시간도 아낄 수 있다.

그렇다면 과학자는 왜 간헐적 단식을 포함한 금식에 주목하는 것일까? 놀랍게도, 간헐적 단식이 감량에도 도움이 될 뿐만 아니라, 건강에도 이점이 많다는 과학적 증거가 계속해서 쌓이고 있기 때문이다. 최근 전 세계 곳곳에서 간헐적 단식이 효과적인 살 빼는 방법으로 주목을 받는 것은 이런 사정과도 무관하지 않다.

간헐적 단식의 이점, 살 빼고 뇌 건강에도 좋아

일단 선부터 긋자면, 간헐적 단식이 체중 감량에 좋다는 과학자의 주장은 대부분 동물 실험에서 나왔다. 몇 가지만 살펴보자.

우선 간헐적 단식은 인슐린 민감성을 높인다. 혈액 속의 포도당(혈당)이 세포 안으로 들어가 에너지원으로 쓰이려면 인슐린이 필요하다. 그런데 인슐린이 이런 역할을 제대로 못 하면 혈당은 높은데 정작 써야 할 에너지는 부족한 상태에 처한다. 흔히 "물만 마셔도 살이 찐다."라고 하소연하는 이들이 이런 상태일 가능성이 크다.

간헐적 단식은 인슐린이 제 역할을 하도록 해서 몸속의 혈당이 효과적으로 에너지로 태워져 없어지도록 돕는다. 이렇게 인슐린 민감성이 높아지면, 혈당이 부족할 때(공복 시) 몸속의 지방을 포도당으로 전환해서 이용하기 시작한다. 몸속의 지방을 태워서 살을 빼는 것이다. 간헐적 단식이 다이어트와 연결되는 지점이다.

이뿐만이 아니다. 간헐적 단식은 뇌 건강에 도움을 준다. 간헐적 단식을 한 생쥐는 뇌의 신경 세포 재생이 향상되었고, 늙은 생쥐는 인지 능력도 나아졌다. 심지어 간헐적 단식은 알츠하이머병(치매)과 파킨슨병을 앓는 생쥐의 인지 기능 저하도 늦췄다. 비록 동물 실험이지만 인상적인 연구 결과다.

과학자는 이런 결과가 간헐적 단식이 뇌의 신경 세포에 적당한 스트레스를 주기 때문이라고 짐작한다. 운동할 때 근육에 약간의 스트레스가 가해져야 결과적으로 좋은 효과가 나듯이, 간헐적 단식으로 신경 세포의 성장과 유지를 돕는 화학 물질이 분비된다. 공복 상태의 오전에 오히려 업무 효율이 높아지는 데는 이유가 있었다.

조심스럽지만, 항암 효과를 나타낸 연구 결과도 있다. 간헐적 단식을 한 생쥐는 암에 걸릴 위험을 나타내는 세포의 증식이 감소했다. 또 간헐적 단식이 암에 걸린 생쥐의 암 성장과 전이를 늦추는 사실도 확인했다. 아직은 동물 실험 결과일 뿐이지만, 어떤 과학자는 인간에게도 비슷한 효과를 나타낼 잠재력이 간헐적 단식에 있다고 믿는다.

이밖에 간헐적 단식은 생쥐의 혈압을 낮추고 일정 수준의 혈압을 유지하는 데도 도움을 줬다. 간헐적 단식을 한 생쥐의 심장과 뇌는 각각 심장 마비와 뇌졸중이 야기하는 세포 손상에도 좀 더 강한 저항력을 보였다. 이쯤 되면, 과학자 여럿이 간헐적 단식의 효과에 관심을 두는 이유를 알았을 것이다.

아직 간헐적 단식을 놓고서 인간을 상대로 진행한 연구는 드물

뿐만 아니라, 그 결과도 서로 엇갈린다. 다만, 앞에서 언급했듯이 지난 수천 년간 다양한 종교의 수행 방법으로 간헐적 단식이 권해져 왔다. 또 그런 수행 방법을 따랐던 종교인 상당수는 보통 사람보다 건강했다. 이렇게 간헐적 단식은 과학적 증거 이전에 오랜 기간 축적된 경험적 증거가 있다.

덧붙이자면, 단식하는 날이라고 나처럼 무턱대고 아무것도 먹지 않는 것보다는 500칼로리 이하의 최소 열량은 섭취하는 것이 좋다. 예를 들어, 달걀 1개나 옥수수 1개 같은 식으로 말이다. 가장 피해야 할 일은 간헐적 단식 이후의 폭식이다. 식탐을 부리며 폭식을 할 거면 단식을 차라리 안 하느니만 못하다. 나부터 주의해야겠다.

설악산은 '자연'이 아니다

1982년 이래로 38년 동안 논쟁의 대상이었던 설악산 케이블카 사업이 결국 백지화됐다. 환경 단체 등은 "케이블카 건설이 권력과 자본이 결탁한 대표적인 반환경 정책"이라고 목소리를 높였던 반면에 반대쪽에서는 "케이블카 금지야말로 보존에만 치우친 편향된 정책"이라고 항변했다. 이 논쟁을 다른 시각에서 살펴보자.

언젠가 케이블카를 놓고서 산을 적잖이 사랑하는 지인과 의견을 나눈 적이 있다. 당연히 케이블카 건설을 반대할 줄 알았던 그는 뜻밖에 찬성하는 입장이었다. 케이블카가 없으면 설악산 정상을 한 번도 밟아볼 수 없는 이들, 예를 들어 장애인 등을 염두에 두면 반대가 능사가 아니라는 것이다. 그는 이런 말도 덧붙였다.

"케이블카가 자연 경관을 훼손하는 일이라는 주장에도 동의할 수 없어요. 어떤 자연 경관이 아름다운지는 전적으로 주관적인 문제입니다. 케이블카를 반대하는 이들은 손이 안 탄 자연 경관을 최선이라고 생각하지만……. 지금의 설악산, 지리산, 한라산의 모습이 옛

날과 똑같을 거란 믿음은 환상일 뿐입니다."

만들어진 인공 자연, 국립 공원

앞에서 언급한 지인의 지적을 염두에 두면서 찬찬히 따져 보자. 휴가철이 되면 많은 사람이 '인공'이 아닌 '자연'을 찾아가고자 고생을 마다하지 않는다. 우리나라 곳곳의 국립 공원은 훼손되지 않은 자연 속에서 단 며칠이라도 지내려는 이들 때문에 몸살을 앓는다. 그런데 자연 보호 구역인 국립 공원은 과연 자연스러운 공간일까? 진실은 이렇다.

한국의 국립 공원과 같은 전 세계의 자연 보호 구역은 약 3,000곳 정도로 지구 전체 땅의 3퍼센트 정도다. 보통 사람은 이런 자연 보호 구역이 처음부터 지금과 같은 원시 상태였다고 생각한다. 하지만 이런 자연 보호 구역은 대부분 원시 상태와 거리가 멀었다. 상당수 자연 보호 구역은 그곳의 원주민을 추방하고 나서 만들어졌다.

오늘날 자연 보호 구역의 원형을 만든 미국 국립 공원의 역사는 이를 잘 보여 준다. 미국 정부는 1872년 세계 최초의 자연 보호 구역으로 지정된 옐로스톤 국립 공원을 만들면서, 그 공원에 사는 쇼쇼니 족을 강제 추방했다. 이 과정에서 미국 군대는 추방에 저항하는 약 300명의 원주민을 학살했다.

중앙아메리카의 관광 국가 벨리즈의 예는 더 극적이다. 세계 최고의 자연 보호 국가로 꼽히는 벨리즈 역시 관광지로 만들어졌다. 서구 선진국 관광객의 생태 관광을 위해서 자연 보호 구역 곳곳에 살던 원주민은 폭력적인 방식으로 추방되었다. 이제 벨리즈 주민의 상당수는 자기의 땅에서 쫓겨난 채 관광객에게 토착 문화를 팔아서 생계를 꾸린다.

지리산, 한라산, 설악산 국립 공원의 모습 역시 애초부터 지금과 같은 상태가 아니었다. 국립 공원으로 묶인 곳에는 오랫동안 그곳에서 농사를 짓거나, 사냥을 하면서 생계를 꾸리던 사람이 있었다. 화전민이 꾸린 밭도 있었고, 소나 돼지 같은 가축도 있었다. 한국 전쟁 중에 이곳저곳에 남겨진 상흔도 있었다.

1967년 12월 29일 지리산을 시작으로 설악산(1970년), 한라산(1970년) 등이 국립 공원으로 지정되면서부터 이 모든 역사가 차근차근 지워졌다. 그러니 우리가 자연 그대로라며 열광하는 설악산의 원시림을 비롯한 국립 공원 역시 미국의 본보기를 따라서 만들어진 공간으로 보는 것이 타당하다. 국립 공원이야말로 '주어진 자연'이 아니라 '인공의 공간'이다.

지리산 반달곰은 '야생' 동물인가?

기왕에 국립 공원 이야기가 나왔으니 지리산 반달곰, 소백산 여우 같은 야생 동물 복원 사업도 따져 보자. 반달곰, 여우, 늑대 심지어 호랑이가 백두대간 곳곳을 누비는 모습은 참으로 낭만적이다. 2005년 과학 사기로 몰락한 황우석 박사가 시민의 지지를 얻고자 백두산 호랑

설악산은 '자연'이 아니다

이를 복원하겠다고 호언장담했던 것도 이런 정서를 포착했기 때문이다.

하지만 야생 동물 복원은 과연 성공할 수 있을까? 2004년부터 시작된 지리산 반달곰 복원 사업은 겉만 보면 성공한 것으로 보인다. 여러 시행착오 끝에 반달곰 수십 마리가 지리산 일대의 야생에 정착하는 데 성공했다. 하지만 과연 그 반달곰을 '야생' 동물이라고 할 수 있을까?

현재 지리산에 서식하고 있는 것으로 추정되는 반달곰 47마리 가운데 19마리는 위치 추적기를 달고 있는 상태다. 위치 추적기 배터리가 닳아서 없어진 13마리를 포함한 28마리도 지리산 곳곳에 설치된 헤어 트랩(주요 길목을 지나는 곰의 털을 채취하는 장비)이나 무인 카메라 등을 통해서 개체수 증감 등이 끊임없이 관리된다.

반달곰과 인간의 빈번한 접촉도 문제다. 반달곰이 지리산 민가로 내려와 가축을 물어뜯어 죽이는가 하면, 등산객의 침낭이나 배낭 등을 찢는 일도 부지기수다. 자칫하면 반달곰과 등산객이 마주하면서 심각한 사고가 일어날 가능성도 배제할 수 없다. 이 과정에서 야생에 적응하지 못한 반달곰도 10마리나 된다.

이런 상황을 염두에 두면 비교적 성공한 것처럼 보이는 반달곰 복원 사업도 애초 야생 상태의 복원과는 거리가 멀다. 우리에 갇혀 있던 반달곰을 좀 더 큰 국립 공원에 풀어놓고 관리하고 있다고 보는 것이 맞을 것이다. 그러니까 반달곰을 야생 상태에서 키워 보려는 노력 역시 역설적으로 인공의 과정이다. 장담컨대, 여우, 늑대, 호랑이는 훨씬 더 어려울 것이다.

국립 공원이나 야생 동물 복원 사업 같은 사례에서 확인할 수 있듯이 '자연'과 '인공'을 딱 부러지게 나누는 일은 불가능하다. 우리가 자연이라고 믿어 의심치 않는 것(국립 공원)조차도 인간과 비인간이 끊임없이 상호 작용하면서 만든 인공물일 뿐이다. 당장 이번 여름에 국립 공원으로 피서를 떠나 며칠 지내고 온 일 자체가 바로 그런 상호 작용의 한 예일 테고.

다시 설악산 케이블카 건설 사업을 둘러싼 논란으로 돌아가 보자. 설악산의 '자연'이나 (인간이 개입해서 복원 사업을 하고 있는) '산양'을 지키고자 케이블카 건설을 막자는 주장은 거칠다. 우리가 해야 할 더 중요한 일은 케이블카 같은 새로운 비인간 행위자의 등장으로 설악산의 모습이 앞으로 어떻게 될지 또 누구에게 이익이 될지 세심히 따져 보는 일이다.

설악산은 '자연'이 아니다

백두산이 위험하다

홋카이도, 도호쿠 등 일본 북부에는 화산재가 쌓인 지층이 존재한다. 1981년, 한 과학자가 일본 북부 지방에 널리 쌓인 이 화산재가 백두산에서 날아온 것이라고 주장했다. 10세기, 즉 900년대의 어느 날 엄청난 규모의 화산 폭발이 백두산에서 일어났다. 일본의 화산재 층은 바로 그 백두산 화산 폭발의 증거였다.

이 과학자의 이름은 마치다 히로시(町田洋)다. 오늘날 마치다가 주장한 백두산 대폭발을 부정하는 과학자는 아무도 없다. 실제로 그 규모도 엄청났다. 10세기에 있었던 백두산 대폭발로 약 100세제곱킬로미터에 달하는 분출물이 지상으로 쏟아졌다. 이 정도의 양이라면 남한 전체를 1미터 높이 화산재로 덮을 수 있다.

이런 분출량은 과거 2,000년간, 즉 서기 이래 지구에서 일어난 화산 분화 가운데 최대 규모였다. 기원후 79년 화산으로부터 10킬로미터 떨어진 폼페이를 순식간에 멸망시켰던 이탈리아의 베수비오 화산 폭발도 10세기의 백두산 대폭발과 비교하면 애들 장난이다. 백두산 대폭발은 베수비오 화산 폭발 때의 2세제곱킬로미터보다 50배 이상 많은 마그마를 분출했다.

그렇다면 이런 유례없는 백두산 대폭발을 당시의 역사가는 어떻게 기록했을까? 이상한 일이다. 과학자가 보기에는 사실로 보이는 백두산 대폭발 기록이 역사책에 없다. 도대체 왜?

백두산 대폭발과 발해 몰락

1992년 마치다 히로시는 백두산 대폭발로 10세기 동북아시아 강대국 가운데 하나였던 발해가 몰락했다고 주장했다. 그의 가설은 곧바로 역사학계의 조롱거리가 되었다. 926년의 발해 멸망 사실이 언급된 공식 역사책 『요사(遼史)』를 포함한 역사 기록이 일제히 백두산 대폭발에 침묵했기 때문이다.

1,000년 전 백두산을 중심으로 한 동북아시아에서 무슨 일이 있었던 것일까? 분명히 있었을 법한 세계 최대의 화산 폭발이 역사 기록으로 남지 못한 이유는 무엇일까? 한국인 최초로 일본 북부의 백두산 화산재를 접하고 나서 '백두산 대폭발'을 연구해 온 소원주 박사가 쓴 『백두산 대폭발의 비밀』(사이언스북스, 2010년)은 조심스럽게 그 답을 찾고 있다.

우선 10세기는 907년 당나라가 멸망한 후 중국에서 5대 10국으로 불리는 여러 왕국이 난립하던 때였다. 동북아시아에서는 거란의 요(遼, 916~1125년)가 발흥해 발해를 멸망시켰다. 한반도 역시 후삼국의 격랑 속이었다. 이런 대혼란의 시기에 백두산 대폭발이 겹쳤다면? 제대로 된 기록이 없었을 만한 상황이다.

더욱더 흥미로운 대목은 발해 멸망을 둘러싼 미스터리다. 발해가 멸망하고 400년이 지나 편찬된 『요사』를 보면, 동북아시아 최강국이었던 발해가 채 보름 만에 무조건 항복을 선언한 것으로 나온다. 발해는 어쩌다 이렇게 속절없이 무너진 것일까? 발해의 수도는 다섯 곳(상경, 중경, 동경, 서경, 남경). 발해는 상경을 포위당한 지 닷새 만에 항복을 선언했다.

당시 발해 상경에 있던 고위층은 왜 다른 수도에서 원군이 올 가능성이 있는데도 버티지 않았을까? 만약 대폭발로 백두산에서 북쪽으로 250킬로미터 정도 떨어져 있었던 상경을 제외한 다른 네 곳이 풍비박산이 났다면 상황이 이해가 된다. 백두산 대폭발은 거란이 침략하기 전에 발해 문명을 사실상 궤멸 상태로 내몰았을 테니까.

백두산 대폭발, 남북 공동 연구 필요해

마치다의 주장 이후 백두산 대폭발과 발해 몰락의 관계를 놓고서는 여러 반론이 제기됐다. 예를 들어, 백두산 인근의 화산재 퇴적물에 묻혀 있는 나무의 나이테를 이용해서 세계 각국의 과학자가 정확한 화산 폭발 시점을 측정하고자 노력했다. 일본의 과학자 나카무라 도시오(中村俊夫)는 2002년 이런 연구를 토대로 백두산 대폭발이 937년(오차 ±8년)이라고 주장했다.

2017년에는 영국 화산학자 클라이브 오펜하이머(Clive Oppenheimer)도 백두산 인근에서 채집한 나무의 나이테를 분석해서 백두산 대폭발 시점을 946년 여름 이후의 일이라고 주장했다. 나카무라의 오차를 염두에 둔 예측(937년+8년=945년)과 거의 맞아 떨어진다. 이들의 주장이 사실이라면, 백두산 대폭발은 발해 몰락 이후에 벌어진 일이다.

백두산 대폭발 시점을 둘러싼 이런 논란에도 불구하고 한 가지 확실한 사실이 있다. 백두산 대폭발은 그 인근에 터를 닦고 살던 수많은 사람에게 엄청난 피해를 줬다. 다수의 과학자는 대폭발로 백두산을 중심으로 압록강, 두만강, 쑹화 강을 따라서 형성된 문명권이 몰락할 수밖에 없었으리라고 지적한다.

그렇다면 지금은 어떨까? 백두산 지하에서 끓고 있는 엄청난 양의 마그마가 다시 지상으로 솟아날 준비를 하고 있다. 2002~2005년에만 백두산 천지 인근에서 화산 지진이 3,000회 이상 일어났다. 최근 100년 이내에 볼 수 없었던 백두산 천지가 솟아오르는 현상은 명백한 화산 활동의 징후다.

이런 백두산이 언제 폭발할지 정확히 예측하는 일은 불가능하다. 그동안 수많은 과학자가 화산 폭발의 주기나 규칙을 알아내고자 애를 썼지만 화산 활동은 그때그때 달랐다. 백두산은 당장 내일이나 몇 주 뒤에 폭발할 수도 있고, 10년, 20년이 지나도 계속 화산 폭발의 징후만 보일 수도 있다.

그나마 다행스러운 일은 지금 다시 백두산이 폭발하더라도 1,000년 전의 대폭발 같은 규모에는 미치지 못하리라는 전망이다. 10세기 백두산 대폭발과 같은 규모의 화산 폭발은 수천 년에 한 번쯤

백두산이 위험하다

일어나는 아주 드문 현상이다. 만약 백두산이 다시 폭발한다고 해도 2010년 아이슬란드 화산 폭발 정도일 가능성이 크다.

하지만 그 정도의 폭발이라도 무방비 상태라면 심각한 피해를 야기할 가능성이 크다. 2007년, 2010년 두 차례에 걸쳐서 북한 과학계가 먼저 한국과 국제 사회를 상대로 백두산 화산 공동 연구를 제안하며 손을 내민 것도 이런 사정 때문이었다. 하지만 이명박, 박근혜 정부 때는 이런 북한의 제안에 응답하지 못했다.

2018년 8월 1일부터 4일까지 미국 뉴욕에서는 한미 과학자 대회(US-Korea Conference, UKC)가 열렸다. 국내 과학자와 재미 한인 과학자 등이 어울리는 이 자리에서도 '백두산'이 화제가 되었다. 이구동성으로 남북의 과학자가 중심이 되어서 백두산 화산 폭발 국제 공동 연구가 필요하다는 목소리를 냈다. 백두산이 위험하다. 더 늦기 전에 행동해야 한다.

'히로뽕', 그때는 피로 회복제였다

"신발매품, 피로 방지와 회복엔! 게으름뱅이를 없애는 ○○○."

다소 촌스럽지만 약 78년 전에 이런 신문 광고가 있었다. 빈칸에 '박카스'라고 채워 넣어도 크게 이상할 것 없는 이 광고의 주인공은 어떤 상품이었을까? 놀라지 마시라. 바로 '히로뽕'이었다. 맞다. 대표 마약 가운데 하나인 필로폰 혹은 메스암페타민의 속칭 히로뽕은 바로 1941년 일본의 한 제약 회사가 내놓은 피로 회복제 이름이었다.

실제로 메스암페타민은 제2차 세계 대전 당시에 일본 군인을 상대로 대량 투약되었다. 강력한 각성제 성분이다 보니, 못 먹고 못 자고 피곤한 군인에게는 맞춤한 마약이었다. 일본 본토에서 전쟁 물자를 대느라 강제 노동에 시달려야 했던 장시간 노동자에게도 필수였다. 이렇게 메스암페타민이 아시아 전역으로 퍼지는 데는 제국주의 일본이 한몫했다.

3대 강성 마약, 코카인 - 헤로인 - 메스암페타민

흔히 한국은 마약 청정 지역이라고들 한다. 실제로 그런 것 같다. 외국물 먹은 소수의 일탈을 제외한 평범한 보통 사람으로서는 마약을 구경하는 일조차 쉽지 않다. 마음만 먹으면 대도시 뒷골목에서 코카인, 헤로인, 메스암페타민 같은 마약을 구할 수 있는 이른바 '선진국' 과는 비교된다.

그런 탓에 국내에서 마약은 금기다. 엄한 법적 처벌뿐만 아니라 대중의 단죄도 받는다. 아무리 친근한 이미지를 쌓아 올린 국민 스타도 마약 연루 사실이 확인되면 한순간에 바닥으로 추락한다. 혹시 그 스타가 여성이라면 "섹스 파티" 같은 연관 검색어와 곧바로 한 묶음이 되면서 더욱더 심한 질타를 받는다.

그런 탓에 보통 사람이 마약을 구경할 유일한 방법은 영화나 드라마 속뿐이다. 류승완 감독의 영화「베테랑」(2015년) 같은 영화에서 악역으로 등장하는 재벌 2세의 일탈로 마약이 등장하듯이 말이다. 사실 한 번쯤 마약을 놓고서 이야기해야겠다고 마음먹은 것도 이 영화 탓이었다. 도대체 극 중 형사(황정민)는 재벌 2세(유아인)가 코 홀쩍거리는 것만 보고서 어떻게 마약 냄새를 맡았을까?

그 영화에서 재벌 2세가 탐닉한 마약은 '코카인'이다. 코카인은 남아메리카 원주민이 오랫동안 약으로 써 왔던 코카 잎에서 뽑아낸 마약 성분을 정제한 것이다. 코카인 1킬로그램을 얻으려면 코카 잎 250킬로그램이 필요하다. 그러니 남아메리카 원주민이 비타민 섭취 등을 위해서 코카 잎을 질겅질겅 씹는 모습을 본다고 '약쟁이'라고 놀려서는 안 된다.

코카인을 복용하는 가장 쉬운 방법은 코로 흡입하는 것이다. 주사 같은 도구가 필요 없을 뿐만 아니라 코카인 가루를 흡입하면 코의 좁은 점막으로 서서히 흡수되어 안전하다. 그러니 영화나 드라마 속에서 하얀 가루를 손등이나 지폐에 올려놓고 코로 흡입하는 마약은 100퍼센트 코카인이다.

주로 코로 흡입하다 보니, 코카인 중독자는 코를 훌쩍거리는 경우가 많다. 영화 「베테랑」의 형사가 재벌 2세의 코 훌쩍거리는 모습만 보고서 마약, 정확히 말하면 코카인 중독의 냄새를 맡은 것도 이 때문이다. 이 형사는 어쩌면 코 훌쩍거리는 버릇을 가진 도널드 트럼프 미국 대통령에게서도 코카인 중독의 냄새를 맡았을지 모른다. 실제로 미국에서는 그런 루머가 있었다.

이제 보기만 해도 아찔한 주사가 등장할 차례다. 코카인과 함께 '강성 마약(hard drug)'으로 분류되는 두 가지가 헤로인과 앞에서 언급한 메스암페타민이다. 헤로인의 원료는 양귀비다. 빨간색 양귀비꽃이 피기 전에 봉우리에서 짜낸 진액을 하루쯤 말리면 아편이 된다. 맞다. 세계사 시간에 배웠던 대청제국 몰락의 시발점이 되었던 '아편 전쟁'의 그 아편이다.

아편은 오래전부터 유라시아와 아프리카 대륙 곳곳에서 진통제로 쓰였다. 아편에서 진통제의 대표 격인 모르핀이 나온 것도 이 때문이다. 이 모르핀을 다시 화학 처리한 것이 헤로인이다. 아편, 모르핀도 만만치 않은 중독성 마약인데 이것을 다시 정제한 것이니 헤로인이 얼마나 강력한지는 굳이 길게 설명 안 해도 알 것이다.

헤로인 중독자는 이 독한 마약의 참맛을 알고자 흡입하거나 마시는 대신에 주사로 직접 몸에 투여한다. 영화에서 불에 달군 숟가락으로 액체를 만들어서 주사기에 넣어서 몸에 넣는 모습이 보인다면 대부분 헤로인이다. 그렇다면 메스암페타민은? 화학 합성을 통해서 만들 수 있는 메스암페타민도 음료에 타서 먹을 수도 있고, 정맥 주사로 맞을 수도 있다.

하지만 당연히 메스암페타민 중독자는 주사를 선호한다. 비싼 돈을 주고서 구한 마약을 제대로 즐기려면 몸에 직접 투입하는 게 직방이니까. 그러니 주사기를 사용해서 투입하는 마약 중에는 헤로인뿐만 아니라 메스암페타민도 있다. 최근에는 원료 식물이 굳이 필요 없는 메스암페타민이 아시아뿐만 아니라 전 세계로 세력을 확장하는 중이라는 사실도 덧붙인다.

미국도 대마 허용 놓고 고민

알다시피, '마약과의 전쟁'으로 유명한 미국 일부에서 합법화가 추진 중인 대마는 앞에서 언급한 셋과는 다른 '연성 마약(soft drug)'이다. 대마를 말려서 피우면 '감각이 예민해지고 잘 들리고 잘 보이는' 것 같은 나른한 기분이 3시간 정도 지속된다. 환각 효과가 있지만 강하지 않고, 기분이 좋아서 헤헤거리는 정도다.

이렇게 대마는 술이나 담배와 비교했을 때도 그 해가 크지 않아서 세계 곳곳에서 조심스럽게 허용 여부를 고민 중이다. 이런 분위기에는 돈 쓸 데는 많고 돈 들어올 곳은 적은 여러 정부의 고민도 한몫한다. 대마를 합법화해서 정부가 통제하면 지하 경제로 흘러 들어갔던 상당한 돈을 가로챌 수 있다. '한국 대마 공사' 같은 회사가 생긴다면 성공 가능성은 100퍼센트일 테니까.

노파심에 말하자면, 지금 대마를 허용하자고 주장하는 게 아니다. 마약이라고 다 똑같지는 않다는 '사실'을 전달하고 있을 뿐이다. 다만 마약을 해 봤던 위대한 인물들, 장폴 사르트르(Jean-Paul Sartre, 철학자), 칼 세이건(Carl E. Sagan, 과학자), 스티브 잡스(기업인) 등이 이구동성으로 (연성) 마약 예찬을 펼치는 모습을 보면서 살짝 궁금하긴 하다. 도대체 얼마나 좋기에!

한마디만 덧붙이자. 마약 하면 곧바로 범죄가 연상되는 국내 상황에서 정확한 마약 정보를 보통 사람이 접하기는 턱없이 부족하다. 이런 상황에서 '마약 덕후'를 자처한 평범한 시민이 국내외 공신력 있는 자료를 총정리해서 한 권의 책으로 묶었다. 작가 오후의 『우리는 마약을 모른다』(동아시아, 2018년)라는 책이다. 이 책 한 권이면 충분하다. 더 알면 다친다.

'히로뽕', 그때는 피로 회복제였다

진짜 친구의 수는 150명!

가끔 보는 지인은 오랫동안 굴지의 대기업 회장의 비서로 일했다. 만나서 수다를 떨다 보면 평소 접할 수 없던 흥미로운 이야기를 듣곤 한다. 한번은 하루에도 수많은 사람을 만나는 그 회장의 인간 관계 관리법을 듣고서 고개를 끄덕인 적이 있다. 상당히 유용해 보였기 때문이다.

그 회장은 새로운 사람을 만나면 항상 받은 명함에다 이런저런 메모를 끄적거린단다. "○월 ○일 아무개가 주최한 골프 모임에서 처음 만남." "베트남 사업에 관심이 많음." "수다쟁이." "전쟁사에 상당한 식견을 가지고 있음." "애연가 하지만 술은 거의 마시지 못함." 등의 정리 안 된 메모가 적힌 명함을 비서는 파일로 정리한다.

이름, 직함, 연락처 등은 물론이고 명함에 빼곡하게 적힌 메모도 그대로 옮겨 둔다. 이렇게 축적한 인물 데이터베이스는 시간이 흐르면서 유용한 정보가 된다. 회장이 누군가와 약속을 하면 그 데이터베이스를 검색해서 전에 만난 적이 있는지를 확인한다. 예전에 만났던 사람이라면 언제, 어디서, 어떻게 만났는지 또 명함에 적힌 메모 등을 회장에게 미리 제공한다.

그럴듯해서 몇 년 전부터 나도 따라 하고 있다. 물론 비서는 언감생심. 하지만 우리에게는 회장 비서 뺨치는 유용한 기기가 있다. 명함을 받을 때마다 '원노트'나 '리멤버' 같은 애플리케이션을 활용해서 사진을 찍어서 저장하고, 명함 하단에다 몇 가지 메모를 해 둔다. 언제, 어디서, 어떻게 만났는지 또 회장을 따라서 몇 가지 의미 있는 정보도 끄적거린다.

그러다 어느 날 몇 년간 정리한 이름을 쭉 한 번 넘겨보았다. 놀랍게도 1,000명에 가까운 이름 가운데 또렷하게 기억에 남는 경우가 거의 없었다. 어디서부터 잘못된 것일까?

던바의 수, 진짜 친구의 수

'던바의 수(Dunbar's number)'가 있다. 영국 옥스퍼드 대학교의 과학자 로빈 던바(Robin Dunbar)의 이름에서 따온 것이다. 던바는 인간을 비롯한 영장류가 다른 포유류보다 몸의 크기에 비해서 큰 뇌를 가지게 된 이유를 사회성에서 찾는 '사회적 뇌' 가설로 유명한 과학자다. 인간이 여럿이 어울려 살면서 두뇌가 발달해 오늘날처럼 진화했다는 것이다.

그렇다면 던바의 수는 뭘까? 던바는 뇌의 크기와 영장류 집단의 규모를 연구하면서 한 개체의 한정된 뇌가 감당할 수 있는 집단의 규모에 한계가 있다는 결론에 이른다. 던바가 추정한 인간 뇌가 감당할 수 있는 집단의 규모는 150명 정도다. 즉 한 사람이 맺을 수 있는 인간 관계는 150명 정도에 불과하다.[1]

던바는 1993년 이런 결론이 담긴 연구 결과를 발표했다. 던바의 수 150이 탄생한 순간이었다. 그렇다면 이 던바의 수는 얼마나 신뢰할 만할까?

흥미롭게도 던바의 수를 지지하는 증거는 상당히 많다. 신석기 시대 수렵 채집 공동체의 인구는 150명 정도였다. 던바가 인구 기록을 구할 수 있는 20개 원주민 부족의 규모를 확인했더니 인구가 평균 153명이었다. 던바의 고향인 전통적인 영국 시골 마을의 평균 인구도 공교롭게도 150명이었다.

이뿐만이 아니다. 로마 시대 로마군의 기본 전투 단위인 보병 중대는 약 130명이었다. 현대로 눈을 돌려도 마찬가지다. 현대 보병 중대의 단위도 3개 소대, 포대, 지원 병력 등을 합해 130명 정도로 구성된다. 이런 건 어떤가? 기능성 섬유 '고어텍스'의 제조사 고어(Gore)는 수평적 조직을 지향하는 독특한 기업 문화로 유명하다. 그런데 그 공장의 조직 단위가 150명이다.

던바가 직접 진행한 재미있는 연구도 있다. 던바는 영국 시민을 대상으로 연말에 "크리스마스 카드를 고르고 편지를 쓰고 우표를 사고 우편으로 보내는" 과정을 몇 번이나 반복하는지 살폈다. 아니나 다를까, 사람들은 평균적으로 68곳의 가정에 카드를 보냈고, 그 구성원을 합하면 150명 정도였다.

던바의 수가 유명해지자 미국, 오스트리아 등의 과학자들이 함께 온라인 게임의 가상 공간에서 게임 참여자가 어떻게 관계를 맺는지를 연구했다.[2] 이들은 3년 6개월에 걸쳐서 게임 참여자 사이에 나타나는 동맹, 제휴, 거래, 경쟁 등의 인간 관계 기록을 검토했다. 흥미롭게도 동맹의 크기에 상한선이 없는데도 가장 큰 동맹의 구성원이 136명을 넘는 경우가 없었다. 던바의 수!

소셜 미디어에는 친구가 없다

가상 공간에서 수천 명의 '친구'를 맺을 수 있는 소셜 미디어 시대에도 이런 던바의 수는 유효할까? 던바의 대답은 단호하다.

"그렇다!"

던바는 자신의 가설을 다듬어서 이렇게 설명한다. 아주 친밀한 관계에서 시작해서 그 친밀함이 느슨해질수록 한 사람이 허용하는 인간 관계의 최대 숫자는 3배수로 늘어난다. 가족 4~5명, 친한 친구 15명, 친구 45~50명, 집단 150명 등.

던바에 따르면, 소셜 미디어 등의 도움으로 이 숫자가 500명, 1,500명, 5,000명 이렇게 늘어난다 한들 어느 정도의 규모(150명)를 넘어선 이들은 '아는 사람' 정도의 피상적인 관계일 뿐이다. 얼굴을 보고 직접 관계를 맺지 않는 이런 관계는 진정한 인간 관계라고 할 수 없다. 당장 자신이 곤란한 상황에 처했을 때, 소셜 미디어의 친구 수천 명은 도움이 안 된다.

그러니 던바의 수를 염두에 두면 지난 3년간 내 명함 데이터베이스를 채운 1,000명이나 소셜 미디어에서 연을 맺은 5,000명 가까운 지인은 오히려 진정한 인간 관계를 맺지 못하도록 방해하는 관계의 장애물이다. 아는 사람 정도의 피상적인 관계를 유지하는 데 시간을 쏟느라 정작 내가 좀 더 관심을 기울여야 할 가족, 친구, 조직의 구성원을 소홀히 했을 수 있으니까.

이참에 시간을 내서 자신만의 던바의 수를 헤아려 보라. 막말로 사회적으로 용납할 수 없는 최악의 범죄를 저질렀다고 하더라도 내 편이 될 5명이 주변에 있는가? 언제나 신뢰할 수 있는 친한 친구 15명은? 가끔 연락해서 유쾌한 시간을 보낼 수 있는 친구 50명은? 나부터 스마트폰에 저장된 전화 번호를 찬찬히 살펴봐야겠다.

전염병, 우리는 운이 좋았다

비극은 이렇게 시작되었다. 2003년 1월, 중국 광둥 성에서 괴질로 몇 개월째 사람들이 죽어 간다는 소문이 돌기 시작했다. 중국 당국의 엄격한 통제에도 이 소문은 인터넷을 타고 전 세계로 퍼졌다. 그 무렵, 광둥 성 광저우의 한 의사가 친척 결혼식에 참석하고자 2월 21일 홍콩을 방문했다. 며칠 전부터 몸이 좋지 않았던 의사는 한 호텔 9층에 투숙했다.

그로부터 닷새 뒤인 2월 26일, 베트남 하노이에서 한 사업가가 괴질로 쓰러졌다. 곧이어 3월 1일엔 싱가포르에서 한 항공기 승무원이, 또 사흘 뒤에는 캐나다 토론토의 중년 여성이 사망했다. 그 의사와 같은 호텔 9층에 묵었던 투숙객 9명이 이렇게 세계 곳곳에서 영문도 모른 채 쓰러졌다.

순식간에 9명의 목숨을 앗아 간 괴질은 곧바로 베트남, 캐나다, 홍콩의 병원 직원에게 퍼졌다. 싱가포르에서 발병한 항공기 승무원을 치료한 의사와 그 가족도 사망했다. 곧이어 유럽에서도 환자가 발생했다. 세계 보건 기구(WHO)는 이 병을 중증 급성 호흡기 증후군(Severe Acute Respiratory Syndrome), 즉 사스(SARS)라 이름 붙였다.

사스는 약 8개월 동안 26개국에서 8,500여 명을 감염시켰다. 그 가운데 916명이 사망했다. 사스의 원인은 감기 증세와 설사를 일으키는 '코로나바이러스(coronavirus)'의 변종이었다. 2015년 7월에 이어서 2018년 9월 7일, 약 3년 만에 다시 한국을 공격한 중동 호흡기 증후군(Middle East Respiratory Syndrome), 즉 메르스(MERS)도 코로나바이러스의 변종이다.

전염병의 세계적 대유행

하지만 메르스의 2차 공격은 또 다른 감염자 없이 조기 진압할 수 있었다. 비행기나 공항에서 병원으로 이동하는 택시 안에서 환자와 다른 사람 간의 접촉이 있긴 했다. 하지만 2015년에 그렇게 환자가 많았을 때도 병원 아닌 일상 생활에서 메르스 감염 사례는 없었다.

더구나 사스, 메르스와 같은 코로나바이러스 전염병(감염병)은 잠복기 감염이 드물다. 숙주(환자) 몸속으로 들어간 바이러스가 며칠간 증식을 하고 나면 비로소 증상이 나타난다. 그리고 이렇게 증상이 나타날 때, 바이러스는 또 다른 희생양을 찾아서 몸 밖으로 나온다. 그러니 증상이 없는 잠복기 상태의 메르스 환자와 접촉했다면 크게 걱정하지 않아도 된다.

2003년에 사스가 유행할 때, 21세기 첫 바이러스가 코로나바이러스로 밝혀지자 과학자 상당수가 가슴을 쓸어내린 것도 이 때문이다. 사스나 메르스는 증상이 나타난 환자만 잡아내서 격리한다면 추가 감염을 막을 수 있다. 2003년 사스가 유행할 때, 대한민국이 무사할 수 있었던 것도 이 때문이다. 공항에서 증상이 나타나는 사스 의심 환자를 무조건 잡아서 격리했다.

만약 21세기 첫 전염병이 사스가 아니라 '인플루엔자(influenza)'였다면 상황은 전혀 달랐을 것이다. 인플루엔자? 맞다. 매년 겨울 우리를 괴롭히는 독감이 바로 인플루엔자다. 인플루엔자 바이러스는 지금 이 순간에도 끊임없이 변종을 일으키고 있다. 지난 2009년에는 '신종 플루'라고 불렸던 새로운 인플루엔자 변종(H1N1)이 유행해서 전 세계를 화들짝 놀라게 했다.

인플루엔자 바이러스는 코로나바이러스와 다르다. 인플루엔자 감염 환자는 증상이 나타나기 하루 이틀 전부터 이곳저곳에 희생자를 만들고 다닌다. 더구나 인플루엔자 바이러스는 환자가 기침이나 재채기를 하거나 말을 할 때 공기 중으로 전파된다. 2009년 유행했던 신종 플루가 얼마나 빨리 전 세계로 퍼졌는지 떠올려 보라.

다행히 신종 플루는 감염력에 비해 살상력이 강하지 않았다. (신종 플루를 일으킨 H1N1 바이러스는 이제 계절성 인플루엔자가 되어서 독감 백신으로 예방할 수 있다.) 만약 신종 플루가 사스나 메르스 정도의 살상력을 가졌다면 2009년에 세상은 어떻게 되었을까? 괜히 겁주는 일이 아니다. 지금 전 세계 과학자가 걱정하는 게 바로 전염병의 세계적 대유행(범유행(pandemic)이라 한다.)이다.

　　　　　　　　전염병, 우리는 운이 좋았다

더 '센 놈'을 두려워하라!

상당수 과학자를 불안하게 하는 일은 인플루엔자 바이러스의 변종
이 일으키는 조류 인플루엔자(Avian Influenza, AI)다. AI 바이러스는 평
소에는 조류에 기거하다 돼지와 같은 숙주에서 다른 인플루엔자 바
이러스와 유전자를 맞바꾸는 일을 통해 돌연변이를 일으킨다. 돼지
는 조류 바이러스와 인간 바이러스가 모두 기거할 수 있어서 거대한
돌연변이 공장으로 기능한다.

이렇게 새롭게 발생하는 AI 바이러스 가운데 어떤 것은 조류만
을 숙주로 삼는 데 만족하지 않는다. 조류와 인간 사이의 종 간 장벽
을 뛰어넘어 감염된다. 1997년 홍콩에서 6명의 목숨을 앗아 가면서
세상에 등장한 조류 인플루엔자 바이러스의 변종(H5N1)이 그랬다.
치명률이 60퍼센트에 달하는 H5N1은 다행히 감염력이 세지 않아
서 전 세계적 유행으로 이어지지 않았다.

만에 하나 신종 플루의 감염력과 H5N1의 살상력을 동시에 가
지고 있는 인플루엔자 바이러스 변종이 나타나서 세계를 덮친다면
어떻게 될까? 실제로 역사 속에서 그런 일이 있었다. 제1차 세계 대
전 마지막 해인 1918년 세계를 휩쓸었던 스페인 독감(H1N1)이 그랬
다. 스페인 독감은 당시 세계 인구의 약 5퍼센트 정도의 목숨을 앗아
갔다.

100년 전과는 비교할 수 없을 정도로 의학이 발달했는데 설마
그 정도로 피해를 보겠느냐고? 천만의 말씀이다. 100년 전과 비교했
을 때, 백신과 항바이러스 치료약이 있는 것은 맞다. 하지만 일단 변

종 바이러스가 유행하기 시작하면 당장 백신은 무용지물이다. 변종 바이러스의 정체를 파악하고 나서 백신을 만들기까지 최소한 수개월의 시간이 걸리기 때문이다.

항바이러스 치료약도 변종 바이러스 대유행이 시작하면 금세 준비 물량이 동이 난다. 결국, 100년이 지났지만 지금도 바이러스가 유행했을 때, 기껏해야 할 수 있는 일은 환자의 이동을 통제하고, 증상이 나타난 환자를 격리 관리하는 일뿐이다. 그런데 100년 전과 비교했을 때, 그마저도 쉽지 않다.

메르스의 전파에서 확인할 수 있듯이 비행기와 같은 교통 수단의 발달로 지구촌은 훨씬 더 가까워졌다. 100년 전과 비교할 수 없을 정도로 인권 감수성이 높아지면서 다수의 민주주의 국가에서는 뚜렷한 법적 근거 없이 개인의 자유를 구속하는 일도 쉽지 않다. 인류 문명의 발전이 역설적으로 바이러스가 활동하기에 최적의 상황을 만들어 준 것이다.

2003년 사스, 2009년 신종 플루, 2015년과 2018년의 메르스. 앞으로 또 어떤 새로운 것이 나타나 우리를 덮칠까? 지금까지 인류는 운이 좋았다. 하지만 항상 운이 좋기는 어렵다.

'안아키'는 왜 공공의 적인가

'약 안 쓰고 아이 키우기', 이른바 '안아키'를 둘러싼 논란이 뜨거웠다. 한 한의사가 운영하는 이 인터넷 커뮤니티는 회원이 6만 명에 이르렀지만 결국 폐쇄됐다. 이 한의사는 언론과 인터뷰에서 전 국민 "수두 파티"를 제안했다. 예방 접종보다 수두에 걸려 획득한 자연스러운 면역이 훨씬 낫다는 논리다.

난감한 점은 이 한의사의 주장에 적잖은 이가 고개를 끄덕인다는 사실이다. 그 가운데는 배울 만큼 배우고 먹고살 만한, 누가 봐도 중산층 소리를 듣는 이도 여럿 끼어 있다. 심지어 어떤 사람은 이렇게 '약 안 쓰고 아이 키우는 것'이야말로 세상을 바꾸는 일이라고 여긴다. 도대체 어디서부터 꼬이기 시작한 것일까.

'자연주의 육아'를 표방하는 사람들이 예방 접종을 극구 거부하는 것은 자연스럽지 못하다. 왜냐하면, 예방 접종이야말로 우리 몸의 자연스러운 면역 반응을 이용하는 질병 예방법이기 때문이다. 수두 파티를 열어 수두에 걸린 아이와 접촉하든, 병원이나 보건소에서 수두 백신을 맞든 우리 몸의 면역 체계는 똑같은 수두 바이러스에 반응한다.

다만 수두 파티와 백신 감염에는 큰 차이가 있다. 우리 몸의 면역 체계는 1년에도 수차례 접하는 감기 세균이나 바이러스는 쉽게 이겨 낼 정도로 준비돼 있다. 하지만 어떤 세균이나 바이러스는 우리 몸을 자주 공격하지 않아 면역 체계에게 미처 준비할 기회를 주지 않을뿐더러 한 번의 공격으로 치명적인 피해를 입히기도 한다.

예방 접종, 인류 지혜의 집대성

백신은 바로 이렇게 한 번 공격으로 치명적인 피해를 입힐 수 있는 세균이나 바이러스를 우리 몸의 면역 체계가 이겨 낼 정도로 약하게 만들어 주입하는 것이다. 한 번 이겨 본 경험은 면역체 생성이 원활하도록 돕고, 다음에 같은 세균이나 바이러스가 몸에 들어왔을 때는 쉽게 면역체를 만들어 물리칠 힘을 얻는다. 계절성 인플루엔자(독감) 백신을 맞는 이유가 바로 여기 있다.

온갖 민간 요법을 맹신하는 자연주의 육아가 유독 백신에만 거부감을 갖는 것도 우스꽝스럽다. 현대 의학의 예방 접종이야말로 민간 요법에서 유래했기 때문이다. 아시아, 유럽 등 구대륙 곳곳에서 1만여년 전부터 인류를 괴롭혀 온 천연두를 막고자 시도한 민간 요법이 현대 의학의 예방 접종으로 이어진 것이다.

알다시피 오랫동안 수많은 이가 천연두에 걸려 죽거나, 살아남

          '안아키'는 왜 공공의 적인가

더라도 얼굴에 얽은 자국이 남았다. 하지만 일단 천연두로부터 살아 남으면 다시는 그것에 걸리지 않았다. 이런 사정을 염두에 두고 인도, 중국 같은 곳에서 1,000년 전부터 천연두 환자의 딱지를 갈아 코로 흡입하기도 하고, 피부를 살짝 째서 집어넣기도 했다. 최초의 예방 접종 '인두(人痘)'가 시작된 것이다.

인두는 자칫 심각한 천연두로 번질 위험이 있었다. 이런 상황에서 영국 시골 의사 에드워드 제너(Edward Jenner)는 소젖을 짜는 여성은 천연두에 걸리지 않는다는 사실에 주목했다. 그는 젖 짜는 여성의 손에 생긴 물집에서 짜낸 고름을 8세 남자아이 팔의 생채기에 넣었다. 그 소년은 나중에 천연두도 이겨 냈다. '우두'가 탄생한 것이다.

예방 주사가 '백신(vaccine)'이라는 이름을 얻은 것도 우두 덕분이다. 라틴 어로 소를 가리키는 단어가 바로 '바카(vacca)'니까. 그러니 수천 년간 세계 곳곳에서 축적해 온 자연주의 민간 요법에서 시작된 예방 접종을 마치 현대 의학이 빚어낸 괴물이라도 되는 양 호들갑 떠는 모습은 그야말로 난센스다.

예방 접종이 괴물이 된 사정도 우습기는 마찬가지다. 1998년 영국 의사 앤드루 웨이크필드(Andrew J. Wakefield)는 아이 12명의 사례를 조사해 "홍역, 볼거리, 풍진을 예방하는 MMR(measles, mumps, rubella) 백신이 자폐증을 일으킬지 모른다."라고 추측한 내용의 논문을 기자 회견 등을 통해 발표한다.[1]

웨이크필드 자신도 논문에서 MMR 백신과 자폐증 발병의 관계를 증명하지 못했고, 이후 이뤄진 수많은 연구도 마찬가지다. 하지만 언론이 대서특필한 웨이크필드의 가설은 사실처럼 포장돼 20년 가까이 지난 지금까지도 세계 곳곳에서 똬리를 틀고 있다. 심지어 2004년 백신 제조업체를 상대로 소송을 준비하던 변호사가 그에게 연구 대가를 지급한 사실이 밝혀졌는데도 말이다!

'안아키', 그 치명적인 유혹

예방 접종을 거부하든 말든, 백신을 맞으면 자폐증에 걸린다고 믿든 말든 내버려 두라는 사람도 있다. 자신과 가족의 건강에 남이 왈가왈부하지 말라는 얘기다. 하지만 이런 태도야말로 지극히 자연스럽지 못할 뿐 아니라, 최악의 상황에서는 공동체의 건강을 좀먹는 이기적인 행동이다.

무인도에 살지 않는 한 나의 몸은 세상과 어쩔 수 없이 연결돼 있다. 내가 버스, 지하철 등 대중 교통 안에서 무심코 재채기하면서 내뱉은 수많은 세균이나 바이러스는 곧바로 다른 사람의 코 또는 입으로 들어간다. 사무실이나 화장실 문을 여닫을 때마다 수많은 세균이 내 손을 통해 세상으로 퍼져 나간다. 그리고 이것이야말로 세상의 자연스러운 모습이다.

내 몸이 이렇게 세상과 연결돼 있기 때문에 예방 접종은 나뿐 아니라 타인을 지키는 수단이 된다. 공동체 구성원 대다수가 백신으로 특정 질병을 막아 내는 면역력을 획득한다면 그 질병은 더 이상 위협이 아니다. 세균이나 바이러스가 숙주(인간)에서 다른 숙주(인간)로 이동하기가 어려워지기 때문이다. 바로 '집단 면역'이다.

하지만 잘못된 정보에 기반을 둔 자신의 독특한 신념에 따라 예방 접종을 거부하는 이가 늘어나면 이런 집단 면역은 무력화된다. 그리고 그 피해는 예방 접종을 거부한 당사자뿐 아니라 공동체 전체에게 돌아간다. 미국에서 2008년 한 건도 발생하지 않던 홍역이 중산층 사이에서 예방 접종 거부 운동이 벌어진 2013년 270여 건으로 늘어난 것이 그 예다.

'안아키'에 공감하는 사람에게 꼭 권하고 싶은 책『면역에 관하여』(열린책들, 2016년)를 쓴 율라 비스(Eula Biss)는 이렇게 당부한다. 나는 이에 전적으로 공감한다.

"우리는 제 살갗보다 그 너머에 있는 것들로부터 더 많이 보호받는다. 이 대목에서, 몸들의 경계는 허물어지기 시작한다. 혈액과 장기 기증은 한 몸에서 나와 다른 몸으로 들어가며 몸들을 넘나든다. 면역도 마찬가지다. 면역은 사적인 계좌인 동시에 공동의 신탁이다. 집단의 면역에 의지하는 사람은 누구든 이웃들에게 건강을 빚지고 있다."

한 발 더

대중의 불신을 초래한 의사 등의 '전문가주의'나 현대 의학의 '과학주의'는 그 자체로 비판적으로 성찰해야 마땅하다. 하지만 '안아키' 식도 호되게 비판받아야 마땅하다.

한 가지 중요한 포인트는 '안아키' 식을 퍼뜨리는 이들이 바로 사이비 전문가라는 것이다. 전문가주의에 빠진 전문가도 위험하지만, 사이비 전문가는 그보다 훨씬 더 위험하다.

'안아키'는 왜 공공의 적인가

행복했던 마을의 몰락

미국 동부 펜실베이니아 주 한구석에 로세토(Roseto)란 마을이 있다. 20세기 초 미국으로 건너온 이탈리아 이민자들이 정착한 곳이다. 이 마을이 주목받게 된 데는 사연이 있다. 1960년대 일부 의사가 이 지역의 심장병 사망자 수가 적다는 사실을 발견한 것이다. 술과 담배를 즐기고 비만인 주민도 상당해 심장병 발병 위험이 높았는데도 사망자는 적었다.

　　호기심 많은 의사들은 그 원인을 찾기 시작했다. 이들은 1955년부터 1961년까지 사망 진단서와 병원 진료 기록을 검토했고, 로세토에서 1.6킬로미터 떨어진 또 다른 이탈리아 이민자 마을 방고(Bangor)와 비교도 해 봤다. 방고와 로세토 주민은 똑같은 물을 마시고 같은 병원을 이용하지만 심장병 사망률 차이가 또렷했다. 도대체 이유가 뭘까?

그들은 서로를 신뢰했다

1964년 발표된 로세토 마을에 대한 첫 연구 논문의 저자는 그 "과학적" 이유를 찾지 못했음을 고백하면서 그 대신 "사람들이 삶을 즐기는 방식"을 언급했다.[1]

"(로세토에서) 그들의 삶은 즐거웠고 활기가 넘쳤으며 꾸밈이 없었다. 부유한 사람도 이웃의 가난한 사람과 비슷하게 옷을 입고 비슷하게 행동했다. …… 그들은 서로를 신뢰했으며 서로를 도와주었다."

김승섭 고려대 교수가 펴낸 『아픔이 길이 되려면』(동아시아, 2017년)을 읽다 한참 전에 듣고 까맣게 잊고 있던 로세토 마을 이야기를 오랜만에 접했다. 로세토 이야기의 결말은 비극이다. 1965년 이후로는 로세토와 방고 주민의 심장병 사망률 차이가 없다. 로세토 주민에게만 국한해 보면, 이 지역 사람들의 심장병 사망률은 1970년이 되자 1940년에 비해 2배 가까이 증가했다.

이유는 짐작할 만하다. 1960년대 이후 로세토 마을도 이른바 '미국화'된 것이다. 적자생존의 미국식 자본주의가 마을에 침투했고, 공동체보다 개인을 우선시하는 젊은 세대가 대학 교육을 받고자 마을을 떠났다. 앞에서 언급한 상호 신뢰에 기반을 둔 비교적 평등한 공동체가 무너지자 '로세토 효과'는 금세 사라졌다.

이제 로세토의 비극을 염두에 두고 스웨덴 최북단 지역 노르보텐(Norbottens)으로 가 보자. 북국의 외딴 지역인 이곳 사람들은 오랫동안 고립된 채 살아갔다. 자연 재해가 닥쳐도 외부 도움을 기대할 처지가 못 됐다. 엎친 데 덮친 격으로 19세기 노르보텐에는 기근과 풍작이 번갈아 가며 이어졌다. 1800년 기근, 1801년 풍작, 1812년 기근, 1822년 풍작, 1828년 풍작, 1836년 기근 등.

이런 노르보텐에 대해 한 과학자가 흥미로운 연구 질문을 던졌다. 19세기 굶주림과 풍족함을 번갈아 겪었던 노르보텐 아이와 그 후손의 건강은 어땠을까? 마침 이곳 성당의 성직자들이 16세기부터 마을 주민의 출생과 사망은 물론이고 토지 소유 관계, 작물 가격, 작황까지 세심히 기록해 뒀다. 과학자는 이 자료를 토대로 1905년 태어난 아이 99명의 삶을 추적했다.

결과는 반전이었다. 9~12세 때 갑작스럽게 풍족한 해를 맞아 사춘기(2차 성징이 나타나는 시기)에 포만감을 느낄 수 있는 삶을 누린 소년의 경우 그의 아들과 손자 수명이 비교군보다 평균 32년이나 짧았다. 이 과학자는 사춘기의 갑작스러운 폭식이 당뇨나 심장 문제를 일으켰을 개연성을 염두에 뒀다. 그런 몸의 흔적이 아들이나 손자에게 영향을 미쳤다는 것이다.

반면 기근으로 굶주린 겨울을 겪은 소년이 그 시절을 (죽지 않고) 견디고 자식을 낳은 경우 그 후손은 건강이 좋았다. 당뇨, 심장 질환에 걸릴 확률이 비교군보다 4배 낮았고, 언급했다시피 평균 수명은 32년이나 길었다. 후속 연구에서는 소녀도 이와 비슷한 결과를 보였다. 단, 소녀는 기근의 영향을 받는 시기가 소년보다 더 어렸다.

이 연구 결과를 어린 소년과 소녀를 굶기면 건강이 더 좋은 후손이 태어난다는 식으로 해석하면 곤란하다. 식량이 만성적으로 부족한 환경에서 갑작스럽게 풍년이 들었을 때 폭식이 소년, 소녀의 건강에 긍정적인 영향을 미칠 리 만무하다고 봐야 한다. 또 성장기에 평소보다 더 심한 굶주림을 버텨내고 '살아남은' 소년, 소녀가 그렇지 못한 이보다 더 건강하리라고 예상하는 것도 합리적이다.

이 연구에서 눈여겨봐야 할 점은 성장기의 폭식과 굶주림 같은 경험이 자신의 건강을 넘어 후손에게까지 유전될 가능성이다. 할아버지, 할머니의 어떤 경험이 유전자에 각인돼 후손에게 전달될 수 있다는 이야기다. 예를 들어 환경 같은 외부 스트레스가 특정한 유전자의 스위치를 끄고 켠다면 그 영향은 좋든 나쁘든 자신은 물론, 후손에게도 미친다.

이런 접근을 '후성 유전학'이라 부른다. 이 분야의 연구 성과는 차고 넘친다. 가장 널리 알려진 연구는 엄마를 둘러싼 환경과 자궁 속 태아의 관계다. 엄마 자궁에서 영양 공급을 제대로 받지 못한 아이는 어른이 됐을 때 조현병, 우울증, 심장 질환 등을 겪을 위험이 커진다. 그리고 노르보텐의 경우를 염두에 두면 그런 소인이 유전될 가능성도 있다.

어린 시절 환경이 유전자에 각인된다?

스트레스 역시 영양만큼이나 후손의 건강에 큰 영향을 미치는 요소다. 스트레스가 심한 산모의 아기, 예를 들어 임신 중 9·11 테러를 경험한 엄마에게서 태어난 아기는 출생 시 몸무게가 적게 나가고, 기억을 관장하는 해마의 크기가 작으며, 스트레스를 처리하는 능력이 떨

행복했던 마을의 몰락

어진다는 연구 결과가 있다. 물론 이렇게 태어난 아기는 대부분 별문제 없이 어른이 되지만 손이 많이 갔을 테다.

후성 유전학의 연구 성과는 '유전이냐, 환경이냐?' 같은 이분법에 기반을 둔 논쟁이 더는 의미가 없음을 말해 준다. 유전도 중요하고, 환경도 중요하다. 심지어 이 둘은 서로 영향을 주고받는다. 태아, 어린 시절, 10대 시절 환경은 유전자에 각인되고 그 영향은 당사자뿐 아니라 후손에게도 미친다. 과학자가 분발할수록 이런 상호 작용은 확실히 규명될 것이다.

이제 다시 로세토 마을 이야기로 돌아가 보자. 한때 로세토 주민을 심장병으로부터 지켜 줬던 구체적 메커니즘은 여전히 미지수다. 상호 신뢰에 기반을 둔 평등한 공동체가 마을 사람 각자의 몸에 세포, 분자 수준에서 분명히 어떤 영향을 미쳤을 것이다. 후성 유전학은 바로 이 효과의 비밀을 파헤치는 데도 어떤 통찰을 제공할 수 있으리라.

하지만 꼭 그 비밀을 몰라도 된다. 지금까지 나온 연구 성과만으로도 여러 가지를 할 수 있고 또 해야 한다. 기근과 전쟁을 없애는 것은 물론이고 경쟁보다 협력, 불평등보다 평등, 성과보다 성취에 기뻐할 수 있는, '스트레스가 덜한 환경'을 만드는 것으로도 로세토 마을은 다시 등장할 수 있다. 어쩌면 지금 여기 대한민국에서도.

바이러스의 저주

잊을 만하면 조류 인플루엔자(avian influenza, AI)가 문제다. 2017년 6월에도 두 달 만에 AI가 다시 발생했다. 전북 군산의 오골계 종계 농장에서 유통된 닭에서 시작된 AI가 순식간에 제주를 비롯한 전국 곳곳으로 퍼졌다.

그나마 바이러스의 확산 경로가 단순한 데다, 바이러스의 활동성도 떨어지는 여름철이라 방역 당국의 기대대로 최악의 시나리오는 벌어지지 않았다. 하지만 AI 유행을 비교적 빨리 잡았다고 해서 끝이 아니다. 더 무서운 일은 따로 있다. AI가 유행할 때마다 받는 질문이 있다.

"AI에 감염된 닭이나 오리를 사람이 먹어도 안전한가요?"

안전하다! 설령 AI에 감염된 닭이나 오리라도 섭씨 75도 이상에서 30초 이상 익혀 먹으면 바이러스가 죽는다. 그러니 삶거나 튀겨서 먹는 닭이나 오리로 AI 바이러스에 감염될 가능성은 없다. 더구나 시중에 AI 바이러스에 감염된 닭이나 오리가 유통되고 있을 확률도 거의 없다.

AI 바이러스, 돌연변이가 문제다

또 다른 걱정은 AI 바이러스가 사람에게 옮는 일이다. 겨울에 우리나라에서 AI가 유행할 때 홍콩, 중국 등지에서는 AI 사망자가 나왔다. 그러나 이렇게 AI 바이러스가 사람에게 감염될 가능성도 현재로서는 걱정할 필요가 없다. 우리가 흔히 AI 혹은 '조류 독감'이라고 통칭하지만, 그 안에는 수많은 변종이 있다.

당연히 각 변종은 저마다 특징이 있다. 홍콩, 중국에서 환자가 나왔던 AI 바이러스는 H7N9형이다. 이 바이러스는 닭이나 오리에게는 그다지 위협적이지 않다. 그런데 사람에게는 사망자가 나올 정도로 치명적이다. 2013년 3월부터 2018년 9월 현재까지 중국에서 계속 환자(1,567명)가 나오고 있다. 이 가운데 615명이 사망해 치사율이 약 39퍼센트에 이른다.

한국에서 유행하는 바이러스는 중국에서 유행하는 것과 다르다. 2017년 6월에 확인된 바이러스는 H5N8형. 이 바이러스는 닭이나 오리를 집단 폐사로 몰고 갈 정도로 위력적이다. 하지만 다행스럽게도 아직까지 인체 감염 사례는 확인되지 않고 있다. 그러니 우리나라에서 유행하는 AI 바이러스가 사람에게 감염될 확률은 거의 없다.

그렇다면 중국에서 유행하는 H7N9형 바이러스가 2009년 '신종 플루'처럼 전 세계로 퍼질 가능성은 없을까? 이 대목에서도 인류는 운이 좋았다. 지금까지 발생한 1,500명가량의 환자는 대부분 닭이나 오리와 접촉한 환자였다. 그러니까 계절성 독감이나 2009년 신종 플루처럼 공기를 통해 사람 대 사람으로 전염된 것이 아니다. 독성이 강하지만 전염이 약했던 것이다.

그렇다고 마냥 안심할 일은 아니다. AI 바이러스가 계속해서 돌연변이를 일으켜 변종이 나오고 있고, 그 가운데 별종이 나타나지 말라는 법이 없다. 전 세계 보건 당국자들이 AI가 유행할 때마다, 또 새로운 AI 바이러스가 등장할 때마다 바짝 긴장하는 것도 바로 이 때문이다.

지금 당장은 아니지만 이런 시나리오가 가능하다. 돼지는 닭이나 오리를 감염시키는 바이러스와 사람을 감염시키는 바이러스를 모두 몸에 지니고 있다. 돼지 안에서 공기 중으로 전염이 가능한 사람 독감 바이러스와 독성이 강한 조류 독감 바이러스가 만나 우연히 돌연변이를 일으켜 새로운 독한 바이러스가 등장할 수 있다.

정말로 이런 바이러스가 나온다면 인류에게는 대재앙이다. 영화나 소설을 보면 인류 종말 시나리오가 나온다. 과학자가 가장 가능성이 크다고 보는 시나리오가 바로 돌연변이를 일으켜 탄생한 전염성 강하고 독한 독감 바이러스가 전 세계로 퍼지는 것이다.

영화나 소설 얘기가 아니다. 1918년 유행했던 '스페인 독감'을 들어 봤을 것이다. 당시 우리나라를 포함한 전 세계에서 최대 1억 명이 사망한 것으로 추산된다. 세계 인구의 약 5퍼센트였다. 전 세계를 휩쓴 그 스페인 독감을 유발한 바이러스는 H1N1형으로, AI 바이러스와 같은 종류였다.

바이러스의 저주

AI 바이러스 공격, 인류의 자업자득

1997년에 H5N1형 AI 바이러스가 조류뿐 아니라 종 간 장벽을 넘어 사람에게도 감염된다는 사실이 확인되기 약 80년 전, 또 다른 변종 AI 바이러스가 사람 대 사람 간 감염을 일으키며 대유행을 일으켰던 것이다. 이런 역사적 경험으로 미뤄 보면 지금 이 순간에도 AI 바이러스가 돌연변이를 일으켜 스페인 독감 같은 끔찍한 전염병의 대유행이 일어날 가능성이 충분하다.

이 문제를 놓고 토론한 과학자 여럿의 의견은 똑같았다.

"AI 바이러스의 돌연변이는 시간 문제다. 우리는 인류가 운이 좋기를 바랄 뿐이다."

따져 보면 자업자득이다. 오랫동안 조류와 AI 바이러스는 평형 상태를 유지해 왔다. 철새 등 야생 조류가 몸속에 AI 바이러스를 가지고 있는데도 문제가 없었던 것은 이 때문이다. 하지만 인류가 단백질 공급원을 손쉽게 얻으려 닭이나 오리를 대량 밀집 사육하고, 도시를 만들고 공장을 짓고자 야생 조류 서식처를 파괴하면서 이 평형 상태가 깨졌다.

서식처가 파괴돼 갈 곳이 없어진 야생 조류는 전보다 훨씬 자주 인류의 삶터를 기웃거린다. 덩달아 야생 조류 몸속의 바이러스도 새로운 기회를 얻는다. 대량 밀집 사육하는 닭이나 오리는 저항성이 약하고 집단 감염에 취약하기 때문이다. 바이러스 처지에서는 이보다 더 좋을 수 없는 최상의 숙주다. 그렇게 닭이나 오리를 점령한 바이러스가 이제 인간도 위협하고 있다.

그렇다면 지금 우리는 무엇을 해야 할까? 먼저 전염병(감염병) 방역 체계를 재점검하는 것이 시급하다. 2015년 메르스가 유행했을 때 우리는 대한민국의 전염병 방역 체계가 얼마나 허술한지 뼈저리게 체험했다. 지금 이 시점에 메르스보다 '더 센 놈'이 덮친다면 그때와 다를까. 낙관하기 쉽지 않다.

개인 차원에서 할 수 있는 일은 많지 않다. 굳이 언급하자면 해마다 독감 바이러스 백신을 접종받기를 권한다. 몸의 면역계가 가급적 다양한 독감 바이러스에 노출될수록 좋다. 새로운 변종 바이러스가 몸에 들어왔을 때 몸의 면역계가 좀 더 효과적으로 대응할 가능성이 커지기 때문이다.

인류가 계속해서 운이 좋을 수 있을까? AI 바이러스의 전파를 막고자 영문도 모른 채 죽임을 당하는 닭이나 오리의 신세가 왠지 남일 같지 않다.

바이러스의 저주

항생제가 사람을 공격한다

2017년 12월 16일, 이대 목동 병원에서 신생아 4명이 채 80분도 안 되는 시간 동안 잇따라 숨졌다. 국립 과학 수사 연구원이 나서서 부검까지 했지만 사망 원인은 밝히지 못했다. 한 공간에서 치료받던 신생아 4명이 거의 동시에 숨지는 일은 드물다.

안타까운 마음으로 사건의 진행 과정을 지켜보다 시선이 머무는 대목이 있었다. 사망 전에 실시한 신생아 3명의 혈액에서 '시트로박터 프룬디(*Citrobacter freundii*)'라는 세균이 발견된 것이다. 질병 관리 본부는 이 세균이 '항생제 내성균'일 가능성을 의심한다. 세상에 갓 태어난 아기의 몸속에 항생제 내성균이라고?

항생제 내성균은 어떻게 탄생했나?

알다시피, 세균을 죽이는 최초의 항생제는 1928년 알렉산더 플레밍

(Alexander Flemming)이 발견한 페니실린이다. 이 페니실린 덕분에 윈스턴 처칠(Winston Churchill)을 비롯한 수많은 사람이 목숨을 건졌다. 나를 포함해서 이 글을 읽는 독자 여럿도 항생제가 없었으면 세균 감염 탓에 지금 세상에 없었을지 모른다. 항생제는 외과 수술과 함께 현대 의학을 지탱하는 양대 기둥이다.

그런데 정작 항생제를 처음 발견한 공으로 1945년 노벨상을 받은 플레밍은 일찌감치 암울한 경고를 했다. 그는 적정량의 항생제를 환자에게 처방하지 못하는 상황을 걱정했다. 필요한 양보다 적은 항생제는 제때 질병 원인 세균을 없애지 못한다. 그렇게 살아남은 세균은 되레 항생제에 맞설 힘을 가진 것으로 돌연변이를 일으킬 수 있다. 바로 '항생제 내성균'이다.

가끔 병원에서 처방받은 항생제를 먹다가 하루 이틀 지나서 몸 상태가 좋아지면 복용을 멈추는 경우가 있다. 바로 플레밍이 걱정했던 상황이다. 몸속의 질병 원인 세균 가운데 일부가 살아남아서 자칫하면 항생제 내성균으로 돌연변이가 될 길을 열어 준 것이다. 그러니 일단 처방받은 항생제는 싫더라도 꼭 다 먹자!

그런데 플레밍은 헛짚었다. 너무 적은 항생제가 문제가 아니라 너무 많은 항생제가 문제다. 지금 전 세계에서 매일 처방되는 항생제의 절반 정도는 효과만 놓고 보면 전혀 필요가 없거나 필요한 양보다 많은 것이다. (이것을 항생제 오남용이라고 한다.) 미국에서 2013년 10월에 발표한 한 연구 결과를 보면, 항생제가 필요 없는 기관지염 환자 가운데 73퍼센트가 불필요한 항생제 처방을 받았다.

지금은 많이 나아졌지만 한국의 사정도 마찬가지다. 알다시피,

감기는 세균이 아닌 바이러스가 원인이다. 항생제는 바이러스 잡는 용도가 아닌데도 감기 증상으로 병원을 가면 무조건 항생제를 처방하는 관행이 있다. 특히 어린아이의 경우가 심하다. 만 2세가 되기까지 우리나라 영유아의 항생제 처방이 외국과 비교했을 때, 3배 이상 높다는 조사 결과가 있다.

더욱더 심각한 문제도 있다. 놀라지 마시라. 지금 전 세계에서 쓰이는 항생제의 약 80퍼센트는 사람이 아니라 가축한테 쓰이고 있다. 가축이 사람보다 세균 감염이 많아서일까? 아니다. 이렇게 쓰이는 항생제의 대부분은 항생제 투여가 필요 없는 건강한 가축에게 쓰인다. 항생제를 사료에 섞여 먹이면 가축의 살이 찌는 신기한 효과가 있기 때문이다.

실제로 1940년대에 항생제가 가축의 성장을 촉진한다는 사실이 알려지고 나서 수십 년간 축산업계에서는 건강한 소, 돼지, 닭에게 항생제를 먹여 왔다. (항생제는 가축뿐만 아니라 사람의 살도 찌운다. 생후 6개월 이전에 항생제 처방을 받은 어린아이가 비만이 될 확률이 높다는 연구 결과가 있다.) 이렇게 항생제를 먹이면 세균 감염도 예방할 수 있으니 금상첨화다.

가축의 몸속으로 들어간 항생제는 어디로 갈까? 그 가운데 대부분은 분뇨의 형태로 외부로 나온다. 인도의 갠지스 강에서 항생제 성분을 검출해 보면 심할 때는 항생제 처방을 받은 환자의 혈액 속 농도와 비슷한 수준이라고 한다. 그런 물을 다시 사람이나 가축이 마신다고 생각해 보라.

이뿐만이 아니다. 우리가 삼겹살, 치킨, 갈비를 먹을 때도 돼지, 닭, 쇠고기 등에 남아 있는 항생제가 몸속으로 들어온다. 사정이 이렇다 보니, 지난 11월에는 세계 보건 기구(WHO)가 가축 항생제 사용 중단을 권고하기도 했다. 유럽 연합(EU)이 2006년에 성장 촉진용 항생제 사용을 금지한 것과 궤를 같이하는 권고다.

항생제 내성균이 중환자나 신생아를 공격하면?

이렇게 수십 년간 우리 몸속을 비롯한 도처에 항생제가 널려 있다 보니, 세균은 재빠르게 항생제에 내성을 갖는 식으로 적응하기 시작했다. 흔히 '슈퍼 박테리아'라고 부르는 이런 항생제 내성균은 우리 손이 닿는 구석구석은 물론이고 몸속 소장이나 대장 안에도 똬리를 틀고서 호시탐탐 활약할 기회를 엿본다.

미국에서는 한 해 200만 명이 심각한 항생제 내성균에 감염되고, 이 가운데 2만 3000명이 사망한다. 시야를 세계로 넓혀 보면 상황은 더욱더 심각하다. 유엔의 보고에 따르면, 항생제 내성균 사망자는 전 세계적으로 매년 70만 명에 이른다. 지금 추세대로라면, 2050년에는 매년 1000만 명이 목숨을 잃을 전망이다.

이 대목에서 고개를 갸우뚱할 독자가 있겠다. '항생제 내성균이 몸속에 똬리를 틀고 있다는데, 그리고 저렇게 많은 숫자가 목숨을 잃는다는데 왜 나는 괜찮을까?' 이유는 간단하다. 이 글을 읽는 독자는 건강하기 때문이다. 건강할 경우에는 몸의 면역계나 몸속의 건강한 세균이 항생제 내성균을 억제한다. 문제는 건강을 잃을 때다.

몸에 진이 빠질 대로 빠진 노인이나 수술을 받은 중환자 또 아직 제대로 된 면역 기능이 발달하지 못한 신생아야말로 항생제 내성균에 맞춤한 희생양이다. 항생제 내성균은 바로 이들을 공격해 최악의 경우에는 목숨을 빼앗는다. 물론 항생제에 '내성'을 가지고 있기 때문에 현대 의학도 속수무책이다.

신생아의 혈액에서 발견된 세균(시트로박터 프룬디)도 마찬가지다. 항생제 내성균으로 돌연변이를 일으켰다고 하더라도 건강한 사람에게는 위협이 되지 않는다. 하지만 신생아는 사정이 다르다. 물론 항생제 내성균이 이번 집단 사망의 원인이 아니었을 수도 있다. 다만 항생제 내성균은 그 병원에 심각한 문제가 있었음을 알려 주는 징표다. 다른 병원의 사정은 다를까?

독감, 대한민국을 덮치다

현존하는 최고의 이야기꾼 스티븐 킹(Stephen King)의 소설 가운데『스탠드』(황금가지, 2007년)가 있다. 이 소설은 초반에 치사율 99.7퍼센트의 독감이 유행하면서 인류 문명이 몰락하는 과정을 생생히 그리고 있다. 독감의 대유행을 막겠다는 대통령의 긴급 담화를 생중계하는 과정에서도 끊임없이 나오는 기침 소리. 결국 소설 속 독감은 인류 문명을 결딴낸다.

2018년 1월의 대한민국은 마치『스탠드』속 한 장면 같았다. 공공 장소 어디서나 마른기침 소리가 들렸다. 병원마다 독감 (의심) 환자로 북새통. 질병 관리 본부가 2018년 1월 5일 발표한 자료를 보면, 2017년 12월 1일 외래 환자 1,000명당 7.7명이었던 독감 (의심) 환자가 이후 한 달 만에 1,000명당 71.8명으로 10배나 증가했다. 도대체 무슨 일이었을까?

WHO 독감 유행 전망 어긋나

질병 관리 본부의 자료를 보면, 당시 독감 유행의 전파 경로가 그려진다. 12월 1일부터 한 달간 독감 (의심) 환자의 발생 비율은 7~12세 1,000명당 7.7명, 13~18세 1,000명당 121.8명이었다. 독감이 학교에서 학생을 숙주로 삼은 다음에 자연스럽게 아버지, 어머니, 할아버지, 할머니 등을 통해서 직장이나 지역 사회로 전파된 것이다.

다행히 방학을 하고 나서는 학교를 통한 전파는 줄었다. 하지만 그 후에도 직장이나 지역 사회에 똬리를 튼 전파가 기승을 부렸다. 유행이 시작한 지 한 달이 지나서야 일상 생활에서 독감 유행을 체감하게 된 것도 이런 사정 때문이었다. 더구나 직장이나 지역 사회에는 백신 예방 접종을 미처 하지 않은 이도 많았다.

알다시피, 독감은 바이러스(인플루엔자 바이러스)가 원인이다. 사람에게 감염 가능한 독감 바이러스는 크게 A형과 B형으로 나뉜다. B형 독감은 통상 A형 독감 유행이 지난 후인 2~3월께부터 유행하는 것으로 알려져 있다. 2017~2018년 겨울에는 이례적으로 B형 독감이 A형 독감과 비슷한 시기에 등장했다. 더구나 전체의 절반 정도로 그 비중도 컸다.

이 대목은 좀 더 자세히 들여다볼 필요가 있다. 독감의 두 유형 가운데 A형이 상대적으로 독성이 강하다. A형 독감은 이론적으로는 144종의 변종이 가능하다. 2009년 수십 명의 사망자를 낸 '신종 플루(H1N1)'도 A형 독감이었다. 당시 전 세계를 강타했던 H1N1 바이러스는 이제 계절 독감으로 자리를 잡았다.

B형 독감은 딱 2종(빅토리아, 야마가타)이다. 이런 사정을 염두에 두고, WHO는 겨울이 오기 전에 유행 독감을 전망한다. 그래야 제약 업체가 맞춤한 백신을 독감 유행 전에 생산할 수 있기 때문이다. WHO는 보통 A형 두 종류, B형 한 종류의 독감을 꼽는다. 2017~2018년 겨울에도 A형 두 종류(H1N1, H3N-)와 B형 한 종류(빅토리아)가 선정됐다.

제약 업체는 이 전망대로 백신을 제조해서 공급했다. 보건소, 병원과 의원 등에서는 바로 이 백신을 65세 이상 노인과 어린아이에게 무료 접종했다. 이른바 '3가 백신'이다. '4가 백신'은 WHO가 권장한 세 종류의 독감에다 B형 독감의 나머지 한 종류(야마가타)까지 예방이 가능하도록 추가한 것이다.

그런데 WHO 독감 유행 전망은 종종 빗나간다. 2017~2018년 겨울에도 그랬다. A형 독감 두 종류는 WHO의 예상대로였는데, B형 독감은 애초 예상한 종류(빅토리아)가 아닌 다른 것(야마가타)이 유행했다. 결국, 3가 백신을 접종받은 노인, 어린아이 상당수가 미처 유행을 예상치 못한 다른 종류(야마가타)의 B형 독감을 이겨 내지 못했다.

결국 이들은 바이러스 전파의 숙주가 되었다. B형 독감이 전체 환자의 절반을 차지할 정도로 기승을 부린 데는 이런 사정 탓도 있다.

독성 약하다는 'B형 독감' 방심은 금물

보건 당국은 B형 독감의 유행을 놓고서는 상대적으로 걱정을 덜 하는 분위기다. 앞에서 언급했듯이 B형 독감은 A형에 비해서 독성이 약하다. 더구나 '건강한 사람'은 B형 독감 바이러스 한 종류에 항체가 생기면 나머지 바이러스까지 예방 효과(교차 보호)가 있다. 한 종류(빅토리아)를 예방하는 백신이 다른 종류(야마가타)를 막는 데도 효과가 있다는 것이다.

하지만 상당수 전문가는 이런 낙관에 경고를 보낸다. 이재갑 한림 대학교 강남 성심 병원 감염 내과 교수가 대표적이다. 그는 "최근 기록을 보면 입원, 사망 환자 가운데 B형 바이러스의 독성이 A형과 큰 차이가 없다."라고 지적한다. 특히 "만성 질환이 있는 노인의 경우에는 B형 독감과 폐렴의 합병증으로 사망하는" 경우도 있다.

보건 당국이 언급한 B형 독감 바이러스 두 종류(빅토리아, 야마가타) 간의 상호 예방 효과도 제한적이다. 이런 상호 예방 효과의 덕을 가장 많이 보는 이들은 평소 건강한 이들이다. 그런데 이렇게 건강한 사람은 독감 바이러스에 감염이 되어서 증상이 나타나더라도 심지어 대증 요법만으로 나을 수도 있다. 이 과정에서 심하지 않은 몸살 감기라고 여기고 다니면서 바이러스를 전파할 수도 있다!

반면에 독감이 치명적일 수 있는 노인, 어린아이, 임신부 또 만성 질환을 앓고 있는 환자 등은 이런 상호 예방 효과를 거의 기대할 수 없다. 이재갑 교수는 "권장 백신(빅토리아)과 유행 바이러스(야마가타) 간의 불일치(미스매치)가 일어나는 상황에서는 노인, 어린아이 등에 대한 적극적인 항바이러스제 처방이 중요하다."라며 B형 독감에 경각심을 가질 것을 당부했다.

독감을 이기는 무기, 일상 생활 속 감염 관리

소설처럼 현실에서 치사율 99.7퍼센트의 독감이 유행할 가능성은 없다. (그러니 소설이다.) 이 때문에 소설에서는 생물 무기로 군대에서 만들어진 바이러스가 외부로 유출되면서 대유행이 시작한다. 하지만 현실 속 독감도 충분히 치명적이다. 계절 독감이나 끊임없이 돌연변이 바이러스를 만들어 내는 조류 인플루엔자 등에 의사, 과학자, 보건 당국이 긴장하는 것도 이 때문이다.

그렇다면 독감 바이러스를 이겨 내려면 무엇을 해야 할까? 하나는 백신 접종. 여러 이유로 그 효과가 제한적이더라도 안 맞는 것보다는 낫다. 봄까지는 독감이 유행할 가능성이 있으니 지금이라도 백신을 맞아야 한다. 다른 하나는 일상 생활 속 감염 관리. 평소에 제발 손을 자주 씻고, 독감이다 싶으면 마스크를 끼고 병원부터 찾자. 이것만 잘해도 독감을 이겨 낼 수 있다.

독감, 대한민국을 덮치다

붉은불개미, 우리는 막을 수 없다

미국 남부 캘리포니아에서 1년 정도 살면서 가장 골치가 아팠던 일은 집안에 수시로 출몰하는 개미였다. 한국과는 달리 '독한' 미국 개미의 악명을 익히 들었던 터라 한두 마리라도 눈에 띄면 그렇게 불안할 수 없었다. 한 해 평균 1400만 명 이상이 붉은불개미(*Solenopsis invicta*)에 쏘이고 지금까지 최소한 80여 명 이상이 사망했다는 얘기까지 듣고서는 간담이 써늘해졌다. 괜히 붉은 '독개미'가 아니었다.

실제로 몸길이 5밀리미터의 붉은불개미는 몸속에 강한 독성을 가지고 있어서 날카로운 침에 찔리면 심한 통증과 가려움증을 유발하고 심하면 호흡 곤란과 쇼크 증상이 나타날 수 있다. 더 무서운 일은 이 붉은불개미가 집으로 들어와서 에어컨, 냉장고 등의 따뜻한 팬 부분에 집을 짓는 일이다. 이곳의 붉은불개미가 배출한 개미산이 합선을 일으켜 화재의 원인도 된다.

2017년 9월 부산항에서 처음 발견되면서 문제가 된 붉은불개미는 애초 원산지가 남아메리카다. 1930년대의 어느 시점에 미국으로 진출해 이제는 완전히 자리를 잡았다. 2005년부터는 중국 광둥 성 일대로도 진출해서 문제를 일으키기 시작했고, 2017년 들어서는 일본(5월 26일)과 우리나라(9월 28일)까지 밀입국에 성공했다.

다행히 부산항에서 처음 발견된 붉은불개미는 박멸된 것으로 보인다. 여왕개미를 찾지는 못했지만 서식지 규모도 작았고 곳곳을 훑었지만 추가 발견도 없었다. 하지만 붉은불개미의 밀입국은 수시로 이뤄질 것이다. 인간을 따라서 동식물도 세계 곳곳을 누비기 때문이다.

그 섬에서 새소리가 사라진 이유는?

자녀를 차량에 방치하고 쇼핑을 하다가 한국인 판사, 변호사 부부가 체포되면서 새삼 미국령 괌이 뉴스의 중심이 된 적이 있었다. 태평양 마리아나 제도 남단의 괌은 북한이 폭격 위협을 할 정도로 미국의 군사 기지가 있는 섬으로 유명하다. 하지만 이곳은 법조인 부부가 가족 여행을 가는 데서 확인할 수 있듯이 천혜의 자연 경관을 가진 열대 낙원이기도 하다.

그런데 괌을 다녀온 독자 가운데 혹시 숲에서 들리는 새소리를 들어 본 적이 있는가? 섬뜩한 일이지만 괌에서는 숲에서 새소리를 듣기가 쉽지 않다. 애초 괌의 숲에서 서식하던 토착 새의 상당수가 멸종했기 때문이다. 괌에서 50킬로미터 떨어진 로타 섬이 온갖 토착 새의 낙원인 것과는 대조적인 모습이다. 도대체 괌에서 무슨 일이 있

붉은불개미, 우리는 막을 수 없다

었을까? 사연은 이렇다.

1949년의 어느 날, 괌 항구에 정박한 배에서 임신한 인도네시아 갈색나무뱀 한 마리가 몰래 하선했다. 갈색나무뱀은 나무 위에 사는 포식자로 3.3미터 길이까지 자라는 독뱀이다. 갈색나무뱀이 괌의 숲에 똬리를 튼 시점부터 이곳은 토착 새의 지옥이 되었다. 갈색나무뱀은 천적 없이 진화한 토착 새의 상당수를 말 그대로 '폭식'했다.

18종의 토착 새 가운데 7종이 멸종되었다. 특히 괌딱새와 괌뜸부기가 치명타를 입었다. 갈색나무뱀 같은 포식자를 한 번도 마주친 적이 없었던 이들 새는 결국 야생에서 절멸되었다. 괌딱새는 1984년 마지막으로 모습을 보이고 나서 완전히 사라졌다. 괌뜸부기는 야생에서는 살아남지 못하고 보호 프로그램 덕분에 명맥만 유지하는 상황이 되었다.

포유류 사정도 마찬가지였다. 괌에 서식하던 토착 포유류 3종은 모두 박쥐였다. 이 박쥐들은 갈색나무뱀의 먹잇감이 되어서 2종이 사라지고, 1종(마리아나큰박쥐)은 멸종 위기 직전이다. 갈색나무뱀은 이제 5종의 토착 도마뱀을 비롯한 파충류, 양서류를 없애면서 식성을 과시하고 있다.

토착 새가 없어지자 쾌재를 부른 것은 거미와 각종 곤충이다. 이들의 증가는 농작물 피해로 이어졌다. 여기에 더해서 갈색나무뱀이 전신주에 올라 정전을 유발하는 등 피해가 걷잡을 수 없이 커지자 미국 정부는 40만 개의 덫을 설치하는 등 괌에서 갈색나무뱀과의 전쟁을 진행 중이다. 특히 갈색나무뱀이 로타와 같은 인근 섬으로 유입되는 일을 막는 데 주력하고 있다.

아이들이 두꺼비 사냥에 나선 이유

오스트레일리아에서 세 번째로 큰 도시인 브리즈번 근처에서는 유치원과 초등학교를 다니는 아이들이 주기적으로 수수두꺼비(cane toad)를 사냥한다. 인도적인(?) 살상을 위해서 "냉장실에 12시간 두고" 그다음에 "냉동실에 12시간 넣어" 죽이라는 엽기적인 지침까지 권고하는 실정이다. 도대체 무슨 일이 있었던 것일까?

애초 오스트레일리아에는 수수두꺼비가 없었다. 아메리카 토착종으로 남쪽으로는 아마존 강에서 북쪽으로는 텍사스 주 남부까지 서식하던 수수두꺼비는 사탕수수 농사를 훼방 놓던 딱정벌레를 먹어치울 포식자로 오스트레일리아로 공식 입국했다. 몸무게 2.3킬로그램에 13인치 노트북 크기로 자라는 수수두꺼비는 기대했던 대로 딱정벌레를 싹쓸이했다.

물론 수수두꺼비는 거기서 멈추지 않았다. 덩치가 큰 수수두꺼비는 황무지를 누비며 딱정벌레뿐만 아니라 다른 토착 동물을 먹잇감으로 삼았다. 몸속의 독도 문제였다. 북부주머니고양이나 덩치가 큰 토종 뱀, 악어 등이 수수두꺼비를 먹고서 독에 목숨을 잃기 시작했다. 덩치가 작으면 먹잇감이 되고, 덩치가 크면 독에 죽임을 당하는 진퇴양난! 결국 아이들이 나서게 된 것이다.

이렇게 외래 동식물의 침입으로 토착 생태계가 망가지는 일이 갈수록 심각해지고 있다. 미국 캘리포니아 주에는 현재 두 달마다 새로운 외래종이 들어온다. 하와이의 상황은 더 심각해서 매달 새로운 외래종이 들어온다. 인류가 하와이에 정착하기 전까지 새로운 종이

붉은불개미, 우리는 막을 수 없다

약 1만 년에 한 번씩 들어왔던 것과 비교해 보라.

한때 낭만적인 몽상가 몇몇은 세계 각국의 문물이 교류하고 서로 섞여서 다양성이 꽃을 피우는 인류의 미래를 기대했다. 하지만 실제 결과는 맥도날드 패스트푸드, 코카콜라 탄산 음료, 할리우드 영화 등으로 상징되는 미국의 소비 문화가 전 세계를 지배하는 획일화였다. 생태계 역시 마찬가지다.

거대한 지각 활동의 결과로 갈가리 찢어져서 고유한 다양성을 뽐내던 여러 생태계는 인간 활동으로 다시 하나가 되었다. 하지만 그 결과는 생태계의 다양성 파괴로 이어졌다. 이 상태대로라면 시간이 지날수록 생태계는 다양성을 더 잃고 인류의 소비 문화처럼 단순해질 가능성이 크다. 국내 하천 생태계를 교란해 온 황소개구리, 큰입배스, 블루길 등도 그 한 예일 뿐이다.

앞으로 언제 또 부산, 인천, 평택 등을 거쳐서 전국으로 퍼질지 모르는 붉은불개미도 잠재적 후보 가운데 하나다. 어디서부터 손을 대야 할까? 막막하다.

모기 전쟁, 최강의 무기는?

여름밤이면 귓가에서 앵앵거리는 모기 때문에 잠을 이루지 못할 때가 많다. 모기는 호흡할 때 이산화탄소를 많이 내뿜는 사람이나 체온이 높은 사람을 선호한다. 다행히 나는 호흡량이 많은 편이 아니고, 몸도 찬 편이다. 그런데 왜 모기는 나를 가만두지 않을까? 알고 보니, 모기가 유독 좋아하는 체취를 타고난 사람도 있단다. 나는 그렇게 유전자가 나쁜 경우다.

모기 한두 마리가 집에 들어온 날에는 잠결에 손사래를 치며 난리를 치다 결국 불을 켠다. 그렇게 모기한테 실랑이를 당하고 나면 어느새 잠이 깬다. 모기를 잡았는데 배 속에 붉은 피를 가득 담고 있는 모습을 보면 화도 치민다. 슬그머니 짜증도 난다. "4차 산업 혁명" 어쩌고 하는 과학 기술 시대에 이런 한낱 미물을 때려잡지 못하는 게 가당키나 한 일인가.

지금으로부터 70년 전, 그러니까 20세기 중반만 하더라도 낙관적인 전망이 우세했다. 21세기가 되면 말라리아 같은 무서운 전염병을 옮기는 모기 같은 해충은 박멸되리라고 생각했다. 보통 사람뿐만 아니라 과학자 대부분도 그런 전망을 공유했다. 바로 그즈음에 한때 "기적의 살충제"라고 불렸던 DDT가 등장했기 때문이다.

살충제, 모기는 못 잡고 환경 운동을 낳다

대다수 선진국에서 사용이 금지된 DDT의 요즘 상황을 염두에 두면 "기적의 살충제" 같은 별명이 우습게 보인다. 하지만 당시는 달랐다. 제2차 세계 대전이 한창일 때, 동남아시아의 정글에서 모기 퇴치에 쓰이면서 그 가치를 인정받은 DDT는 전쟁이 끝나자 전 세계에 인기리에 보급되었다.

DDT의 효과가 얼마나 극적이었는지는 인도의 예를 보면 알 수 있다. 1951년 인도의 말라리아 환자는 약 7500만 명이었다. 인도 정부는 1953년부터 모기 퇴치를 목적으로 DDT를 살포하기 시작했다. 1961년 말라리아 환자는 약 5만 명 수준으로 줄었다. 불과 8년 만에 DDT 덕분에 말라리아 환자가 7500만 명에서 5만 명으로 줄어든 것이다.[1]

이런 효과를 염두에 두고서 DDT가 살충제에 맞춤한 화학 물질이라는 사실을 발견한 파울 헤르만 뮐러(Paul Hermann Müller)는 1948년 노벨 생리·의학상도 받았다. 하지만 뮐러가 세상을 뜨기도 전인 1965년에 이미 이상한 조짐이 감지되었다. 인도의 말라리아 환자 수가 1965년이 되자 10만 명으로 2배 늘어났다. 1970년대 후반이 되자인도의 말라리아 환자는 다시 약 5000만 명 수준이 되었다.

무슨 일이 벌어진 것일까? 짐작대로다. 모기가 DDT 같은 살충제에 내성을 가지게 되었다. 더 이상 DDT로 모기 같은 해충을 잡을 수 없게 되자, 화학 회사는 더 센 살충제를 만들기 시작했다. 모기는 어김없이 더 센 살충제에도 내성을 보였다. 뮐러가 노벨상을 받은 지 채 30년도 안 되어 DDT 같은 화학 합성 살충제로 모기를 퇴치할 수 없다는 사실이 확인되었다.

그뿐만이 아니다. DDT 같은 살충제가 모기 같은 해충뿐만 아니라 조류, 포유류 같은 야생 동물, 더 나아가 사람에게도 심각한 해를 끼친다는 사실이 하나둘씩 확인되기 시작했다. 이런 사실을 일찌감치 포착한 과학자 레이철 카슨은 "봄이 와도 새가 울지 않는" 침묵의 봄을 경고하고 나섰다.

카슨이 1962년 펴낸 『침묵의 봄』(김은령 옮김, 에코리브르, 2011년)은 DDT 같은 합성 화학 살충제의 위험에 경종을 울렸을 뿐만 아니라, 환경 운동의 등장을 자극했다. DDT가 모기를 잡는 데 실패한 대신 환경 운동을 낳은 것이다.

2,500년 전부터 사용된 모기장

이제 합성 화학 살충제로 모기 같은 해충을 퇴치하리라고 믿는 과학자는 아무도 없다. 이런 인식은 모기약의 변화로도 감지된다. 요즘에 가장 유행하는 모기약은 모기를 죽이는 살충제가 아니라 모기를

모기 전쟁, 최강의 무기는?

피하는 기피제다. 언젠가부터 세계 보건 기구(WHO)도 피부나 옷에 뿌리거나 바르는 기피제를 권장한다.

기피제는 살충제와 원리부터 다르다. 기피제 안에는 모기가 냄새를 제대로 맡지 못하도록 하는 성분이 들어 있다. 기피제를 바르면 나처럼 모기가 좋아하는 체취를 가진 사람도 모기의 표적이 되지 않는다. (기피제 가운데 '이카리딘(icaridin)' 성분이 들어 있는 것이 좀 더 안전하다.)

WHO 같은 보건 당국이 기피제보다 훨씬 안전하고 좀 더 효과적인 모기 막는 방법으로 꼽는 것은 따로 있다. 바로 '모기장'이다. 집 안이나 생활 공간에 모기장을 설치하면 효과적으로 모기의 접근을 차단할 뿐만 아니라, 살충제나 기피제 같은 화학 물질을 뿌리거나 바르지 않아도 되니 인체와 환경에도 안전하다.

그렇다면 인류가 모기장을 사용하기 시작한 것은 언제부터일까? 놀랄 만한 기록이 있다. 흔히 "역사의 아버지"로 불리는 고대 그리스의 역사가 헤로도토스가 기원전 440년쯤에 쓴 『역사』에 모기장 언급이 나온다. 헤로도토스는 고대 이집트의 풍습을 소개하면서 이렇게 기록했다.[2]

"이집트 사람은 그곳의 엄청나게 많은 모기떼에 다음과 같이 대처한다. …… 그곳 사람들은 저마다 그물을 갖고 있는데, 그들은 이 그물을 낮에는 물고기 잡는 데 쓰지만, 밤에는 다른 용도로 쓴다. 말하자면 그들이 잠을 자는 침상 주위에 그물을 치고는 그 안에 들어가 잠을 자는 것이다. 외투나 아마포를 덮고 자는 것은 소용없는 짓이다. 모기들은 그것들을 뚫고 물기 때문이다. 그러나 모기들은 그물을 뚫고 물 엄두는 내지 못한다."

얼마나 생생한 묘사인가! 헤로도토스는 낮에 물고기 잡을 때 썼던 그물을 밤에 뒤집어쓰고 잤다고 설명했지만, 이집트 사람이 바보인가. 그물과 비슷한 모양의 모기장을 지금으로부터 2,500년 전부터 사용했던 것이다. 지금 가장 효과적인 모기 막는 방법으로 꼽히는 모기장은 사실은 2,500년 전부터 쓰였던 '오래된' 과학 기술이었다.

모기장은 우리한테 한 가지 흥미로운 지혜도 준다. '4차 산업 혁명' 같은 주문에 홀린 나머지 우리는 지금 안고 있는 여러 문제를 해결하는 데 항상 '새로운' 과학 기술이 답을 내놓으리라고 생각한다. 하지만 천만의 말씀이다. 때로는 모기장 같은 아주 '오래된' 과학 기술이 어떤 골치 아픈 문제(모기)를 해결하는 가장 효과적인 해결책일 수도 있다.

평소 모기한테 괴롭힘을 당했던 사람이라면 모기가 좋아하는 체취를 물려준 부모나 조상 탓하지 말고 모기장부터 장만할 일이다. 당장 나부터 모기장을 주문해야겠다.

피부색, 햇빛과 진화의 앙상블

"소녀의 흰 얼굴이, 분홍 스웨터가, 남색 스커트가, 안고 있는 꽃과 함께 범벅이 된다. 모두가 하나의 큰 꽃묶음 같다."

황순원의 「소나기」에 이런 문장이 있었다. 아름다운 소설에서 이 문장만 따로 기억나는 이유는 바로 "소녀의 흰 얼굴"이라는 표현 때문이다. 어렸을 때부터 피부가 까맸던 나는 늘 소설이든 드라마든 '도시' 아이는 하얗고, '시골' 아이는 까맣게 묘사되는 게 싫었다. 초등학교 5학년 여름 방학 때, 한 달 정도 서울 친척 집에서 머물고 나서는 더 싫어졌다. 여름이라서 더 까매진 나를 보고서 서울 사람마다 이렇게 한 마디씩 던졌기 때문이다.

"아, 시골에서 놀러 왔나 보네. 얼굴 까맣게 탄 것 좀 봐."

지방이지만 어엿한 도시의 아파트에서 살던 나로서는 '시골에서 왔다.'는 언급을 받아들일 수 없었다. 이 모든 게 까만 피부 탓 같았다. 이렇게 까만 피부는 콤플렉스가 되었다.

철이 들어 서울로 대학을 와도 사정은 나아지지 않았다. 대학교

1학년 때, 우연한 기회에 이주 노동자 연대 활동에 나섰다. 도서관 앞에서 이주 노동자의 처우 개선을 호소하며 팸플릿을 나눠주고 서명을 받는 등의 일이었다. 그런데 이런 이야기가 들렸다.

"이주 노동자가 직접 도서관 앞에서 서명을 받고 있다."

피부색의 진화와 과학

피부색의 과학에 따르면, 이런 어두운 피부색 콤플렉스는 터무니없다. 전 세계의 다양한 피부색은 햇빛과 진화의 합작품이기 때문이다. 먼저 『스킨: 피부색에 감춰진 비밀』(양문, 2012년)의 저자 니나 자블론스키(Nina Jablonski) 등 과학자의 연구를 통해서 세상에 알려진 피부색 진화의 비밀부터 살펴보자.

알다시피, 햇빛 속에는 피부 세포를 공격하는 자외선이 들어 있다. 처음에 아프리카에 살았던 인류의 조상에게 햇빛 자외선은 치명적이었다. 털이 적어지면서 노출된 피부가 자외선 공격에 그대로 노출되었기 때문이다. 자외선은 피부 세포의 DNA를 공격해 피부암을 유발하는 등 심각한 해를 줄 수 있다.

다행히 피부 안에는 천연의 자외선 차단제 '멜라닌' 색소가 있다. 피부에 멜라닌 색소가 많을수록 자외선은 효과적으로 차단된다. 더불어 흑갈색의 멜라닌 색소가 많을수록 피부는 검게 된다. 햇빛과 진화가 상호 작용하면서 검은색 피부의 인류가 세상에 등장한 것이다. 만약 인류가 계속해서 햇볕 따가운 적도 근처에서 살았다면 지금도 대다수의 피부색이 어두웠을 것이다.

약 6만 년 전부터 인류가 아프리카를 벗어나기 시작하면서 상황이 변했다. 인류는 아프리카에서는 겪어 본 적이 없는 새로운 환경에 노출되었다. 우선 적도에서 북쪽으로 올라갈수록 햇빛의 양이 줄어들었다. 인류의 이동기와 빙하기가 겹치면서 햇빛이 구름에 가리는 날도 많았다. 햇빛 과잉이 아니라 결핍이 문제가 된 것이다.

또 햇빛 자외선이 문제였다. 자외선은 몸에 좋은 점도 있다. 파장 길이가 중간 정도인 자외선(UVB)은 피부 세포에서 비타민 D의 합성을 자극한다. 비타민 D는 몸속에서 칼슘을 흡수하는 데 결정적인 역할을 한다. 비타민 D 공급이 충분하지 않으면 뼈가 약해지고(골다공증) 심하면 뼈가 굽는 현상(구루병)이 나타날 수 있다.

자외선의 양이 적은 지역으로 이주한 인류의 조상에게 검은 피부는 득보다 실이 컸다. 검은 피부의 멜라닌 색소가 자외선을 차단하면서 비타민 D의 합성이 더욱더 어려워졌기 때문이다. 유럽과 아시아로 이주한 인류의 조상은 오랫동안 비타민 D가 풍부한 생선 같은 먹을거리를 섭취하면서 햇빛 결핍을 견뎠다. (지금도 극지방 원주민은 생선으로 비타민 D를 섭취한다.)

세월이 쌓이면서 햇빛과 진화의 또 다른 상호 작용으로 멜라닌 색소가 피부에서 줄어든, 즉 탈색된 흰 피부의 인류가 등장했다. 이렇게 흰색 피부를 가진 이들은 검은 피부를 가진 이들보다 위도가 높고 추운 지역에서 비타민 D 합성에 유리하다. 이렇게 흰색 피부는 생존을 위한 적응의 몸부림이었을 뿐이다.

더구나 이렇게 흰색 피부를 가진 인류가 나타나기 시작한 시기도 뜻밖이다. 2015년 과학자들이 유럽에 살던 고대인 83명의 유전체를 분석한 결과를 보면, 약 8,500년 전에야 피부색을 탈색하는 유전자를 가진 이들이 나타나기 시작했다. 즉 1만 년 전까지만 하더라도 아프리카뿐만 아니라 유럽 대부분 지역에서도 흑인이 대다수였다.

창백한 피부색을 가진 전형적인 백인이 유럽 대부분에 거주한 시간은 수천 년에 불과하다. (그나마 유럽 남부만 가도 창백한 피부색은 찾아보기 어렵다.) 니나 자블론스키에 따르면, 피부의 반사율로 측정한 피부색과 자외선량의 지리적 분포가 거의 일치한다. 자외선량이 많은 적도 인근 주민은 피부가 짙고, 자외선량이 적은 고위도 지역일수록 피부가 옅다.

하나 더 있다. 평균적으로 남성보다 여성이 피부색이 옅다. 그 이유는 무엇일까? 바로 '출산' 때문이다. 임신한 여성은 자신뿐만 아니라 아기의 뼈를 형성해야 하기 때문에 더 많은 비타민 D가 필요하다. 더구나 비타민 D가 칼슘 흡수를 방해하면 골반뼈가 부스러져 아기를 출산하는 일 자체가 불가능하다. 여성으로서는 자외선을 좀 더 받는 게 진화론적으로 나았던 것이다.

예수와 포카혼타스의 피부색 유감

햇빛과 진화의 합주로 여러 빛깔의 피부색이 빚어진 과정을 염두에 두면, 피부색에 따라서 인종을 나누고 심지어 차별하는 일이 얼마나 어처구니없는 상황인지 알 수 있다. 더구나 『백인의 역사(*The History of*

피부색, 햇빛과 진화의 앙상블

White People)』를 쓴 넬 어빈 페인터(Nell Irvin Painter) 등에 따르면, 특정한 피부색을 중요한 정체성으로 삼는 '백인(white people)' 같은 개념 역시 만들어졌다.

17세기 초까지는 영국에서도 피부색이 정체성의 결정적인 요소가 아니었다. 예를 들어, 1614년 '포카혼타스(Pocahontas)'로 알려진 북아메리카 원주민 부족 추장의 딸(본명은 마토아카(Matoaka)였다. 포카혼타스는 '작은 장난꾸러기'라는 뜻의 별명이었다.)이 평민 출신의 영국인 존 롤프(John Rolfe)와 결혼했다는 소식을 듣자마자 영국 왕 제임스 1세는 이렇게 걱정했다.

"공주(포카혼타스)가 평민(존 롤프)과 결혼하는 게 가당키나 하단 말인가!"

이때까지만 하더라도 종교, 신분, 재산에 따른 취향 차이, 태동하던 민족 의식 등이 '우리'와 '그들(타자)'을 가르는 더욱더 중요한 요소였다. 하지만 17세기부터 본격적으로 아프리카 원주민을 아메리카 대륙으로 이주시켜 노예로 부리기 시작하면서 유럽 인을 중심으로 흑인(노예)과 대비되는 백인(주인) 같은 피부색이 정체성의 중요한 요소로 자리를 잡았다.

아프리카 원주민을 사냥하고 사고팔고 갖은 학대를 하면서 부리려면 '그들(흑인)은 우리(백인)와 다를 뿐만 아니라, 심지어 열등한 존재'라는 인식이 필요했기 때문이다. 이때 똬리를 튼 백인종-흑인종의 대립 쌍은 오늘날 백인종-황인종-흑인종으로 위계 지어진 피부색에 따른 뿌리 깊은 인종 차별로 이어진다.

앞에서 언급한 포카혼타스의 초상화야말로 '백인의 탄생' 과정을 보여 주는 증거다. 포카혼타스는 남편과 함께 영국을 방문했다가 고향으로 돌아오는 도중 1617년 죽는다. 그녀가 죽고 나서 시간이 지날수록 포카혼타스의 초상화는 점점 백인 여성을 닮아 간다. 마치 중동의 구릿빛 피부색 예수의 초상화가 유럽에서는 전형적인 백인 남성으로 묘사된 것처럼 말이다.

피부색은 중요하지 않다

과학은 가지각색 피부색의 실체가 햇빛과 진화가 빚은 앙상블의 결과일 뿐이라는 명백한 사실을 밝혀냈다. 하지만 여전히 미국에서는 경찰이 매년 수십 명의 무장하지 않은 아프리카계 미국인을 사살한다. 오죽하면, 21세기에 "흑인의 목숨도 소중하다!"라고 외치겠는가? (검색 엔진에서 "#BlackLivesMatter"를 검색해 보기 바란다.)

이뿐만이 아니다. 동북아시아 끄트머리에 사는 한국인이 백인종의 인종 차별을 내면화한 모습은 어떤가? 더 우스꽝스러운 일은 정작 돈 좀 있는 백인은 자연광으로 피부를 태우기 위해서 휴가철만 되면 햇빛 좋은 곳으로 떠나고, 틈만 나면 인공 빛에 피부를 구릿빛으로 만든다는 것이다. 피부색을 둘러싼 혐오와 차별을 언제쯤 끝장낼 수 있을까?

피부색, 햇빛과 진화의 앙상블

캘리포니아 '살인의 추억'

《사이언스》, 《네이처》와 같은 과학 학술지들은 매년 연말이면 올해의 과학 뉴스를 선정해서 발표한다. 2018년을 마무리할 때도 《사이언스》를 비롯한 여러 매체에서 한 해 동안 화제가 되었던 과학 뉴스를 꼽았다. 그 가운데 뜻밖의 뉴스도 있었다. "42년 만에 연쇄 살인범체포." 뜬금없이 40년 전의 연쇄 살인 사건 해결 소식이 과학 뉴스로꼽힌 이유는 무엇일까?

2018년 4월 24일, 미국 캘리포니아 주 새크라멘토 경찰은 이른바 '골든 스테이트(Golden State) 살인범'을 검거한 사실을 밝혔다. 골든 스테이트 살인범은 1976년부터 1986년까지 캘리포니아 일대에서 12명을 살해하고 최소 50명을 강간한 연쇄 살인범이다. 어찌나캘리포니아 일대를 공포에 몰아넣었는지 이 연쇄 살인범에게 캘리포니아의 별칭 '골든 스테이트'가 붙었다.

골든 스테이트 살인범은 처음에는 주로 혼자 사는 여성을 노려서 강간하고 죽였다. 나중에는 더욱더 대담해져서 가족이 있는 여성의 집에 들어가서, 남편이 보는 앞에서 아내를 강간하고 둘 다 살해하는 끔찍한 범죄도 서슴지 않았다. 경찰이 총력으로 그를 추적했지만, 꼬리가 잡히지 않았다.

1986년과 1991년 사이에 경기도 화성군(현재 화성시)에서 일어난 '화성 연쇄 살인 사건'을 연상시키는 이 캘리포니아 연쇄 살인 사건은 자칫하면 영구 미제 사건으로 남을 뻔했다. 그런데 연쇄 살인범이 첫 살인을 저지른 지 42년 만에 경찰이 검거에 성공한 것이다. 연쇄 살인범은 이제 72세의 노인이 된 전직 경찰관 조지프 제임스 드앤젤로(Joseph James DeAngelo)였다.

이제 경찰이 어떻게 연쇄 살인범을 추적해서 검거에 성공했는지 궁금할 테다. 바로 이 대목에서 연쇄 살인 사건이 과학과 만난다. 첫 사건이 일어난 지 42년 만에 연쇄 살인범의 목덜미를 잡는 데 바로 DNA가 중요한 역할을 했다. 지금부터 경찰이 연쇄 살인범을 어떻게 추적했는지 살펴보자.

캘리포니아의 살인범, 42년 만에 잡히다

이 연쇄 살인범이 사람을 죽이고 다니던 1970년대 후반부터 1980년대 초반까지 DNA를 다루는 과학 기술은 초보적인 수준이었다. 생명 과학에 별다른 지식이 없는 사람도 용어는 들어 본 적이 있을 법한 'DNA 지문(DNA fingerprinting)' 분석이 가능하려면 아주 적은 양의 DNA를 복제, 증폭시켜서 활용할 수 있어야 한다.

캘리포니아 '살인의 추억'

그러나 이 기술은 미국의 캐리 멀리스(Kary Mullis)가 1983년 PCR (Polymerase Chain Reaction, 중합 효소 연쇄 반응)를 고안하고 나서야 가능해졌다. 그러니 당시의 살인 사건 현장에서 피해자가 아닌 범인의 것으로 추정되는 DNA를 검출하더라도, 그것을 수사에 이용할 방법은 없었다. 골든 스테이트 살인범의 경우도 사정은 마찬가지였다.

경찰은 1980년대 초반의 한 사건 현장에서 골든 스테이트 살인범의 것으로 추정되는 DNA를 확보했다. 하지만 10년이 넘는 시간 동안 그 DNA는 무용지물이었다. 미국 연방 수사국(FBI)이 1997년부터 '코디스(CODIS, Combined DNA Index System)'라는 범죄자 유전자 정보은행을 운영하기 시작했으나 사정은 마찬가지였다.

미국을 무대로 한 스릴러 소설이나 영화를 즐겨 보는 사람이라면 사정을 금세 알아챘으리라. 코디스에는 유죄가 확정된 범죄자의 DNA 정보가 올라 있다. 만약 연쇄 살인범이 크든 작든 다른 범죄를 저질러서 검거되지 않는 한 해당 데이터베이스에 그의 DNA가 오르는 일은 없다. 전직 경찰관이었던 골든 스테이트 살인범 역시 신중했다.

뜻밖의 돌파구는 민간 유전자 분석 서비스가 만들었다. 2006년 창업한 23앤드미(23andMe)가 시장을 열고 나서부터 미국에는 다양한 유전자 분석 서비스를 제공하는 업체가 생겨났다. 이 가운데 뜻밖에 인기가 있는 서비스가 바로 DNA 정보에 기반을 두고 조상을 찾아주는 서비스다. 온갖 국적과 인종이 섞인 미국인의 '뿌리 찾기' 욕망을 자극하는 서비스인 것이다.

GED매치(GEDmatch) 같은 서비스는 한 걸음 더 나아가 회원이 자신의 유전자 분석 정보를 자유롭게 올릴 수 있도록 했다. GED매치는 이렇게 회원이 올린 유전자 분석 정보를 비교해서 혈연 관계가 있는 친척을 찾아준다. 2018년 4월 현재, GED매치에는 약 100만 개의 DNA 정보가 올라가 있었다.

경찰은 골든 스테이트 살인범의 DNA 정보를 GED매치에 올리고 난 다음 말 그대로 '매칭(matching)'되는 회원을 훑었다. 그랬더니, 살인범과 현조부모(great-great-great grandparents, 아버지의 고조부모)가 같은 100명의 혈연 관계를 찾을 수 있었다. 경찰은 나이, 범행 장소 등 다른 정보를 염두에 두고서 이들의 가족이나 친척을 훑으며 용의자를 좁혀 가기 시작했다.

결국 유력한 용의자로 드앤젤로가 지목되었다. 실제로 그의 DNA 정보는 범죄 현장의 그것과 일치했다. 드앤젤로의 (어쩌면 얼굴 한번 본 적이 없었을지도 모르는) 먼 친척이 호기심에 올린 DNA 정보가 그의 끔찍한 연쇄 살인을 단죄할 단서가 된 것이다. 수십 년 전의 살인 사건을 단죄받는 그의 심정은 어떨까?

유전 정보 데이터베이스의 두 얼굴

골든 스테이트 살인범의 추적 과정은 두 가지 가능성을 제시한다. 한 인구 집단에서 어느 정도 규모의 유전 정보 데이터베이스만 구축된다면 살인 사건 현장에 남겨진 임의의 DNA 정보를 활용해서 범인을 검거하는 일이 가능해진다. 예를 들어, 운만 좋다면 화성 연쇄 살인 사건과 같은 영구 미제 사건의 범인을 검거하는 일이 가능해지는 것이다. (2019년 9월 18일 화성 연쇄 살인 사건의 범인이 DNA 대조로 밝혀졌다.)

여기까지는 좋은 일이다. 하지만 모든 것이 연결되는 시대에 더욱더 그 가치가 또렷해지는 개인의 프라이버시를 염두에 두면 머릿속이 복잡해진다. 굳이 나의 유전 정보를 노출하지 않더라도 5대조 조부모(현조부모)가 같은 먼 친척이 데이터베이스에 올린 유전 정보가 나의 삶에 영향을 미칠 수 있다고 생각해 보라.

유전학자 야니프 에를리히(Yaniv Erlich)는 몇몇 동료들과 함께 혈연 추적을 통해 신원을 밝히려면 어느 정도 규모의 유전 정보 데이터베이스가 필요한지 따져 보았다. 마침 그는 유전자 분석에 기반을 둔 혈연 찾기 서비스를 제공하는 기업 마이헤리티지(MyHeritage)에 소속된 터라서 이런 연구의 적임자였다. 연구 결과는 2018년 11월 《사이언스》에 「장기 가계 검색을 이용한 유전 데이터의 신원 추론(Identity inference of genomic data using long-range familial searches)」이라는 제목으로 게재되었다.[1]

분석 결과는 놀라웠다. 에를리히의 분석에 따르면, 만약 당신이 미국에 사는 유럽계(백인) 혈통이라면 "8촌(third cousin)" 이내 친척의 유전 정보가 공개된 혈연 찾기 데이터베이스에 포함되어 있을 확률이 60퍼센트다. 만약 GED매치의 이용률이 미국 성인 2퍼센트 수준(현재는 약 0.5퍼센트 수준)으로 증가한다면, 유럽계 혈통의 90퍼센트 이상이 8촌 이내 친척을 혈연 찾기 데이터베이스에서 발견할 수 있다.

한국은 어떨까? 아직은 미국과 비교할 만한 상황이 아니다. 범죄자 유전 정보 데이터베이스가 수집하는 DNA 정보도 11개 주요 범죄로 구속된 피의자나 수형인만 대상으로 하고 있다. 그 규모도 현재

20만 명 정도에 불과하다. 의료 기관을 제외한 민간 유전자 분석 업체의 서비스도 제한적이다.

이런 사정 때문에 현재로서는 미국처럼 민간이 주도하는 유전 정보 데이터베이스가 존재할 가능성이 없다. 다만, 여러 기업이 규제 완화를 염두에 둔 다양한 형태의 유전자 분석 서비스를 준비 중이다. 현재 의료계와 산업계, 또 보건복지부를 비롯한 규제 당국 사이에 민간 유전자 분석 업체의 검사 항목 확대도 논의되고 있다. (정부는 규제 완화 쪽으로 가닥을 잡은 듯하다.)

어떻게 해야 할까? 미국보다 인구 규모가 작은 한국에서는 훨씬 더 작은 규모의 데이터베이스만으로도 특정인을 식별하는 일이 가능할 테다. 지문 날인이 포함된 주민 등록 번호에다 어느 정도 규모의 유전 정보 데이터베이스가 결합한다면 사실상 개인이 빠져나가기 어려운 감시 국가의 틀이 마련될 수 있다.

그래도 여러 이점을 염두에 두고서 유전 정보 데이터베이스의 문턱을 낮추고 규모를 키워야 할까? 만약 유전 정보 데이터베이스의 규모를 키운다면 프라이버시를 보호할 어떤 장치를 마련해야 할까? 유전 정보를 포함한 개인 정보 활용과 보호 사이의 균형점을 찾을 수 있을까? 생명 과학이 우리에게 또 다른 골치 아픈 문제를 던졌다.

한 발 더

2019년 1월에 초고를 발표한 이 글의 예언은 현실이 되었다. 2019년

9월 18일 화성 연쇄 살인 사건의 진범이 마침내 확인되었다. 살인범은 1994년 처제를 강간 및 살해한 죄로 무기 징역을 선고받고 복역 중인 이춘재 씨. 결국 열쇠는 DNA 정보였다. 한국 정부는 2010년부터 범죄자 DNA 데이터베이스를 수집하고 운영했다. 살인범으로 복역 중이던 이 씨의 DNA 정보도 그 데이터베이스에 저장되었다.

그다음은 예상대로다. 화성 연쇄 살인 사건 현장에서 채취한 DNA 정보를 범죄자 DNA 데이터베이스와 대조하는 과정에서 이 씨의 DNA 정보가 일치한 것이다. 이 씨는 화성 연쇄 살인 사건 외에도 1989년 7월 화성에서 발생한 초등학생 실종 사건의 범인도 자신의 짓이라고 자백했다. 늦었지만 사건의 진실이 밝혀지고, 범인이 잡힌 것으로 망자와 유가족의 한이 풀릴까? 악인의 손에 생명을 잃은 이들의 넋을 위로한다.

'혼死'를 두려워하라!

서울 강북의 한 의과 대학 법의학 교실에서 연구하는 A 교수는 매주 목요일마다 국립 과학 수사 연구원이 의뢰하는 부검에 응한다. 국립 과학 수사 연구원 소속 법의학자만으로는 전국에서 쏟아지는 부검 요청을 감당할 수 없기에 이렇게 지역 의과 대학 법의학 교실의 법의 학자에게 부탁하는 것이다.

이번 여름에는 폭염 때문인지 사망한 노인의 시신이 부쩍 늘었 다. 부검 인력이 턱없이 부족한 상황에서도 일단 부패가 시작되어 육 안으로 신원 확인이 어려운 시신은 반드시 부검해야 한다. 이번 주 목요일 A 교수의 눈에 밟힌 시신도 그런 경우였다. 죽고서 2주 정도 가 지나서야 발견된 한 노인의 시신이었다.

서울 강북의 한 다세대 주택에서 살던 이 노인의 시신은 악취를 견디지 못한 이웃의 신고로 발견되었다. 시신만 봐도 발견 현장의 모 습이 눈에 선했다. 시신의 얼굴의 구멍이란 구멍은 이미 구더기로 득 실댔고, 얼굴 형체는 알아보기 힘들 정도로 짓눌려져 있었다. 요즘 같은 날씨면 채 한두 시간도 안 되어 파리가 달려들어 시신에 알을 까니 당연한 일이다.

하지만 이 노인의 얼굴 형태가 짓이겨진 것은 알에서 나온 구더기 탓만이 아니었다. 눈과 입술 등 상대적으로 연한 부분은 모조리 날카로운 이빨 자국이 남은 채 찢겨 있었다. "아!" 종종 보던 장면이지만 A 교수는 다시 한번 신음을 토했다. 그 노인이 애지중지 키우던 고양이가 시신의 연한 부위부터 먹어 치운 것이다.

반려 동물이 시신을 먹는다

지금까지 들려준 이야기는 실제로 있을 법한 일이다. 좀 더 솔직히 말하면, 최근에 만난 서울 소재 한 대학교 법의학 교실 교수가 직접 들려준 이야기를 살짝 비틀어 본 것이다. 노파심에 말하자면, 이 대목에서 엉뚱하게 고양이를 비난해서는 곤란하다. 고양이는 반려 동물 가운데 여전히 야생성이 넘치는 동물이기 때문이다.

사실 챙겨 주던 주인이 저렇게 홀로 죽고 나면 반려 동물은 배를 곯을 수밖에 없다. 여전히 마음만은 초원이나 숲에 있는 고양이는 전혀 죄책감을 느끼지 않고, 주인의 시신을 탐식한다. 처음에는 먹기 좋은 눈이나 입술처럼 연한 부위를 먹어 치우고 좀 더 시간이 지나면 다른 부위도 눈독을 들인다.

개는 어떨까? 고양이와 비교하면 야생성이 떨어지는 개는 주인의 갑작스러운 변화에 훨씬 더 충격을 받는다. 당황하고 때로는 슬퍼

한다. 하지만 개도 생존 본능은 어쩌지 못한다. 주인의 시신을 먹는데 고양이보다 훨씬 죄책감을 느끼고, 심지어 주저하지만 결국에는 배고픔을 참지 못한다. 법의학자의 증언이다.

"저는 개가 먹어치운 시신을 부검한 적도 있습니다."

도시 괴담을 하나 덧붙이려고 이런 끔찍한 이야기를 꺼낸 것이 아니다. 지금, 이 순간에도 생각보다 훨씬 많은 이들이 혼자 죽어 가고 있다. 더 늦기 전에 '혼밥'이나 '혼술' 따위에 대한 말초적인 관심보다 훨씬 더 중요한 '혼사(-死)', 즉 고독사를 놓고서 한국 사회가 진지한 고민을 시작해야 한다.

그렇다면 이렇게 홀로 세상을 떠나는 사람은 몇이나 될까? 놀랍게도 국내에는 정확한 고독사 통계가 없다. '무연고 사망자' 통계로 고독사 현황을 추정할 수 있을 뿐이다. 보건복지부의 통계를 보면, 2013년 1,280명에 불과하던 무연고 사망자가 2018년 2,549명으로 늘었다. 무연고 사망자 가운데 65세 이상 노인은 2013년 464명에서 2018년 1,120명으로 증가세를 이어 갔다.[1]

'1인 가구' 증가도 중요한 변수다. 통계청 조사 결과를 보면, 2017년 기준 전체 가구의 약 3분의 1(28.6퍼센트) 정도가 혼자 사는 1인 가구다. 많은 사람이 '1인 가구' 하면 고시원을 전전하는 20대 청춘 남녀나 모든 것이 갖춰진 오피스텔에서 살아가는 30대의 세련된 직장 남녀를 떠올린다. 천만의 말씀이다. 1인 가구의 5분의 1(18.0퍼센트) 정도가 70대 이상으로 30대(17.2퍼센트), 20대(17.1퍼센트)보다 많다.

더구나 서울과 수도권을 제외한 지역으로 갈수록 1인 가구에서 고령자가 차지하는 비중이 높아진다. 앞으로 인구 구성에서 고령 인

'혼死'를 두려워하라!

구가 차지하는 비중이 늘어나고, 지역의 고령화가 진행할수록 혼자 사는 노인의 비중이 더욱더 높아질 가능성이 크다. 그 결과로 고독사 역시 계속해서 늘어날 게 뻔하다.

고독사, 국가적 대응이 필요하다

일단 정부나 지방 자치 단체도 고독사에 관심을 보이기 시작했다. 이 대목에서 첨단 과학 기술도 등장한다. 예를 들어, 혼자 사는 노인 집의 출입문에다 동작 감지 센서를 달아 놓고 모니터링을 하는 방법이 있다. 8시간에서 12시간 이상 센서가 움직임을 감지하지 못하면 주민 센터의 담당자에게 자동으로 알람이 가서 노인의 안부를 확인하도록 강제한다.

부산시에서는 타지에 사는 자식이 홀로 사는 부모의 안부를 묻는 전화를 하면, 담당자가 직접 찾아가서 안부를 확인하는 서비스도 2018년 초부터 진행 중이다. 1980년대부터 고독사가 사회 문제로 떠오른 일본에서는 지역 이웃, 신문이나 택배 배달 업자 등이 혼자 사는 노인을 관찰하고 보호하는 서비스도 진행 중이다.

하지만 이런 식의 접근은 비상 상황을 파악하는 데는 도움이 될지 모르지만, 고독사 자체를 막을 수는 없다. 1인 가구 노인층 비율이 높은 프랑스의 사례가 돋보이는 이유다. 프랑스는 혼자 사는 노인을 정기 방문하거나 사회 관계를 증진하도록 돕는 프로그램을 국가 차원에서 전개하고 있다.

특히 프랑스의 고독사 대응 가운데 혼자 사는 노인과 주거가 불안정한 대학생의 동거를 연결하는 프로그램은 인상적이다. 고독사를 막는 방안으로 일종의 대안 가족(공동체)의 탄생을 유도하기 때문이다. 운이 좋다면 노인과 대학생의 소통 가능성까지 높일 수 있으니 얼마나 기막힌 방안인가.

물론 안다. 생면부지에 자칫하면 잔소리꾼이 되기에 십상인 노인이나, 버릇없고 사사건건 눈에 거슬리는 행동의 대학생보다는 귀여운 개나 고양이가 가족으로서는 낫다. 하지만 아파서 쓰러졌을 때는 개나 고양이보다는 사람이 옆에 있는 게 낫다.

'혼死'를 두려워하라!

감사의 글

17년간 냈던 책의 대부분은 첫 번째 독자를 10대로 정해 놓고 썼다. 이 책은 아예 처음부터 성인 독자를 염두에 두고 쓴 첫 번째 책이다. 개인적으로는 오랜 기자 생활을 한고비 정리하는 책이라고 생각한다. 항상 책을 마무리할 때마다 느끼는 아쉬움이 유난히 큰 것도 그 때문이리라. 책의 부족함은 온전히 저자의 몫이다.

다만, 이 책이 빛나는 부분이 있다면 특별히 다음에 언급하는 분들의 공이다. 직장을 그만둔 후배의 밥벌이를 걱정해서 곧바로 지면을 마련해 준 최영철 기자, 최고의 독자였던 송화선, 박세준 기자, 또 책을 기획하고 독려해 준 ㈜사이언스북스 박상준 대표와 노의성 주간, 도움말을 아끼지 않았을 뿐만 아니라 때로는 글감의 소재가 되어 준 여러 과학 기술자와 활동가 선생님은 이 책의 공저다.

"고맙습니다."

특히 김환석, 김동광, 이영희, 김명진, 김상현, 김병수, 한재각 등 시민 과학 센터의 선생님께서는 과학 기술과 사회의 관계를 어떻게 봐야 하는지를 놓고서 생각의 틀을 마련하는 데 도움을 주었다. 비록 시민 과학 센터는 역사 속으로 사라졌지만, 앞으로도 오랫동안 각자가 선 자리에서 새로운 고민과 실천을 계속하리라 확신한다.

"앞으로도 열심히 하겠습니다."

오랫동안 좌충우돌 갈팡질팡하는 후배를 이끌어 준 이권우, 이명현, 이정모 선생님.『과학 수다』프로젝트 등을 함께하면서 예술 못지않은 과학의 경이로움에 다시 눈뜨게 해 준 김상욱 선생님. 따뜻한 격려로 힘을 북돋아 준 이상곤, 서동욱 선생님, 독서 공동체의 친구로서 끊임없이 자극을 주는 장은수 선생님. 마음 고생이 심했던 지난 3년간 이분들의 관심이 큰 힘이 되었다.

"잊지 않겠습니다."

이 책의 초고를 마련하는 시간은 개인적으로도 변화가 많았던 시기다. 오랫동안 일하던 직장을 그만두고 다양한 시도를 해 보고 있다. 그 가운데 북 토크 팟캐스트「YG와 JYP의 책걸상」이 있다. 책을 읽고, 녹음을 하고, 또 청취자와 소통하면서 참으로 즐겁고 신났다. 방송 짝꿍 'JYP' 박재영 선생님, 방송을 빛내 준 박혜진, 김혼비 선생님 또 애청자 여러분.

"사랑합니다."

이 책의 초고 가운데 일부는 방송용으로 가공되어서 SBS 라디오「이재익의 정치쇼」, 교통방송(tbs)「김종배의 색다른 시선」,「이숙이의 색다른 시선」, MBC 라디오「김종배의 시선집중」등을 통해서 청취자 여러분과 만났다. 가끔 택시에서 "과학 전문 기자 강양구"의 목소리를 알아듣고 "과학 뉴스 브리핑 잘 듣고 있다."라고 격려해 준이 방송의 애청자 여러분께 감사 인사를 전한다.

이 책에 실린 글들이 아니었다면 좀 더 시간을 함께했을 이제 아홉 살이 될 동거인 강윤준, 또 10년째 같은 시간과 공간에서 인연을 쌓아 가고 있는 유은진에게 이 책을 바친다.

후주

첫 번째 장면. 싸움의 시작

1. 조효제, 「'열광'에서 '열광'으로 건너뛰는 대한민국 자화상」, 《프레시안》, 2006년 6월 7일.

2. 「황우석 교수 "민노당 때문에 연구 못할 지경"」, 《조선일보》, 2005년 10월 6일.

세 번째 장면. "고래 싸움이 끝나고, 새우 혼자서 칼을 들었다."

1. CBS 라디오 「시사자키 정관용입니다」, 2014년 9월 23일 방송.

네 번째 장면. 황우석, 대통령, 회장님, 다 함께

1. 《시사뉴스》, 2010년 6월 21일.

더 나은 세상을 만드는 '30퍼센트 법칙'

1. Lee Ross, "The name of the game: predictive power of reputations versus situational labels in determining prisoner's dilemma game moves", *Personality and Social Psychology Bulletin*, 2004 Sep; 30(9): 1175-1185.

2. Iris Bohnet, Bruno Frey, "Social distance and other-regarding behavior in

dictator games: comment", *American Economic Review*, 1999; 89(1): 335-339.

마시멜로의 배신

1. Celeste Kidd, Holly Palmeri, and Richard N. Aslin, "Rational snacking: young children's decision-making on the marshmallow task is moderated by beliefs about environmental reliability", *Cognition*, 2013 Jan; 126(1): 109-114.

2. Tyler W. Watts, Greg J. Duncan, Haonan Quan, "Revisiting the marshmallow test: a conceptual replication investigating links between early delay of gratification and later outcomes", *Psychological Science*, 2018; 29(7): 1159-1177.

기적의 '플레이 펌프'

1. 윌리엄 맥어스킬, 전미영 옮김, 『냉정한 이타주의자』(부키, 2017년), 15~16쪽.

'인류세'의 상징

1. Simon L. Lewis, Mark A. Maslin, "Defining the Anthropocene", *Nature*, March 12 2015; 519: 171-180.

여섯 번째 '대멸종'

1. Peter Brannen, "Earth is not in the midst of a Sixth Mass Extinction", *The Atlantic*, JUN 13, 2017.

플라스틱의 저주

1. Kieran D. Cox, Garth A. Covernton, Hailey L. Davies, John F. Dower, Francis Juanes, and Sarah E. Dudas, "Human Consumption of Microplastics", Environmental Science & Technology, 5 June 2019, 53 (12), 7068-7074.

빛이 사람을 공격한다!

1. 매슈 워커의 TED 강연. https://www.ted.com/talks/matt_walker_sleep_is_your_superpower?utm_campaign=tedspread&utm_medium=referral&utm_source=tedcomshare.

생리통 치료약은 왜 없나요?

1. 조남주, 『82년생 김지영』(민음사, 2016년), 63쪽.

2. 오조영란, 「페미니즘으로 본 의료와 여성의 건강」, 오조영란, 홍성욱, 『남성의 과학을 넘어서』(창비, 1999년), 82쪽.

지영 씨, 세탁기 때문에 행복하세요?

1. 조남주, 앞의 책, 148쪽.

2. Ruth Cowan, *More Work for Mother: The Ironies of Household Technology from the Open Hearth to the Microwave*, Basic Books. 1983.

3. 조남주, 앞의 책, 148~149쪽.

해파리 연구에 세금을 나눠 줘야 하는 이유

1. 강양구, 김상욱, 이명현, 『과학 수다 2』(사이언스북스, 2015년), 158쪽.

2. 이강영, 『LHC, 현대 물리학의 최전선』(사이언스북스, 2011년), 299쪽.

'작은 노동자'를 만드는 '부스러기 경제'

1. Natasha Singer, "In the sharing economy, workers find both freedom and uncertainty", The New York Times, Aug. 16, 2014.

2. Kyle Barron, Edward Kung, and Davide Proserpio, "The effect of home-sharing on house prices and rents: evidence from Airbnb", March 29, 2018. https://ssrn.com/abstract=3006832 또는 http://dx.doi.org/10.2139/ssrn.3006832.

3. Robert Reich, "Why work is turning into a nightmare", *AlterNet*, February 3, 2015.

인공 지능도 '갑질'을 한다

1. Yu Wang, Haofu Liao, Yang Feng, Xiangyang Xu, Jiebo Luo, "Do they all look the same? deciphering Chinese, Japanese and Koreans by fine-grained deep learning", 2018 IEEE Conference on Multimedia Information Processing and Retrieval (MIPR), 10-12 April 2018.
2. 서울대 법과경제연구센터, 『데이터 이코노미』(한스미디어, 2017년), 28쪽.

현대 자동차의 미래를 걱정해야 하는 이유

1. 「日 젊은이들 "자동차가 왜 필요하죠?"… 업계 비상」, SBS 8 뉴스, 2017년 12월 24일.
2. 앞의 뉴스.
3. Bureau of Infrastructure, Transport and Regional Economics (BITRE), *Traffic Growth, Modelling a Global Phenomenon*, Canberra: Australian Government, 2012.

'집단 지성'인가, '집단 바보'인가

1. J. Lorenz, H. Rauhut, F. Schweitzer, and D. Helbing, "How social influence can undermine the wisdom of crowd effect," *Proceedings of the National Academy of Sciences*, 31 May 2011; 108(22): 9020-9025.

위험한 인공 지능 추천 뉴스

1. Eytan Bakshy1, Solomon Messing1, Lada A. Adamic, "Exposure to ideologically diverse news and opinion on Facebook", *Science*, 05 Jun 2015; 348(6239): 1130-1132.

시민 과학 센터, 너의 이름을 기억할게!

1. 대한민국 헌법 제127조 1항은 다음과 같다. "국가는 과학 기술의 혁신과 정보 및 인력의 개발을 통하여 국민 경제의 발전에 노력하여야 한다."

우리는 왜 미세 먼지를 해결하지 못할까

1. 국립환경과학원, 「한-미 협력 국내 대기질 공동 조사 KORUS-AQ 예비 종합 보고 서(KORUS-AQ Rapid Science Synthesis Report)」, 2017년.

태양광 가짜 뉴스

1. "Solar was biggest source of electricity in Germany in June", *RenewEconomy*, 11 July 2019. 다음 링크에서도 확인할 수 있다. https://www.energy-charts.de/energy_pie.htm?year=2019&month=6

2. 지붕 있는 건물의 면적을 추정할 수 있는 2018년 말 기준 건축 면적은 국토교통부 건축 행정 시스템 '세움터 사업단'에 직접 문의해서 얻은 결과다. (2019년 8월 23일) 2018년 국내 발전량 현황은 국정 모니터링 지표(e-나라지표) 「에너지원별 발전량 현황」을 통해 확인할 수 있다. (2019년 7월 17일) 국토의 약 1.05퍼센트에 해당하는 태양 광 발전량 계산은 아래와 같다. (1) 10제곱미터의 지붕에 설치할 수 있는 태양광 발 전기의 용량은 통상 1~2킬로와트다. 편의상 여기서는 10제곱미터의 지붕에 태양 광 발전기 1.5킬로와트를 설치한 것으로 계산했다. 실제로 전라남도 영암군 삼호 면에 설치한 필자 가족의 태양광 발전기는 100제곱미터에 15킬로와트를 설치했 다. (1제곱미터 기준 0.15킬로와트) (2) 연평균 일조 시간은 3.6시간으로 계산했다. (3) 10억 5977만 3000제곱미터×0.15킬로와트×3.6×365=208,881,258,300킬로와트시 =20만 8881기가와트시.

3. 한국에너지기술연구원, 『자원 순환 : 태양광 폐모듈의 재활용 기술 동향』, 2018년.

현대 수소차의 미래가 어두운 이유

1. 「정의선 "수소에너지로 에너지전환 이끌 것"」, 《한겨레》 2018년 11월 11일.

흰색 페인트로 지구 구하는 법

1. NASA 제트 추진 연구소 통계 자료 참조. https://cneos.jpl.nasa.gov/stats/totals.html.

트럼프냐, 개구리냐?

1. NASA, "NASA, NOAA Data Show 2016 Warmest Year on Record Globally", Jan. 18, 2017.

미국의 배신, 인류의 재앙

1. Luke D. Trusel, Sarah B. Das, Matthew B. Osman, Matthew J. Evans, Ben E. Smith, Xavier Fettweis, Joseph R. McConnell, Brice P. Y. Noël & Michiel R. van den Broeke, "Nonlinear rise in Greenland runoff in response to post-industrial Arctic warming", *Nature*, vol. 564, 05 December 2018, pp. 104-108.

기후 변화, 과학이 정치를 만날 때

1. Jonathan L. Bamber, Michael Oppenheimer, Robert E. Kopp, Willy P. Aspinall, and Roger M. Cooke, "Ice sheet contributions to future sea-level rise from structured expert judgment", *PNAS* June 4, 2019; 116(23): 11195-11200.

제비뽑기의 힘

1. 장자크 루소, 『사회 계약론』, 3권 15장.

보통 사람의 이유 있는, 그러나 비합리적인 선택

1. 리처드 니스벳, 이창신 옮김, 『마인드웨어』(김영사, 2016년), 139쪽.

코딩 교육? '스크래치'나 시작하자

1. 조이 이토, 제프 하우, 이지연 옮김, 『나인: 더 빨라진 미래의 생존 원칙』(민음사, 2017년).

모유 미스터리

1. 앞에서 소개한 독설들은 『내 속엔 미생물이 너무도 많아』(어크로스, 2017년)에 나온다.

유기농의 배신

1. 강양구, 강이현, 『밥상 혁명』(살림터. 2009년), 289~290쪽.

왜 강변북로는 항상 막힐까

1. 한국교통연구원, 「전국 교통혼잡비용 산출과 추이 분석」, 2015년.

폭풍 다이어트, 왜 항상 실패할까?

1. Eathan A. H. Sims, "Experimental obesity, dietary-induced thermogenesis, and their clinical implications", *Clinics in Endocrinology and Metabolism*, July 1976; 5(2): 377-395.

2. Albert J. Stunkard et al., "An adoption study of human obesity", *New England Journal of Medicine*, January 23, 1986; 314: 193-198.

진짜 친구의 숫자는 150명!

1. R. I. M. Dunbar, "Coevolution of neocortical size, group size and language in humans", *Behavioral and Brain Sciences*, December 1993; 16(4): 681-694.

2. Benedikt Fuchs, Didier Sornette & Stefan Thurner, "Fractal multi-level organisation of human groups in a virtual world", *Scientific Reports*, 2014; 4: 6526.

'안아키'는 왜 공공의 적인가

1. Andrew J. Wakefield, "MMR vaccination and autism", *The Lancet*, vol. 354, issue 9182, pp. 949-950, Sep. 11, 1999.

행복했던 마을의 몰락

1. S. Leonard Syme, Merton M. Hyman, Philip E. Enterline, "Some social and cultural factors associated with the occurrence of coronary heart disease", *Journal of Chronic Diseases*, March 1964; 17(3): 277-289.

모기 전쟁, 최강의 무기는?

1. 데이비드 에저턴(David Edgerton), 정동욱, 박민아 옮김, 『낡고 오래된 것들의 세계사』 (휴머니스트, 2015년), 55~56쪽.
2. 헤로도토스, 천병희 옮김, 『역사』(숲, 2009년), 214~215쪽.

캘리포니아 '살인의 추억'

1. Yaniv Erlich, Tal Shor1, Itsik Pe'er, Shai Carmi, "Identity inference of genomic data using long-range familial searches", *Science*, 09 November 2018; 362(6415): 690-694.

'혼死'를 두려워하라!

1. 보건복지부, 「2018년 시도별 연령대별 성별 무연고 사망자 현황」.

찾아보기

과학의 품격

1판 1쇄 펴냄 2019년 12월 31일
1판 8쇄 펴냄 2024년 10월 15일

지은이 강양구
펴낸이 박상준
펴낸곳 (주)사이언스북스

출판등록 1997. 3. 24.(제16-1444호)
(06027) 서울시 강남구 도산대로1길 62
대표전화 515-2000, 팩시밀리 515-2007
편집부 517-4263, 팩시밀리 514-2329
www.sciencebooks.co.kr

ISBN 979-11-89198-35-0 03400